普通高等教育"十一五"国家级规划教材

复变函数与积分变换

第3版

主　编　杨巧林
副主编　孙福树　刘　锋
参　编　刘玉荣
主　审　管　平　刘金林

机械工业出版社

本书是普通高等工科院校基础课规划教材之一，内容包括高等教育工科各专业所需要的复变函数和积分变换的基础知识．主要有复数与复变函数、解析函数、复变函数的积分、级数、留数、保角映射、傅里叶变换和拉普拉斯变换等．每章末附有小结和自测题，以便于读者自学时能够抓住重点和检查自己对本章学习的基本情况．书末附有习题答案和参考书目．

本书在编写过程中力求做到条理清楚、重点突出，注重解题方法的训练和思维能力的培养．本书可以作为高等教育工科各专业该课程的教材，亦可作为其他专业学习这门课程的教学参考书．本书使用学时建议为48~64学时．

图书在版编目（CIP）数据

复变函数与积分变换／杨巧林主编．—3版．—北京：机械工业出版社，2013.8（2025.6重印）

普通高等教育"十一五"国家级规划教材

ISBN 978-7-111-43084-1

Ⅰ．①复… Ⅱ．①杨… Ⅲ．①复变函数—高等学校—教材②积分变换—高等学校—教材 Ⅳ．①O174.5②O177.6

中国版本图书馆 CIP 数据核字（2013）第 144080 号

机械工业出版社（北京市百万庄大街22号　邮政编码100037）
策划编辑：韩效杰　责任编辑：韩效杰　汤　嘉
责任校对：樊钟英　封面设计：鞠　杨
责任印制：邰　敏
三河市宏达印刷有限公司印刷
2025年6月第3版第16次印刷
184mm×240mm・17.5印张・343千字
标准书号：ISBN 978-7-111-43084-1
定价：37.00元

电话服务　　　　　　　　　网络服务
客服电话：010-88361066　　机 工 官 网：www.cmpbook.com
　　　　　010-88379833　　机 工 官 网：weibo.com/cmp1952
　　　　　010-68326294　　机 工 官 博：www.golden-book.com
封底无防伪标均为盗版　　　机工教育服务网：www.cmpedu.com

普通高等工科院校基础课系列教材
编审委员会

顾　　　问：黄鹤汀　左健民
　　　　　　章　跃
主 任 委 员：殷翔文
副主任委员：陈小兵　刘金林　陈　洪
　　　　　　魏贤君
秘　　　书：陈建华
委　　　员：(排名不分先后)
　　　　　　陆国平　何一鸣　李秋新
　　　　　　陈建华　张祖凤　郑　丹

序

　　人类已经满怀激情地跨入了充满机遇与挑战的 21 世纪.这个世纪要求高等教育培养的人才必须具有高尚的思想道德,明确的历史责任感和社会使命感,较强的创新精神、创新能力和实践能力,宽广的知识面和扎实的基础.基础知识水平的高低直接影响到人才的素质及能力,关系到我国未来科学、技术的发展水平及在世界上的竞争力.由于基础学科本身的特点,以及某些短期功利思想的影响,不少人对大学基础教育的认识相当偏颇,我们有必要在历史的回眸中借前车之鉴,在未来的展望中创革新之路.我们必须认真转变教育思想,坚持以邓小平同志提出的"三个面向"和江泽民同志提出的"三个代表"为指导,以培养新世纪高素质人才为宗旨,以提高人才培养质量为主线,以转变教育思想观念为先导,以深化教学改革为动力,以全面推进素质教育和改革人才培养模式为重点,以构建新的教学内容和课程体系、加大教学方法和手段改革为核心,努力培养素质高、应用能力与实践能力强、富有创新精神和特色的应用性的复合型人才.

　　基于上述考虑,中国机械工业教育协会、机械工业出版社、江苏省教育厅(原江苏省教委)和江苏省及省外部分高等工科院校成立了教材编审委员会,组织编写了大学基础课程系列教材.

　　这套教材力求具有以下特点:

　　(1)科学定位.本套教材主要用于应用性本科人才的培养.

　　(2)综合考虑、整体优化,体现"适、宽、精、新、用"."所谓"适",就是要深浅适度;所谓"宽",就是要拓宽知识面;所谓"精",就是要少而精;所谓"新",就是要跟踪应用学科前沿,推陈出新,反映时代要求;所谓"用",就是要理论联系实际,学以致用.

　　(3)强调特色.就是要体现一般工科院校的特点,符合一般工科院校基础课教学的实际要求.

　　(4)以学生为本.本套教材应尽量体现以学生为本,以学生为中心的教育思想,不为教而教.注重培养学生自学的能力和扩展、发展知识的能力,为学生今后持续创造性的学习打好基础.

　　尽管本套教材设想以新思想、新体系、新面孔出现在读者面前,但由于是

一种新的探索,难免有这样那样的缺点甚至错误,敬请广大读者不吝指教,以便再版时修正和完善.

　　本套教材的编写和出版得到了中国机械工业教育协会、机械工业出版社、江苏省教育厅以及各主审、主编和参编学校的大力支持与配合,在此,一并表示衷心感谢.

普通高等工科院校基础课系列教材编审委员会

主任　殷翔文

第 3 版前言

二十大报告指出:"必须坚持科技是第一生产力、人才是第一资源、创新是第一动力,深入实施科教兴国战略、人才强国战略、创新驱动发展战略""坚持面向世界科技前沿、面向经济主战场、面向国家重大需求、面向人民生命健康,加快实现高水平科技自立自强."为了更好地学习领会二十大精神,本教材设置了视频观看学习任务,帮助学习者结合课程学习,广泛践行社会主义核心价值观,不断坚定中国特色社会主义共同理想.

本教材第 2 版入选了普通高等教育"十一五"国家级规划教材,自 2007 年 1 月出版以来已经历了 6 个年头,期间许多专家和读者给我们提出了不少合理的建议和不足之处,我们几位参编人员都认真做了准备,力求在修订本教材过程中考虑和参考这些意见.

本教材第 3 版在具体内容编写上,仍力求保持内容由浅入深,语言通俗易懂的风格,保持第 2 版中概念形式、理论衔接、知识应用的连续一致性.既遵照教育部制定的对复变函数课程教学大纲的基本要求,又结合普通高等教育相关专业教学改革的实际情况,尽可能让教师在课时有限的情况下完成本课程的教学任务,为后续课程奠定必要的数学基础.同时让学习者不感觉到复变函数的"复杂"和难学,潜移默化地培养他们的数学爱好和创新意识.本次修订过程中,我们对于一些数学符号进行了统一规范,对于习题和答案进行了审核,改正了个别错误.

参加第 3 版修订工作的有孙福树、刘锋、杨巧林、刘玉荣,由杨巧林任主编,孙福树、刘锋任副主编.东南大学管平教授、扬州大学刘金林教授担任主审工作.福州大学王传荣教授、扬州大学韩阳老师对本书的修订提出了许多宝贵的建议,在此,全体编者对所有关心本书修订的专家一并表示衷心的感谢.本书的出版得到扬州大学教材出版基金的资助.

由于编者水平有限,书中一定还存在不少缺点和不足,敬请读者批评指正.

编 者
2013 年 6 月

目 录

序
第 3 版前言
第 1 章　复数与复变函数 ··· 1
  1.1　复数的概念与运算 ··· 1
  习题 ·· 10
  1.2　复变函数 ·· 11
  习题 ·· 19
  本章小结 ·· 21
  本章自测题 ·· 23
第 2 章　解析函数 ·· 25
  2.1　解析函数的概念 ·· 25
  习题 ·· 36
  2.2　初等函数的解析性 ·· 38
  习题 ·· 45
  本章小结 ·· 46
  本章自测题 ·· 47
第 3 章　复变函数的积分 ··· 49
  3.1　复变函数的积分 ·· 49
  习题 ·· 54
  3.2　柯西定理与柯西公式 ·· 55
  习题 ·· 65
  本章小结 ·· 67
  本章自测题 ·· 69
第 4 章　级数 ·· 70
  4.1　复级数的基本概念 ·· 70
  习题 ·· 76
  4.2　泰勒级数与洛朗级数 ·· 76
  习题 ·· 85
  本章小结 ·· 86
  本章自测题 ·· 88

第 5 章　留数 … 90

- 5.1　孤立奇点及其分类 … 90
- 习题 … 95
- 5.2　留数 … 95
- 习题 … 103
- 5.3　留数在实变量积分计算中的应用 … 104
- 习题 … 113
- *5.4　对数留数与辐角原理 … 114
- *习题 … 120
- 本章小结 … 120
- 本章自测题 … 122

第 6 章　保角映射 … 123

- 6.1　保角映射的概念 … 123
- 习题 … 127
- 6.2　分式线性映射 … 127
- 习题 … 139
- 6.3　几个初等函数所构成的映射 … 140
- 习题 … 150
- 本章小结 … 150
- 本章自测题 … 152

第 7 章　傅里叶变换 … 154

- 7.1　傅里叶积分公式 … 155
- 习题 … 160
- 7.2　傅里叶变换 … 161
- 习题 … 173
- 7.3　傅里叶变换的性质 … 174
- 习题 … 181
- 7.4　卷积与相关函数 … 182
- 习题 … 189
- 本章小结 … 190
- 本章自测题 … 193

第 8 章　拉普拉斯变换 … 195

- 8.1　拉普拉斯变换的概念 … 195
- 习题 … 203
- 8.2　拉普拉斯变换的性质 … 204

习题 …………………………………………………………… 214
　8.3　拉普拉斯逆变换 …………………………………………… 216
　　习题 …………………………………………………………… 221
　8.4　卷积 ………………………………………………………… 221
　　习题 …………………………………………………………… 226
　8.5　拉普拉斯变换的应用 ……………………………………… 227
　　习题 …………………………………………………………… 236
　本章小结 ………………………………………………………… 237
　本章自测题 ……………………………………………………… 240
附录 ………………………………………………………………… 242
　附录一　傅氏变换表 …………………………………………… 242
　附录二　拉氏变换表 …………………………………………… 249
部分习题答案 …………………………………………………… 253
参考文献 ………………………………………………………… 270

第 1 章

复数与复变函数

人民的数学家——
华罗庚

复变函数研究的对象是复数变量之间的函数关系. 关于复数, 虽然在中学代数中已有论述, 但不够系统. 为了今后讨论问题方便, 这里我们先介绍复数的概念、性质及其四则运算, 然后再进一步介绍复变函数以及复变函数的极限和连续的概念.

1.1 复数的概念与运算

1.1.1 复数的概念

由于解代数方程的需要, 在 16 世纪中叶, 意大利数学家卡丹(Cardan)把复数引进了数学领域. 18 世纪时, 数学家欧拉(Euler)首先引入记号 i, 以后复数研究有了迅速的发展, 数学研究从实数领域扩展到复数领域.

二次方程 $x^2+1=0$ 在实数范围内显然无根, 想象有一个新的数 i 满足 $x^2+1=0$, 这个数 i 称为**虚数单位**, 并有 $i^2=-1$, 或记为 $i=\sqrt{-1}$. 这样, 方程 $x^2+1=0$ 也就有两个根 i 和 $-i$.

我们把形如 $x+iy$ 的数称为复数, 记为
$$z=x+iy.$$
其中 x 和 y 是任意实数, 分别称为 z 的实部与虚部, 分别记为
$$x=\text{Re}(z), y=\text{Im}(z).$$
当 $x=0$ 时, $z=iy$ 称为**纯虚数**; 当 $y=0$ 时, $z=x$ 是实数; 当 $x=y=0$ 时, $z=0+0i=0$ 既是纯虚数, 又是实数.

全体复数组成的集合称为复数集, 记作 **C**, 即

$$\mathbf{C} = \{x + \mathrm{i}y \mid x, y \in \mathbf{R}\}.$$

此处 **R** 表示全体实数构成的集合(实数集).

对于两个复数 $z_1 = x_1 + \mathrm{i}y_1$,$z_2 = x_2 + \mathrm{i}y_2$,当且仅当 $x_1 = x_2$,且 $y_1 = y_2$ 时,才称 z_1 和 z_2 相等,记为 $z_1 = z_2$.

要注意的是,两个实数可以比较大小,因而实数是有序的. 而两个复数不能比较大小,因而是无序的.

1.1.2 复数的代数运算

由于实数是复数的特例,因此在规定复数的运算时,必须注意到复数的代数运算应该满足实数代数运算的一些基本要求.

1. 复数的加(减)法

两个复数 $z_1 = x_1 + \mathrm{i}y_1$ 与 $z_2 = x_2 + \mathrm{i}y_2$ 的和(差)作如下规定:

$$z_1 \pm z_2 = (x_1 + \mathrm{i}y_1) \pm (x_2 + \mathrm{i}y_2) = (x_1 \pm x_2) + \mathrm{i}(y_1 \pm y_2), \quad (1\text{-}1)$$

即复数相加(减)就是将它们的实部和虚部分别相加(减).

不难验证复数的加法满足:

$$z_1 + z_2 = z_2 + z_1 \quad (\text{交换律}),$$
$$(z_1 + z_2) + z_3 = z_1 + (z_2 + z_3) \quad (\text{结合律}).$$

【例 1-1】 计算 (1) $(4+\mathrm{i}) + (-2+3\mathrm{i})$;(2) $(3-\mathrm{i}) - (5+2\mathrm{i})$.

解 (1) $(4+\mathrm{i}) + (-2+3\mathrm{i}) = (4-2) + (1+3)\mathrm{i} = 2+4\mathrm{i}$;

(2) $(3-\mathrm{i}) - (5+2\mathrm{i}) = (3-5) + (-1-2)\mathrm{i} = -2-3\mathrm{i}$.

2. 复数的乘法

两个复数 $z_1 = x_1 + \mathrm{i}y_1$ 与 $z_2 = x_2 + \mathrm{i}y_2$ 的乘积规定为

$$\begin{aligned} z_1 z_2 &= (x_1 + \mathrm{i}y_1)(x_2 + \mathrm{i}y_2) \\ &= (x_1 x_2 - y_1 y_2) + \mathrm{i}(x_1 y_2 + x_2 y_1), \end{aligned} \quad (1\text{-}2)$$

即在求两个复数相乘的积时,可视为两个二项式相乘并按其乘法法则进行,只要把所得结果中的 i^2 换成 -1 即可. 也不难验证复数的乘法满足:

$$z_1 z_2 = z_2 z_1 \quad (\text{交换律}),$$
$$z_1 (z_2 z_3) = (z_1 z_2) z_3 \quad (\text{结合律}),$$
$$z_1 (z_2 + z_3) = z_1 z_2 + z_1 z_3 \quad (\text{分配律}).$$

【例 1-2】 计算 (1) $(3-4\mathrm{i})(-1+2\mathrm{i})$;(2) $(3-4\mathrm{i})(3+4\mathrm{i})$.

解 (1) $(3-4\mathrm{i})(-1+2\mathrm{i}) = (-3+8) + \mathrm{i}(4+6) = 5+10\mathrm{i}$;

(2) $(3-4\mathrm{i})(3+4\mathrm{i}) = (9+16) + \mathrm{i}(-12+12) = 25$.

更一般的,$(x+\mathrm{i}y)(x-\mathrm{i}y) = x^2 + y^2$.

3. 复数的除法

两个复数 $z_1 = x_1 + \mathrm{i}y_1$ 与 $z_2 = x_2 + \mathrm{i}y_2 (z_2 \neq 0)$ 相除的商规定为

$$\frac{z_1}{z_2}=\frac{x_1+\mathrm{i}y_1}{x_2+\mathrm{i}y_2}=\frac{(x_1+\mathrm{i}y_1)(x_2-\mathrm{i}y_2)}{(x_2+\mathrm{i}y_2)(x_2-\mathrm{i}y_2)}=\frac{x_1x_2+y_1y_2}{x_2^2+y_2^2}+\mathrm{i}\frac{x_2y_1-x_1y_2}{x_2^2+y_2^2}.$$

(1-3)

【例 1-3】 计算 (1) $\dfrac{1+2\mathrm{i}}{3-4\mathrm{i}}$；(2) $\dfrac{2+5\mathrm{i}}{3\mathrm{i}}$.

解 (1) $\dfrac{1+2\mathrm{i}}{3-4\mathrm{i}}=\dfrac{(1+2\mathrm{i})(3+4\mathrm{i})}{(3-4\mathrm{i})(3+4\mathrm{i})}=\dfrac{(3-8)+\mathrm{i}(4+6)}{25}=-\dfrac{1}{5}+\dfrac{2}{5}\mathrm{i}$；

(2) $\dfrac{2+5\mathrm{i}}{3\mathrm{i}}=\dfrac{(2+5\mathrm{i})\mathrm{i}}{3\mathrm{i}\cdot\mathrm{i}}=\dfrac{2\mathrm{i}-5}{-3}=\dfrac{5}{3}-\dfrac{2}{3}\mathrm{i}$.

4. 共轭复数

我们把实部相同而虚部互为相反数的两个复数 $x+\mathrm{i}y$ 和 $x-\mathrm{i}y$ 称为一对**共轭复数**，与 z 共轭的复数记为 $\bar{z}$，所以 $z=x+\mathrm{i}y$ 与 $\bar{z}=x-\mathrm{i}y$ 共轭. 显然共轭复数的概念是相互的，即 $\bar{\bar{z}}=z$.

因为 0 的相反数仍是 0，从而得到：$z=\bar{z}$ 的重要条件是 z 为实数.

利用共轭复数可以得到：

$$\mathrm{Re}(z)=\frac{z+\bar{z}}{2},\quad \mathrm{Im}(z)=\frac{z-\bar{z}}{2\mathrm{i}}.$$

容易验证以下关于共轭复数的运算公式：

$$\overline{z_1\pm z_2}=\overline{z_1}\pm\overline{z_2},\quad \overline{z_1\cdot z_2}=\overline{z_1}\cdot\overline{z_2},$$

$$\overline{\left(\frac{z_1}{z_2}\right)}=\frac{\overline{z_1}}{\overline{z_2}}(z_2\neq 0),\quad z\cdot\bar{z}=[\mathrm{Re}(z)]^2+[\mathrm{Im}(z)]^2.$$

【例 1-4】 设 $z=\dfrac{2+\mathrm{i}}{\mathrm{i}}-\dfrac{2\mathrm{i}}{1-\mathrm{i}}$，求 $\mathrm{Re}(z)$，$\mathrm{Im}(z)$，$z\cdot\bar{z}$.

解 $z=\dfrac{2+\mathrm{i}}{\mathrm{i}}-\dfrac{2\mathrm{i}}{1-\mathrm{i}}=\dfrac{(2+\mathrm{i})(-\mathrm{i})}{\mathrm{i}(-\mathrm{i})}-\dfrac{2\mathrm{i}(1+\mathrm{i})}{(1-\mathrm{i})(1+\mathrm{i})}$

$=-2\mathrm{i}+1-\dfrac{2\mathrm{i}(1+\mathrm{i})}{2}=-2\mathrm{i}+1-\mathrm{i}+1=2-3\mathrm{i}$，

所以 $\mathrm{Re}(z)=2$，$\mathrm{Im}(z)=-3$.

$$z\cdot\bar{z}=(2-3\mathrm{i})(2+3\mathrm{i})=2^2+3^2=13.$$

【例 1-5】 设 z_1、z_2 是两个任意复数，证明 $z_1\overline{z_2}+\overline{z_1}z_2=2\mathrm{Re}(z_1\overline{z_2})$.

证 $z_1\overline{z_2}+\overline{z_1}z_2=z_1\overline{z_2}+\overline{z_1}\,\overline{\overline{z_2}}=z_1\overline{z_2}+\overline{z_1\cdot\overline{z_2}}=2\mathrm{Re}(z_1\overline{z_2})$. 证毕

1.1.3 复数的几何表示

考察一个复数的组成，可以看出一个复数 $z=x+\mathrm{i}y$ 实际上是由一对有序的实数 x 和 y 构成的，这与平面直角坐标系中点 (x,y) 的表示在本质上是一致的，所以一个复数 $z=x+\mathrm{i}y$ 可以用平面直角坐标系中的点 (x,y) 来表示. 这样，在复数集 **C** 和平面点集之间就建立了一一对应的关系，这时复数 $z=x+\mathrm{i}y$ 的几何表

示是以 x 为横坐标，y 为纵坐标的点，而把 $z=x+\mathrm{i}y$ 称为复数的直角坐标表达式，由于实数 $x(y=0)$ 对应于横坐标轴上的点，纯虚数 $\mathrm{i}y(x=0)$ 对应于纵坐标轴上的点，故将平面直角坐标系中的横坐标轴改称为实轴，而将纵坐标轴改称为虚轴，并称这个平面为复数平面，简称复平面或 **Z** 平面. 以后我们用点 z 来代替数 z.

如果把复数 $z=x+\mathrm{i}y$ 的实部 x 和虚部 y 作为平面向量在两坐标轴上的投影，则复数 $z=x+\mathrm{i}y$ 可用平面向量 $\overrightarrow{Oz}=\{x,y\}$ 表示. 向量之间不定义大小关系，与复数之间不定义大小关系是一样的.

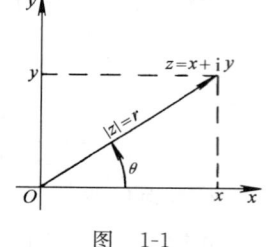

图 1-1

向量 $\overrightarrow{Oz}$ 的模称为复数 z 的**模**或**绝对值**，记为

$$|z|=r=\sqrt{x^2+y^2},$$

它是点 z 到原点的距离，也是向量 $\overrightarrow{Oz}$ 的长度. 显然有：$|x|\leqslant|z|$，$|y|\leqslant|z|$，$|z|\leqslant|x|+|y|$，

$$z\bar{z}=|z|^2=|z^2|.$$

当 $z\neq 0$ 时，复数 z 与实轴正向间的夹角 θ 称为复数 z 的**辐角**，记为 $\mathrm{Arg}z$，

$$\mathrm{Arg}z=\theta.$$

显然我们有 $x=r\cos\theta$，$y=r\sin\theta$，$r=\sqrt{x^2+y^2}$，所以

$$\tan(\mathrm{Arg}z)=\tan\theta=\frac{y}{x}.$$

需要指出，任何一个复数 $z\neq 0$ 有无穷多个辐角，如 θ_1 是辐角中的一个，则有

$$\mathrm{Arg}z=\theta_1+2k\pi \quad (k=0,\pm 1,\pm 2,\cdots). \tag{1-4}$$

式(1-4)表示 z 的全部辐角，其中满足 $-\pi<\theta_0\leqslant\pi$ 的辐角 θ_0 称为**辐角 Argz 的主值**. 记为 $\theta_0=\mathrm{arg}z$.

当 $z=0$ 时，显然 $|z|=0$，辐角不确定，如同零向量的方向可以任意选定一样.

当 $z\neq 0$ 时，$z=x+\mathrm{i}y$ 可表示为

$$z=r\cos\theta+\mathrm{i}r\sin\theta=r(\cos\theta+\mathrm{i}\sin\theta)$$
$$=|z|[\cos(\mathrm{Arg}z)+\mathrm{i}\sin(\mathrm{Arg}z)] \tag{1-5}$$

称为复数 z 的**三角表示式**.

复数的加减运算与两个向量的加减运算是完全一致的，也可以用平行四边形（或三角形）法则求出（见图 1-2）.

从图 1-2 不难看出

$$|z_1+z_2|\leqslant|z_1|+|z_2|, \tag{1-6}$$

$$|z_1-z_2| \geqslant ||z_1|-|z_2||. \tag{1-7}$$

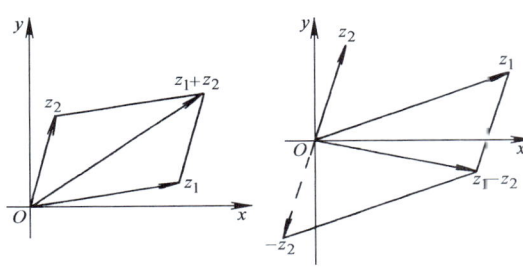

图 1-2

若有两个复数 z_1, z_2 且 $z_1 \neq 0, z_2 \neq 0$,则我们可以推知它们相等的充要条件是 $|z_1|=|z_2|$, $\text{Arg} z_1 = \text{Arg} z_2$.

对后一式子应该理解为 $\text{Arg} z_1$ 和 $\text{Arg} z_2$ 这两个量中的任何一个取定一值后,另一个量可以从它的无穷多个值中寻找一个与之相等的值. 因此等式两端可取的值在全体上相等. 今后,我们遇到类似等式时都这样理解.

利用欧拉(Euler)公式 $e^{i\theta} = \cos\theta + i\sin\theta$,我们可以把一个复数 $z = x + iy = r(\cos\theta + i\sin\theta)$ 表示为

$$z = re^{i\theta}.$$

这种形式称为复数的**指数表示式**.

复数的各种表示法可以互相转化,在讨论不同问题时可以使用不同的表示形式.

【例 1-6】 将 $z = -\sqrt{12} - 2i$ 化为三角表示式和指数表示式.

解
$$r = |z| = \sqrt{12+4} = 4,$$
$$\tan(\text{Arg} z) = \tan\theta = y/x = \sqrt{3}/3,$$

由于 z 在第三象限,所以 $\theta_0 = -\dfrac{5}{6}\pi$. z 的三角表示式是

$$z = 4\left[\cos\left(-\frac{5}{6}\pi\right) + i\sin\left(-\frac{5}{6}\pi\right)\right] = 4\left(\cos\frac{5}{6}\pi - i\sin\frac{5}{6}\pi\right).$$

z 的指数表示式是 $z = 4e^{-\frac{5}{6}\pi i}$.

很多平面图形用复数形式表示其方程或不等式往往显得特别简洁.

【例 1-7】 求下列方程所表示的曲线:

(1) $|z+i| = 2$;

(2) $|z-2i| = |z+2|$;

(3) $\text{Im}(i+\bar{z}) = 4$.

解 (1) 在几何上,方程 $|z+i| = 2$ 表示所有与点 $-i$ 距离为 2 的点的轨迹,

即中心为 $-i$、半径为 2 的圆(见图 1-3a). 下面用代数方法求出该圆的直角坐标方程.

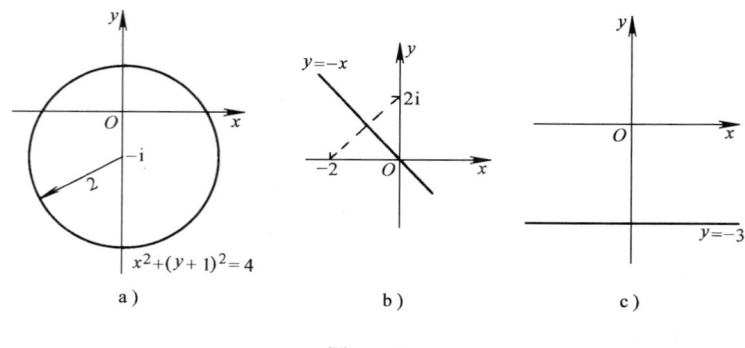

图 1-3

设 $z=x+iy$, 方程变为
$$|x+iy+i|=2,$$
也就是 $x^2+(y+1)^2=4$.

(2) 几何上, 方程 $|z-2i|=|z+2|$ 表示到点 $2i$ 和 -2 距离相等的点的轨迹, 则方程表示的曲线就是连接点 $2i$ 和 -2 的线段的垂直平分线(见图 1-3b), 它的方程为 $y=-x$, 我们也可以用代数方法求出其方程.

(3) 设 $z=x+iy$, 那么
$$i+\bar{z}=x+(1-y)i.$$
所以 $\mathrm{Im}(i+\bar{z})=1-y$, 从而得到所求曲线方程为 $y=-3$, 这是一条平行于 x 轴的直线(见图 1-3c).

1.1.4 复球面

在实数域中,曾经引进了无穷大的概念,记为 ∞. 同样在复数域内, 为了讨论一些问题, 也需要引入复数中的无穷大. 前面我们建立了复数与复平面上的点之间的一一对应关系. 那么无穷大在复平面的几何表示是什么呢? 下面我们引入复球面的概念.

取一个与复平面切于原点 O 的球面, 过切点(原点)O 作复平面的垂线与球面交于 N 点. 在复平面上任取一点 z, 作连接 z 和 N 的直线, 该连线与球面交于一点 z'(见图 1-4); 反之, 若 z' 为球面上任一点, 只要它不是 N, 则直线 Nz' 交复平面上唯一的点 z. 这样复平面上所有的点和球面上除了 N 以外的所有点就建立了一一对应关系, 但对于 N, 还没有复平

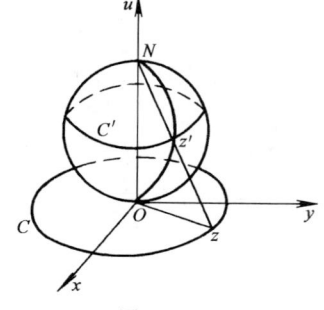

图 1-4

面上的点与之对应,但我们看到,当 z 无限地远离原点 O 时,或者说,当 z 的模 $|z|$ 无限地变大时,点 z' 就无限地接近于 N. 为了使复平面与球面上所有的点都能一一对应,我们规定复平面上有唯一的"无穷远点",它与球面上的 N 相对应. 这样,我们又规定:复数中有一个唯一的"无穷大"与复平面上的无穷远点相对应,并记之为 ∞,因而球面上的 N 点(又称北极点)就是复数 ∞ 的几何表示,这样一来,球面上的每一个点,都有唯一的复数与之对应,这样的球面称为**复球面**. 而把包含无穷远点在内的复平面称为扩充复平面. 不包括无穷远点在内的复平面称为有限平面,或者就称复平面,以后如无特殊声明,复平面均指有限复平面.

对于复数 ∞ 来说,实部、虚部和辐角均无意义,但它的模是 $+\infty$,而其他有限复数 z,模 $|z|<+\infty$,复数 ∞ 与有限复数 a 之间的运算有如下规定:

$$a\pm\infty=\infty\pm a=\infty;$$
$$a\cdot\infty=\infty\cdot a=\infty\quad(a\neq 0);$$
$$\frac{a}{\infty}=0,\quad\frac{\infty}{a}=\infty.$$

但是 $0\cdot\infty$,$\frac{\infty}{\infty}$,$\infty\pm\infty$,$\frac{0}{0}$ 仍然没有确定意义.

1.1.5 复数的乘幂与方根

1. 复数的乘积与商

设复数 $z_1=r_1(\cos\theta_1+\mathrm{i}\sin\theta_1)$,$z_2=r_2(\cos\theta_2+\mathrm{i}\sin\theta_2)$,那么,根据乘法法则,有

$$\begin{aligned}z_1z_2&=r_1r_2(\cos\theta_1+\mathrm{i}\sin\theta_1)(\cos\theta_2+\mathrm{i}\sin\theta_2)\\&=r_1r_2[(\cos\theta_1\cos\theta_2-\sin\theta_1\sin\theta_2)+\mathrm{i}(\sin\theta_1\cos\theta_2+\cos\theta_1\sin\theta_2)]\\&=r_1r_2[\cos(\theta_1+\theta_2)+\mathrm{i}\sin(\theta_1+\theta_2)].\end{aligned}$$

于是

$$|z_1z_2|=|z_1||z_2|, \tag{1-8}$$
$$\mathrm{Arg}(z_1z_2)=\mathrm{Arg}z_1+\mathrm{Arg}z_2. \tag{1-9}$$

式(1-9)应理解为:对 $\mathrm{Arg}(z_1z_2)$ 的任一值,一定有 $\mathrm{Arg}z_1$ 与 $\mathrm{Arg}z_2$ 的各一值与之相对应,使等式成立.

我们得到以下定理:

定理 1-1 两个复数乘积的模等于它们的模的乘积,两个复数乘积的辐角等于它们的辐角的和.

定理 1-1 的几何意义是,表示乘积 z_1z_2 的向量是将表示 z_1 的向量先旋转角度 $\mathrm{Arg}z_2$,再伸缩 $|z_2|$ 倍而得到的(见图 1-5).

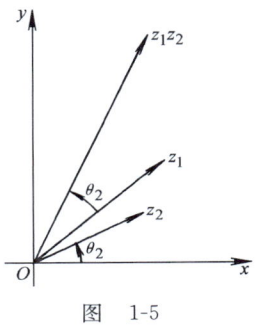

图 1-5

若用指数形式 $z_1 = r_1 e^{i\theta_1}$，$z_2 = r_2 e^{i\theta_2}$，则

$$z_1 z_2 = r_1 r_2 e^{i\theta_1} e^{i\theta_2} = r_1 r_2 e^{i(\theta_1 + \theta_2)} \tag{1-10}$$

定理 1-1 更为明显地表示出来．

若 $z_k = r_k(\cos\theta_k + i\sin\theta_k)(k = 1, 2, \cdots, n)$，利用数学归纳法，可以得出 n 个复数 $z_1, z_2, \cdots, z_n$ 相乘的三角表示式与指数表示式为

$$\begin{aligned}z_1 z_2 \cdots z_n &= r_1 r_2 \cdots r_n [\cos(\theta_1 + \theta_2 + \cdots + \theta_n) + i\sin(\theta_1 + \theta_2 + \cdots + \theta_n)] \\ &= r_1 r_2 \cdots r_n e^{i(\theta_1 + \theta_2 + \cdots + \theta_n)}.\end{aligned} \tag{1-11}$$

在求商的情形，当 $z_1 \neq 0$ 时，$z_2 = \dfrac{z_2}{z_1} z_1$，则有

$$|z_2| = \left|\frac{z_2}{z_1}\right| |z_1|;$$

$$\mathrm{Arg}\, z_2 = \mathrm{Arg}\left(\frac{z_2}{z_1}\right) + \mathrm{Arg}\, z_1.$$

因此

$$\left|\frac{z_2}{z_1}\right| = \frac{|z_2|}{|z_1|}, \quad \mathrm{Arg}\left(\frac{z_2}{z_1}\right) = \mathrm{Arg}\, z_2 - \mathrm{Arg}\, z_1, \tag{1-12}$$

从而有：

定理 1-2 两个复数的商的模等于它们的模的商，两个复数的商的辐角等于被除数与除数的辐角的差．

这个定理也可以用指数形式明显表示出来

$$\frac{z_2}{z_1} = \frac{r_2}{r_1} e^{i(\theta_2 - \theta_1)} \quad (r_1 \neq 0). \tag{1-13}$$

2. 复数的乘幂与方根

n 个相同复数 z 的乘积，称为 z 的 n 次幂，记为 z^n，即

$$z^n = \underbrace{z \cdots z}_{n \text{个}}.$$

若 $z = r(\cos\theta + i\sin\theta)$，则有

$$z^n = r^n(\cos n\theta + i\sin n\theta). \tag{1-14}$$

特别当 $r = 1$ 时，即 $z = \cos\theta + i\sin\theta$ 时，由式(1-14)得

$$(\cos\theta + i\sin\theta)^n = \cos n\theta + i\sin n\theta. \tag{1-15}$$

这就是著名的棣莫弗(De Moivre)公式．

定义了 $z^n (n = 1, 2, \cdots)$ 后，我们可以求其逆运算，即求 $w^n = z$ 的根 w，其中 z 为已知复数．我们把满足 $w^n = z$ 的复数 w 称为 z 的 n 次方根，记为 $\sqrt[n]{z}$，即 $w = \sqrt[n]{z}$．

当 $z=0$ 时，$\sqrt[n]{0}=0$；当 $z\neq 0$ 时，为从已知的 z 求出 w，我们令
$$z=r(\cos\theta+\mathrm{i}\sin\theta),\quad w=\rho(\cos\varphi+\mathrm{i}\sin\varphi),$$
于是
$$\rho^n(\cos n\varphi+\mathrm{i}\sin n\varphi)=r(\cos\theta+\mathrm{i}\sin\theta),$$
所以
$$\rho^n=r,\quad \cos n\varphi=\cos\theta,\quad \sin n\varphi=\sin\theta.$$
显然，由辐角的多值性 $n\varphi=\theta+2k\pi$，$k=0,\pm 1,\pm 2,\cdots$，得到
$$|w|=\rho=\sqrt[n]{r}.$$
$$\mathrm{Arg}w=\varphi=\frac{\theta+2k\pi}{n}\quad (k=0,\pm 1,\pm 2,\cdots).$$
所以
$$w=\sqrt[n]{z}=\sqrt[n]{r}\left[\cos\left(\frac{\theta+2k\pi}{n}\right)+\mathrm{i}\sin\left(\frac{\theta+2k\pi}{n}\right)\right]. \tag{1-16}$$

当 k 取 $0,1,2,\cdots,n-1$ 时得到 w 的 n 个不同的值；当 k 取其他整数时，将重复出现上述这 n 个值，因此，一个复数的 n 次方根只取这 n 个不同的值，即
$$\sqrt[n]{z}=\sqrt[n]{r}\left[\cos\left(\frac{\theta+2k\pi}{n}\right)+\mathrm{i}\sin\left(\frac{\theta+2k\pi}{n}\right)\right] \tag{1-17}$$
$$(k=0,1,2,\cdots,n-1).$$

从几何意义上讲，这 n 个值是以原点为中心，$\sqrt[n]{r}$ 为半径的圆的内接正 n 边形的 n 个顶点.

【例 1-8】 求 (1) $\sqrt[4]{-1}$；(2) $\sqrt[5]{1+\mathrm{i}}$.

解 (1) 因为 $-1=\cos\pi+\mathrm{i}\sin\pi$，所以
$$\sqrt[4]{-1}=\cos\frac{\pi+2k\pi}{4}+\mathrm{i}\sin\frac{\pi+2k\pi}{4}\quad (k=0,1,2,3),$$
即 $\sqrt[4]{-1}$ 有 4 个不同的值，为
$$w_0=\cos\frac{\pi}{4}+\mathrm{i}\sin\frac{\pi}{4}=\frac{\sqrt{2}}{2}+\mathrm{i}\frac{\sqrt{2}}{2};$$
$$w_1=\cos\frac{\pi+2\pi}{4}+\mathrm{i}\sin\frac{\pi+2\pi}{4}=-\frac{\sqrt{2}}{2}+\mathrm{i}\frac{\sqrt{2}}{2};$$
$$w_2=\cos\frac{\pi+4\pi}{4}+\mathrm{i}\sin\frac{\pi+4\pi}{4}=-\frac{\sqrt{2}}{2}-\mathrm{i}\frac{\sqrt{2}}{2};$$
$$w_3=\cos\frac{\pi+6\pi}{4}+\mathrm{i}\sin\frac{\pi+6\pi}{4}=\frac{\sqrt{2}}{2}-\mathrm{i}\frac{\sqrt{2}}{2}.$$

(2) $1+\mathrm{i}=\sqrt{2}\left(\cos\frac{\pi}{4}+\mathrm{i}\sin\frac{\pi}{4}\right)$，所以

$$\sqrt[5]{1+i} = \sqrt[10]{2}\left[\cos\frac{\frac{\pi}{4}+2k\pi}{5} + i\sin\frac{\frac{\pi}{4}+2k\pi}{5}\right] \quad (k=0, 1, 2, 3, 4),$$

即 $\sqrt[5]{1+i}$ 有 5 个不同的值，为

$$w_0 = \sqrt[10]{2}\left(\cos\frac{\pi}{20} + i\sin\frac{\pi}{20}\right);$$

$$w_1 = \sqrt[10]{2}\left(\cos\frac{9\pi}{20} + i\sin\frac{9\pi}{20}\right);$$

$$w_2 = \sqrt[10]{2}\left(\cos\frac{17\pi}{20} + i\sin\frac{17}{20}\pi\right);$$

$$w_3 = \sqrt[10]{2}\left(\cos\frac{25\pi}{20} + i\sin\frac{25\pi}{20}\right);$$

$$w_4 = \sqrt[10]{2}\left(\cos\frac{33\pi}{20} + i\sin\frac{33\pi}{20}\right).$$

它们是内接于以原点为中心，$\sqrt[10]{2}$ 为半径的圆的内接正五边形的五个顶点.

读者应该注意，在复数范围内，$\sqrt[n]{1}$ 有 n 个不同的值.

习 题

1-1 求下列复数 z 的实部、虚部、共轭复数、辐角的主值与模.

(1) $\dfrac{3}{1-2i}$；(2) $\dfrac{i}{1-i} + \dfrac{1-i}{i}$；(3) $(1+2i)(2+\sqrt{3}i)$；

(4) $\dfrac{(3+4i)(2-5i)}{2i}$；(5) $i^{22} - 4i^{21} + i^8 + i^5 + 1$.

1-2 当 x、y 等于什么实数时，等式 $\dfrac{x+1+i(y-3)}{5+3i} = 1+i$ 成立？

1-3 将下列复数 z 写成三角表示式和指数表示式，并指出其辐角及辐角的主值.

(1) $-2i$；(2) $-\dfrac{3}{5}$；(3) $1+i$；

(4) $-2\sqrt{3} + 2i$；(5) $1 - \cos\theta + i\sin\theta$ $(0 \leqslant \theta \leqslant \pi)$.

1-4 求下面根式的值：

(1) $\sqrt{1+i}$；(2) $\sqrt[3]{-2+2i}$；(3) $\sqrt[8]{1}$；(4) $\sqrt{\sqrt{3}+(2\sqrt{3}-3)i}$.

1-5 解方程 $z^2 - 4iz - (4-9i) = 0$.

1-6 设 z_1, z_2 为任意两个复数，证明：

(1) $|z|^2 = z\bar{z}$；(2) $\overline{z_1 \pm z_2} = \bar{z}_1 \pm \bar{z}_2$；(3) $\overline{z_1 z_2} = \bar{z}_1 \cdot \bar{z}_2$；

(4) $\overline{\left(\dfrac{z_1}{z_2}\right)} = \dfrac{\bar{z}_1}{\bar{z}_2}$，$z_2 \neq 0$；(5) $|z_1 - z_2|^2 = |z_1|^2 + |z_2|^2 - 2\text{Re}(z_1 \bar{z}_2)$.

1-7 对任何 z，$z^2 = |z|^2$ 是否成立？若成立，请给出证明. 若不成立，请指出对哪些 z 值

才成立?

1-8 证明:$|z_1+z_2|^2+|z_1-z_2|^2=2(|z_1|^2+|z_2|^2)$,并说明其几何意义.

1-9 $i+\sqrt{i}$ 是复数吗?如果是,写出它的三角表示式和指数表示式.

1-10 判断下列命题的正确性.

(1) 若 a 为实常数,则 $\bar{a}=a$;

(2) 若 z 为非零纯虚数,则 $\bar{z}\neq z$;

(3) $i<2i$;

(4) 复数 0 的辐角为 0;

(5) 仅存在一个复数,使 $\dfrac{1}{z}=-z$;

(6) $|z_1+z_2|=|z_1|+|z_2|$;

(7) $\dfrac{1}{i}\bar{z}=\overline{iz}$.

1-11 如果 $z=e^{i\theta}$,证明:

(1) $z^n+\dfrac{1}{z^n}=2\cos n\theta$;(2) $z^n-\dfrac{1}{z^n}=2i\sin n\theta$.

1-12 在平面上任选一点 $z\neq 0$,然后在复数平面上画出下列各点的位置.

$$-z,\ \bar{z},\ -\bar{z},\ \dfrac{1}{z},\ \dfrac{1}{\bar{z}},\ -\dfrac{1}{\bar{z}}.$$

1-13 利用复数的乘幂,证明:

$$\cos 3\theta=\cos^3\theta-3\cos\theta\sin^2\theta;$$
$$\sin 3\theta=3\cos^2\theta\sin\theta-\sin^3\theta.$$

1-14 解方程组 $\begin{cases} z_1+2z_2=1+i, \\ 3z_1+iz_2=2-3i. \end{cases}$

1-15 指出下列各题中点 z 的轨迹或所在的范围,并作图.

(1) $|z-3|=4$; (2) $|2i+z|\geq 1$;

(3) $\mathrm{Re}(z+2)=-1$; (4) $\mathrm{Im}(z-2i)=-1$;

(5) $|z-i|=|z-1|$; (6) $|z+2|+|z-1|=4$;

(7) $\dfrac{1}{2}<\mathrm{Im}(z)<2$; (8) $\mathrm{Re}(z)\geq 3$;

(9) $0<\arg z<\pi$; (10) $\arg(z-i)=\pi/4$.

1.2 复变函数

1.2.1 预备知识

1. 区域

以 z_0 为中心,δ 为半径的圆周的内部称为 z_0 的 **δ-邻域**,记为 $N(z_0,\delta)$,即

$$N(z_0,\delta)=\{z\,|\,|z-z_0|<\delta\},$$

而称集合 $\{z\,|\,0<|z-z_0|<\delta\}$ 为 z_0 的**去心 δ-邻域**.

设 D 是一平面点集，z_0 为 D 中任意一点，如果存在 z_0 的一个邻域，使得该邻域内的所有点都属于 D，则称 z_0 为 D 的一个**内点**. 如果 D 中每一点都是内点，则平面点集 D 称为**开集**.

满足下列两个条件的平面点集 D 称为一个**区域**：

(1) D 是一个开集；

(2) D 是连通的，即 D 中的任何两点都可用完全含在 D 内的一条折线连接起来.

对于给定的点 z，若 z 的任意邻域内总包含属于 D 的点，同时又包含不属于 D 的点，则称 z 为 D 的**边界点**. D 的所有边界点组成 D 的**边界**. 区域的边界可以由一条或几条曲线和一些孤立的点组成.

例如区域 $0<|z-z_0|<\delta$，它的边界由圆周 $|z-z_0|=\delta$ 与点 z_0 组成.

区域 D 与它的边界一起构成的点集，称为**闭区域**，简称**闭域**，记为 $\overline{D}$（见图 1-6）.

如果区域 D 可以包含在一个以原点为中心，以有限值为半径的圆内，则称 D 是**有界区域**，否则称为**无界区域**.

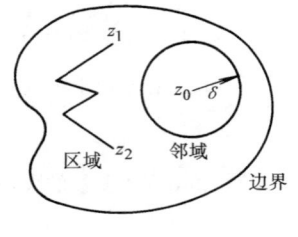

图 1-6

【例 1-9】 复平面上满足 $r_1<|z-z_0|<r_2$ 的所有点构成一个区域，而且是有界的，区域的边界由两个圆周 $|z-z_0|=r_1$ 和 $|z-z_0|=r_2$ 组成，称为**圆环域**（见图 1-7a）.

【例 1-10】 复平面上满足条件 $\mathrm{Re}(z)>1$ 的一切点构成以 $\mathrm{Re}(z)=1$ 为边界的右半平面，它是一个无界的区域（见图 1-7b）.

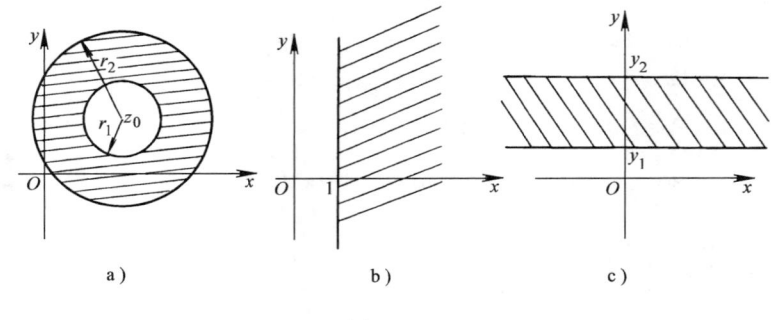

图 1-7

【例 1-11】 满足不等式 $y_1<\mathrm{Im}(z)<y_2$ 的所有点 z 构成一个平行于实轴的带形区域，它是一个无界区域（见图 1-7c）.

2. 平面曲线与连通域

如果 $x(t)$ 与 $y(t)$ 是两个连续的实变函数，则方程组

$$x = x(t), \quad y = y(t) \quad (a \leqslant t \leqslant b)$$

表示一条平面曲线，我们称它是连续曲线.

若令 $z(t) = x(t) + \mathrm{i}y(t)$，则曲线可以用方程 $z = z(t)(a \leqslant t \leqslant b)$ 表示，这就是平面曲线的复数表示式. 如果在区间 $[a, b]$ 上，$x'(t)$ 和 $y'(t)$ 都连续，且对区间上每一个 t，有 $[x'(t)]^2 + [y'(t)]^2 \neq 0$，则称曲线是**光滑**的，由几段光滑曲线依次连接所组成的曲线称为**逐段光滑**的.

若连续曲线 L 的方程为 $F(x, y) = 0$，其中 x, y 为实变量，令 $z = x + \mathrm{i}y$，则

$$x = \frac{z + \bar{z}}{2}, \quad y = \frac{z - \bar{z}}{2\mathrm{i}}.$$

这里曲线 L 的方程用复数形式可以表示为

$$F\left(\frac{z + \bar{z}}{2}, \frac{z - \bar{z}}{2\mathrm{i}}\right) = 0, \tag{1-18}$$

例如，直线 $2x + 3y = 1$ 可以化为

$$(2 - 3\mathrm{i})z + (2 + 3\mathrm{i})\bar{z} = 2.$$

一条曲线 $L: z = z(t)(a \leqslant t \leqslant b)$ 是连续的，如果 $z(a) = z(b)$，即曲线起点与终点重合，则曲线称为**闭连续曲线**. 若对 t 的任意两个不同的数值（a, b 除外），总对应曲线上两个不同的点，则称曲线是没有重点的，也称为**简单曲线**或**若尔当**（Jordan）**曲线**. 起点与终点重合的简单曲线称为**闭简单曲线**.

简单曲线自身是不会相交的. 任意一条简单闭曲线 L 把整个复平面唯一地分成三个点集，其中有界的部分称为 L 的**内部**，另一部分是无界区域，称为 L 的**外部**，L 是它们的公共边界.

对于复平面上的一个区域 D，如果在其中任作一条简单闭曲线，闭曲线的内部总属于 D，则称 D 为**单连域**. 一个区域如果不是单连域就称为**多连域**.

单连域是一个内部没有空洞（包括"点洞"）和缝隙的区域，因此单连域具有这样的特征：在单连域 D 中任一条简单闭曲线可以在 D 内经过连续变形而缩成一点.

【例 1-12】 满足下列条件的点 z 在复平面上构成怎样的点集？如是区域，是单连域、还是多连域？

(1) $|z| < 2$, $\mathrm{Im}(z) > 1$；

(2) $0 < |z + \mathrm{i}| < 2$；

(3) $0 < \arg(z - 1) < \pi/4$, $\mathrm{Re}(z) \geqslant 2$.

解 (1) 满足条件的点 z 构成的点集以原点为中心，2 为半径的圆域和以直线 $\mathrm{Im}(z) = 1$ 为边界，并在此直线上方部分（见图 1-8a），且为有界单连域.

(2) 满足条件的点 z 构成的点集是以 $-\mathrm{i}$ 为中心、2 为半径去掉圆心的圆域，是有界的多连域（见图 1-8b）.

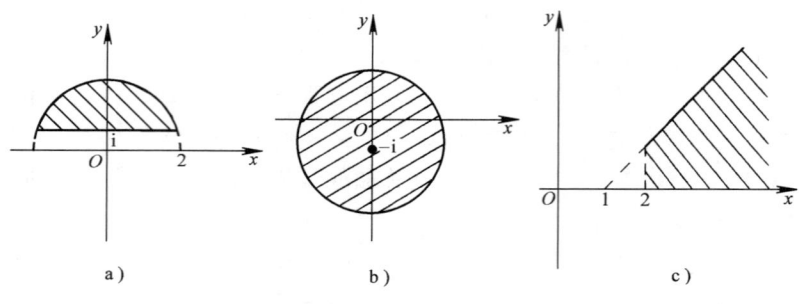

图 1-8

(3) 满足条件的点 z 构成的点集是以射线 $\arg(z-1)=\pi/4$ 和 $\arg(z-1)=0$ 以及直线 $\mathrm{Re}(z)=2$ 为边界,且在直线 $\mathrm{Re}(z)=2$ 的右侧(包括其直线)的部分. 该点集不是区域(见图 1-8c). (请读者自己考虑).

1.2.2 复变函数

复变函数的基本概念是实变函数基本概念的推广,因此我们所叙述的复变函数的概念、极限概念、函数连续与可微等概念与高等数学中的概念叙述相似.

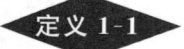 设 D 是一个复数 $z=x+\mathrm{i}y$ 的集合,若对每一个 $z\in D$,按照一定的法则,总有一个或几个复数 $w=u+\mathrm{i}v$ 与之对应,则称复变数 w 为复变数 z 的**函数**,简称**复变函数**,记为 $w=f(z)$.

D 称为 $f(z)$ 的**定义域**,函数值的全体所组成的集合称为函数 f 的**值域**,记为

$$f(D)=\{w\mid w=f(z), z\in D\},$$

并把 z 称为函数的**自变量**, w 称为**因变量**.

如果一个 z 值对应一个 w 值,则称函数是**单值的**,如果一个 z 值,有两个或两个以上的 w 值与之对应,则称 $f(z)$ 是**多值的**. 以后,如无特殊声明,我们所讨论的函数都是单值的.

给定一个函数关系 $w=f(z)$,若令 $z=x+\mathrm{i}y, w=u+v\mathrm{i}$,则
$$u+\mathrm{i}v=f(x+\mathrm{i}y)=u(x,y)+\mathrm{i}v(x,y).$$

我们得到了两个实变函数关系式:
$$u=u(x,y), v=v(x,y).$$

因此,定义了一个复变函数 $w=f(z)$,相当于定义了两个实变函数 $u=u(x,y)$, $v=v(x,y)$.

例如, $w=\dfrac{1}{z}$,令 $z=x+\mathrm{i}y, w=u+\mathrm{i}v$,则

$$w = u + \mathrm{i}v = \frac{1}{x+\mathrm{i}y} = \frac{x-\mathrm{i}y}{x^2+y^2} = \frac{x}{x^2+y^2} - \mathrm{i}\frac{y}{x^2+y^2}, \quad x^2+y^2 \neq 0,$$

因而函数 $w = \dfrac{1}{z}$ 对应于两个二元实变函数：

$$u = \frac{x}{x^2+y^2}, \quad v = -\frac{y}{x^2+y^2}.$$

而有些函数，如 $w = 3x + \mathrm{i}y$ 不能表示为 $w = f(z)$ 的形式，只能表示为 $w = 2z + \bar{z}$ 的形式，复变函数中真正重要的是能单独用 z 表示的函数.

由于复变函数反映了两组变量 u、v 和 x、y 之间的对应关系，因而情形比较复杂，为了直观地理解和研究函数，我们利用两个不同的复平面上的点集之间的对应关系来说明.

若将定义域 D 看成 z 平面上的点集，而将值域 $f(D)$ 看成 w 平面上的点集，在几何上函数 $w = f(z)$ 可以看成是 z 平面上的点集 D 到 w 平面上的点集 $G = f(D)$ 的**映射**(或称**变换**)，称为由函数 $w = f(z)$ 构成的映射，在 $w = f(z)$ 的映射之下，G 中的点 w 称为 D 中的点 z 的**像**(映像)，而 D 中的点 z 称为 G 中的点 w 的**原像**.

如 $w = \dfrac{1}{z} = \dfrac{1}{x+\mathrm{i}y}$ 把 z 平面上的圆周 $x^2 + y^2 = 4$ 映射成 w 平面上的圆周 $|w| = 1/2$；把 z 平面上的直线 $x = 1$ 映射为 w 平面上的圆周 $\left|w - \dfrac{1}{2}\right| = \dfrac{1}{2}$.

又 $w = \bar{z}$ 是关于实轴的一个对称映射(假设 z 平面和 w 平面重合). 任何一个图形通过映射 $w = \bar{z}$(能导出 $u = x$, $v = -y$)的像是和原像关于实轴对称的图形(见图 1-9).

函数

$$w = z^2 = (x + \mathrm{i}y)^2 = x^2 - y^2 + \mathrm{i}2xy$$

的对应关系是

$$u = x^2 - y^2, \quad v = 2xy.$$

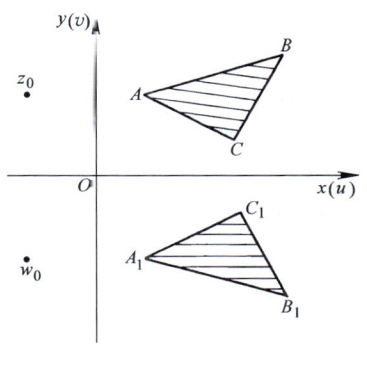

图 1-9

因此，当给定 z 平面上的两族双曲线 $x^2 - y^2 = c_1$，$2xy = c_2$，经 $w = z^2$ 映射就得到了 w 平面上两族平行直线 $u = c_1$ 和 $v = c_2$ (见图 1-10).

而 z 平面上的区域 $\begin{cases} 0 < \arg z < \pi/2 \\ |z| < 2 \end{cases}$，经 $w = z^2$ 映射就得到了 w 平面上的像为 $\begin{cases} 0 < \arg w < \pi \\ |w| < 4 \end{cases}$，(见图 1-11).

如果对于 z 平面上的集合 G 内的任意两个不同的点 z_1 和 z_2，对应的函数值

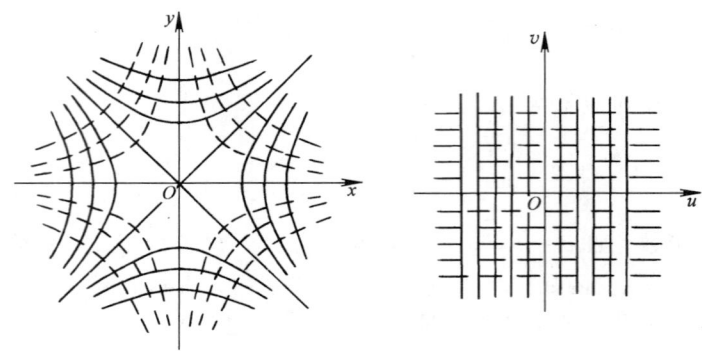

图 1-10

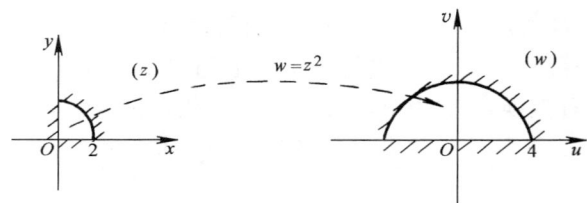

图 1-11

$w_1=f(z_1)$ 与 $w_2=f(z_2)$ 也不同，则称函数 $w=f(z)$ 为 **G 内确定的单叶函数**.

有关实变函数的一些概念，只要不涉及函数值大小的比较，很多可推广到复变函数上来，如反函数、奇函数、偶函数、周期函数等.

例如反函数的定义：设函数 $w=f(z)$ 的定义域为 $D(z$ 平面上的集合），值域为 $G(w$ 平面上的集合），则 G 中的每一个 w 必将对应着 D 中的一个或几个 z，按函数的定义，在 G 上确定了一个函数 $z=\varphi(w)$，它称为函数 $w=f(z)$ 的**反函数**，记为 $z=f^{-1}(w)$，也称为映射 $w=f(z)$ 的**逆映射**.

例如 $z=\dfrac{1}{w}$ 为 $w=\dfrac{1}{z}$ 的反函数；$z=w-(2+\mathrm{i})$ 为 $w=z+2+\mathrm{i}$ 的反函数.

1.2.3 复变函数的极限

定义 1-2 设函数 $w=f(z)$ 在 z_0 的某一去心邻域 $0<|z-z_0|<\rho$ 内有定义，若对于任给的 $\varepsilon>0$，相应地存在 $\delta>0$，使得当 $0<|z-z_0|<\delta$ 时（$0<\delta\leqslant\rho$），有

$$|f(z)-A|<\varepsilon,$$

则称 A（确定的常数）为 $f(z)$ 当 z 趋向于 z_0 时的极限. 记为 $\lim\limits_{z\to z_0}f(z)=A$，或当

$z \to z_0$ 时，$f(z) \to A$.

上述定义与一元实函数的极限定义从形式上看相类似，只不过用圆形邻域代替了原来直线上的邻域，但要特别注意的是，由于 $z = x + \mathrm{i}y$ 趋向于 $z_0 = x_0 + \mathrm{i}y_0$ 相当于 $\begin{cases} x \to x_0, \\ y \to y_0. \end{cases}$ 这比一元实函数极限中 $x \to x_0$ 具有更大的任意性. $z = x + \mathrm{i}y$ 趋向于 $z_0 = x_0 + \mathrm{i}y_0$ 相当于 $P(x, y) \to P_0(x_0, y_0)$，所以定义中的 $z \to z_0$ 的方式是任意的，即不论 z 从什么方向，以什么方式趋于 z_0，$f(z)$ 都要趋近于同一个常数 A.

【例 1-13】 试证 $\lim\limits_{z \to 0} \dfrac{\mathrm{Im}(z)}{z}$ 不存在.

证 令 $z = x + \mathrm{i}y$，则有 $\dfrac{\mathrm{Im}(z)}{z} = \dfrac{y}{x + \mathrm{i}y}$. 由此便知，当 z 沿直线 $y = kx$（k 是常数）趋于零时，极限

$$\lim_{\substack{z \to 0 \\ y = kx}} \frac{\mathrm{Im}(z)}{z} = \lim_{\substack{z \to 0 \\ y = kx}} \frac{y}{x + \mathrm{i}y} = \lim_{x \to 0} \frac{kx}{x + \mathrm{i}kx} = \frac{k}{1 + \mathrm{i}k},$$

注意到 k 可以取不同的值，极限 $\lim\limits_{z \to 0} \dfrac{\mathrm{Im}(z)}{z}$ 也不同，因而所求的极限不存在. 证毕

极限定义的几何意义可解释为：无论点 A 的 $\varepsilon -$ 邻域取得怎样小，总可以找到 z_0 的一个去心 $\delta -$ 邻域（更小的去心邻域当然也满足），一旦变点 z 进入 z_0 的去心 $\delta -$ 邻域，它的像点 $f(z)$ 就落入 A 的 $\varepsilon -$ 邻域内（见图 1-12）.

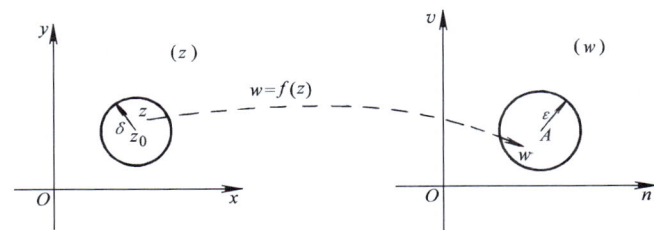

图 1-12

下面的定理指出了复变函数的极限与该函数的实部，虚部极限的依存关系.

定理 1-3 设 $f(z) = u(x, y) + \mathrm{i}v(x, y)$，$A = u_0 + \mathrm{i}v_0$，$z_0 = x_0 + \mathrm{i}y_0$，则 $\lim\limits_{z \to z_0} f(z) = A$ 的充分必要条件为

$$\lim_{\substack{x \to x_0 \\ y \to y_0}} u(x, y) = u_0;$$

$$\lim_{\substack{x \to x_0 \\ y \to y_0}} v(x, y) = v_0.$$

证 充分性，由 $\lim\limits_{\substack{x\to x_0\\y\to y_0}}u(x,y)=u_0$，$\lim\limits_{\substack{x\to x_0\\y\to y_0}}v(x,y)=v_0$ 知对任意的 $\varepsilon>0$，存在 $\delta>0$，当 $0<\sqrt{(x-x_0)^2+(y-y_0)^2}<\delta$ 时恒有 $|u-u_0|<\varepsilon/2$，$|v-v_0|<\varepsilon/2$. 而

$$|f(z)-A|=|(u+\mathrm{i}v)-(u_0+\mathrm{i}v_0)|$$
$$=|(u-u_0)+\mathrm{i}(v-v_0)|$$
$$\leqslant|u-u_0|+|v-v_0|,$$

所以当 $0<|z-z_0|<\delta$ 时，有

$$|f(z)-A|<\varepsilon/2+\varepsilon/2=\varepsilon,$$

即 $\lim\limits_{z\to z_0}f(z)=A$.

必要性，设 $\lim\limits_{z\to z_0}f(z)=A$，根据定义，对于任给的 $\varepsilon>0$，存在 $\delta>0$，当 $0<|z-z_0|<\delta$ 时，有 $|f(z)-A|<\varepsilon$，即当 $0<\sqrt{(x-x_0)^2+(y-y_0)^2}<\delta$ 时，有 $|(u-u_0)+\mathrm{i}(v-v_0)|<\varepsilon$ 成立，从而 $|u-u_0|<\varepsilon$，$|v-v_0|<\varepsilon$，由极限定义：

$$\lim\limits_{\substack{x\to x_0\\y\to y_0}}u(x,y)=u_0,\quad \lim\limits_{\substack{x\to x_0\\y\to y_0}}v(x,y)=v_0.$$

证毕

这个定理告诉我们，复变函数极限的存在性等价于其实部和虚部两个二元实函数极限的存在性．这样就可以把复变函数极限的计算转化为两个二元实函数极限的计算．

根据这个定理，不难证明下面关于极限的四则运算法则．

定理 1-4 如 $\lim\limits_{z\to z_0}f(z)=A$，$\lim\limits_{z\to z_0}g(z)=B$（$A,B$ 均为有限复数），那么

(1) $\lim\limits_{z\to z_0}[f(z)\pm g(z)]=A\pm B=\lim\limits_{z\to z_0}f(z)\pm\lim\limits_{z\to z_0}g(z)$；

(2) $\lim\limits_{z\to z_0}[f(z)g(z)]=A\cdot B=\lim\limits_{z\to z_0}f(z)\cdot\lim\limits_{z\to z_0}g(z)$；

(3) $\lim\limits_{z\to z_0}\left[\dfrac{f(z)}{g(z)}\right]=\dfrac{A}{B}=\dfrac{\lim\limits_{z\to z_0}f(z)}{\lim\limits_{z\to z_0}g(z)}$ ($B\neq 0$).

【例 1-14】 求 (1) $\lim\limits_{z\to 1+\mathrm{i}}\dfrac{\bar{z}}{z}$，(2) $\lim\limits_{z\to 1}\dfrac{z\cdot\bar{z}-\bar{z}+z-1}{z-1}$.

解 (1) 方法一 $\dfrac{\bar{z}}{z}=\dfrac{x-\mathrm{i}y}{x+\mathrm{i}y}=\dfrac{x^2-y^2}{x^2+y^2}+\mathrm{i}\dfrac{-2xy}{x^2+y^2}$.

由定理 1-3，$\lim\limits_{z\to 1+\mathrm{i}}\dfrac{\bar{z}}{z}=\lim\limits_{\substack{x\to 1\\y\to 1}}\dfrac{x^2-y^2}{x^2+y^2}+\mathrm{i}\lim\limits_{\substack{x\to 1\\y\to 1}}\dfrac{-2xy}{x^2+y^2}=-\mathrm{i}$.

方法二 $\lim\limits_{z\to 1+\mathrm{i}}\dfrac{\bar{z}}{z}=\dfrac{\lim\limits_{z\to 1+\mathrm{i}}\bar{z}}{\lim\limits_{z\to 1+\mathrm{i}}z}=\dfrac{\lim\limits_{\substack{x\to 1\\y\to 1}}(x-\mathrm{i}y)}{\lim\limits_{\substack{x\to 1\\y\to 1}}(x+\mathrm{i}y)}=\dfrac{1-\mathrm{i}}{1+\mathrm{i}}=-\mathrm{i}$.

(2) $\lim\limits_{z \to 1} \dfrac{z\bar{z} - \bar{z} + z - 1}{z - 1} = \lim\limits_{z \to 1} \dfrac{(z-1)(\bar{z}+1)}{z-1} = \lim\limits_{z \to 1}(\bar{z}+1) = 2.$

1.2.4 复变函数的连续性

定义 1-3 如果 $\lim\limits_{z \to z_0} f(z) = f(z_0)$,则称 $f(z)$ 在 z_0 处连续. 如果 $f(z)$ 在区域 D 内每一点处均连续,则称 $f(z)$ 在 D 内连续.

由上述定义与定理 1-3,可以得到以下定理:

定理 1-5 函数 $f(z) = u(x, y) + iv(x, y)$ 在点 $z_0 = x_0 + iy_0$ 处连续的充分必要条件是 $u(x, y)$ 和 $v(x, y)$ 在点 (x_0, y_0) 处连续.

【例 1-15】 设 $f(z) = x^2 + y^2 + i(x^2 - y^2)$,证明 $f(z)$ 在 z 平面上处处连续.

证 由 $f(z) = x^2 + y^2 + i(x^2 - y^2)$,则
$$u(x, y) = x^2 + y^2, \quad v(x, y) = x^2 - y^2.$$
$u(x, y)$ 和 $v(x, y)$ 在 z 平面上处处连续,则由定理 1-5 知道,$f(z)$ 在 z 平面上处处连续.

定理 1-6 若 $f(z)$ 和 $g(z)$ 在 z_0 连续,则它们的和、差、积、商:
$f(z) \pm g(z)$,$f(z) \cdot g(z)$,$\dfrac{f(z)}{g(z)}(g(z_0) \neq 0)$ 在 z_0 处仍连续.

定理 1-7 若函数 $h = g(z)$ 在 z_0 处连续,函数 $w = f(h)$ 在 $h_0 = g(z_0)$ 连续,那么复合函数 $w = f[g(z)]$ 在 z_0 处连续.

从这些定理,我们可以推知:

有理整函数(多项式)$w = P(z) = a_0 + a_1 z + \cdots + a_n z^n$ 在复平面上处处连续.

而有理分式函数 $w = P(z)/Q(z)$ $P(z)$,$Q(z)$ 都是多项式在复平面上使分母值不为零的点也连续.

应该注意:函数 $f(z)$ 在曲线 C 上点 z_0 处连续是指 z 沿 C 趋向 z_0 时,有
$$\lim\limits_{z \to z_0} f(z) = f(z_0).$$

与实变量函数类似,在闭区域 $\overline{D}$ 上连续的函数 $f(z)$ 在 $\overline{D}$ 上是有界的,即存在有限正数 M,使
$$|f(z)| \leqslant M \quad (z \in \overline{D}).$$

这个结论对于闭曲线或连同端点在内的曲线段上连续的函数 $f(z)$ 也成立.

习 题

1-16 描出下列不等式所确定的区域与闭区域,并指明它是有界的还是无界的,是单连

域还是多连域?

(1) $\text{Re}(z) > 1$；

(2) $|z+2\text{i}| \geqslant 1$；

(3) $2 < \arg z < 2+\pi$；

(4) $0 < \text{Im}(\text{i}z) < 2$；

(5) $|z-1| < |z+3|$；

(6) $2 \leqslant |z| \leqslant 3$；

(7) $|z-2| - |z+2| > 1$；

(8) $|z-2| + |z+2| \leqslant 6$；

(9) $0 < \arg \dfrac{z-\text{i}}{z+\text{i}} < \pi/4$；

(10) $z\bar{z} - (2+\text{i})z - (2-\text{i})\bar{z} \leqslant 4$。

1-17 证明复平面上的直线方程可写成：
$$a\bar{z} + \bar{a}z = c \quad (a \neq 0 \text{ 为复常数}, c \text{ 为实常数})。$$

1-18 证明复平面上的圆的方程可写成：
$$z\bar{z} + \bar{a}z + a\bar{z} + c = 0。$$
其中 a 为复常数，c 为实常数。

1-19 将下列方程(t 为参数)给出的曲线用一个实直角坐标方程表出。

(1) $z = (-2+\text{i})t$；

(2) $z = t + \dfrac{\text{i}}{t}$；

(3) $\text{Re}(z^2) = a$ (a 为实常数)；

(4) $z = a\text{ch}t + \text{i}b\text{sh}t$，($a, b$ 为实常数)；

(5) $z = a\text{e}^{\text{i}t} + b\text{e}^{-\text{i}t}$，($a, b$ 为实常数)；

(6) $z = 3\sec t + 5\text{i}\tan t$，($-\pi/2 < t < \pi/2$)；

(7) $z = \text{e}^{\alpha t}$，($\alpha = a + \text{i}b$ 为复常数)。

1-20 把下列曲线写成复变量形式：$z = z(t)$，t 为参数。

(1) $x^2 + (y-1)^2 = 4$；

(2) $y = 2x$；

(3) $y = 5$；

(4) $x = 3$。

1-21 已知映射 $w = z^3$，求

(1) 点 $z_1 = \text{i}$，$z_2 = 1 + \text{i}$，$z_3 = \sqrt{3} + \text{i}$ 在 w 平面上的像；

(2) 区域 $0 < \arg z < \pi/3$ 在 w 平面上的像。

1-22 在映射 $w = z^2$ 下，扇形区域 $0 < \arg z < \pi/4$，$|z| < 1$ 映为什么样的区域？

1-23 在映射 $w = \dfrac{1}{z}$ 下，曲线 $x^2 + y^2 = 4$ 和 $x = 1$ 映为 w 平面上什么曲线？

1-24 设 $f(z) = z^2 - 1$，证明 $f(z)$ 在 z 平面上处处连续。

1-25 试证：如果 $f(z)$ 在 z_0 连续，则 $\overline{f(z)}$ 和 $|f(z)|$ 在 z_0 处也连续。

1-26 证明 $\lim\limits_{z \to 0} \dfrac{1}{2\text{i}} \left(\dfrac{z}{\bar{z}} - \dfrac{\bar{z}}{z} \right)$ 不存在。

1-27 设函数 $f(z)$ 在 $z = z_0$ 处连续，且 $f(z_0) \neq 0$。求证：可以找到 z_0 的一个邻域，函数 $f(z)$ 在此邻域内取值不等于零。

1-28 试证 $\arg z$ 在原点与负实轴上不连续。

1-29 证明：如果极限 $\lim\limits_{z \to z_0} f(z)$ 存在且有限，那么 $f(z)$ 在 z_0 点的某一邻域内是有界的。

1-30 试讨论下列函数在 $z = 0$ 处的连续性。

(1) $f(z)=\begin{cases} 0, & z=0, \\ \dfrac{[\operatorname{Re}(z)]^2}{|z|}, & z\neq 0; \end{cases}$

(2) $f(z)=\begin{cases} 0, & z=0, \\ \dfrac{\operatorname{Re}(z^2)}{|z^2|}, & z\neq 0. \end{cases}$

本 章 小 结

1. 复数的概念

我们把形如 $x+\mathrm{i}y$ 的数称为复数，记为 $z=x+\mathrm{i}y$，其中 x、y 分别称为复数 z 的实部、虚部，记为 $x=\operatorname{Re}(z)$，$y=\operatorname{Im}(z)$. i 称为虚数单位，它满足 $\mathrm{i}^2=-1$. 与实数不同，两个复数之间一般不能比较大小. 称 $\bar{z}=x-\mathrm{i}y$ 为 $z=x+\mathrm{i}y$ 的共轭复数.

2. 复数的表示法

(1) 复数 $z=x+\mathrm{i}y$ 可以用平面上的点 $M(x,y)$ 表示；

(2) 复数 $z=x+\mathrm{i}y$ 可以用平面上起点在 $O(0,0)$，终点在 $M(x,y)$ 的向量 $\overrightarrow{OM}$ 来表示.

(3) 当 $z=x+\mathrm{i}y\neq 0$ 时，$z=x+\mathrm{i}y$ 可以用三角函数来表示：$z=r(\cos\theta+\mathrm{i}\sin\theta)$，其中 $r=|z|=\sqrt{x^2+y^2}$ 称为复数 z 的模；$\theta=\operatorname{Arg}z$ 称为 z 的辐角 $\left(\tan\theta=\dfrac{y}{x}\right)$，它有无穷多个值，每两个值相差 2π 的整数倍，它的三值 θ_0 取在 $-\pi<\theta_0=\arg z\leqslant\pi$，$\operatorname{Arg}z=\arg z+2k\pi$（$k$ 取整数）.

(4) 当 $z\neq 0$ 时，z 还可以用指数形式表示：$z=r\mathrm{e}^{\mathrm{i}\theta}$，$r=|z|$，$\theta=\operatorname{Arg}z$.

当 $z=0$ 时，$|z|=0$，它的辐角没有意义.

当 $z=\infty$ 时，$|z|=+\infty$，其实部、虚部、辐角都没有意义，在扩充的复平面上只有一个无穷远点.

3. 复数的运算

设 $z_1=x_1+\mathrm{i}y_1$，$z_2=x_2+\mathrm{i}y_2$.

(1) 相等：$z_1=z_2$ 当且仅当 $x_1=x_2$，$y_1=y_2$；

(2) 加（减）法：$z_1\pm z_2=(x_1\pm x_2)+\mathrm{i}(y_1\pm y_2)$；

(3) 乘法：$z_1 z_2=(x_1 x_2-y_1 y_2)+\mathrm{i}(x_1 y_2+x_2 y_1)$；

(4) 除法：$\dfrac{z_1}{z_2}=\dfrac{z_1\bar{z_2}}{z_2\bar{z_2}}=\dfrac{x_1 x_2+y_1 y_2}{x_2^2+y_2^2}+\mathrm{i}\dfrac{x_2 y_1-x_1 y_2}{x_2^2+y_2^2}$　（$z_2\neq 0$）；

若 $z_1=r_1(\cos\theta_1+\mathrm{i}\sin\theta_1)$，$z_2=r_2(\cos\theta_2+\mathrm{i}\sin\theta_2)$，则

$$z_1 z_2 = r_1 r_2 [\cos(\theta_1+\theta_2)+i\sin(\theta_1+\theta_2)],$$

$$\frac{z_1}{z_2}=\frac{r_1}{r_2}[\cos(\theta_1-\theta_2)+i\sin(\theta_1-\theta_2)] \quad (z_2\neq 0);$$

(5) 乘幂：若 $z=r(\cos\theta+i\sin\theta)$，则

$$z^n=r^n(\cos n\theta+i\sin n\theta).$$

当 $|z|=1$ 时得，$(\cos\theta+i\sin\theta)^n=\cos n\theta+i\sin n\theta$，这就是棣莫弗公式；

(6) 方根：设 $z=r(\cos\theta+i\sin\theta)$，则

$$\sqrt[n]{z}=\sqrt[n]{r}\left[\cos\frac{(\theta+2k\pi)}{n}+i\sin\frac{(\theta+2k\pi)}{n}\right] \quad (k=0,1,2,\cdots,n-1).$$

在复数的运算中，除了加减运算用复数的代数表示较方便外，其余运算一般采用复数的三角表示式或指数表示式更为方便.

关于复数的模和辐角有以下运算公式

$$|z_1 z_2|=|z_1||z_2|; \quad \left|\frac{z_1}{z_2}\right|=\frac{|z_1|}{|z_2|}, \quad (z_2\neq 0);$$

$$\text{Arg}(z_1 z_2)=\text{Arg}z_1+\text{Arg}z_2;$$

$$\text{Arg}\left(\frac{z_1}{z_2}\right)=\text{Arg}z_1-\text{Arg}z_2.$$

4. 复数的代数表示式 $z=x+iy$ 和三角表示式 $z=r(\cos\theta+i\sin\theta)$ 之间的转化.

$$r=|z|=\sqrt{x^2+y^2},$$

$$\tan\theta=\frac{y}{x}, \tan(\arg z)=\tan\theta=\frac{y}{x}.$$

注意到 $-\pi<\arg z\leqslant\pi$，$-\frac{\pi}{2}<\arctan\frac{y}{x}<\frac{\pi}{2}$，所以 $\arg z$ 和 $\arctan\frac{y}{x}$ 之间有以下关系：

(1) 当 $x>0$，$y\geqslant 0$ 时，$\arg z=\arctan\frac{y}{x}$；

(2) 当 $x<0$，$y\geqslant 0$ 时，$\arg z=\arctan\frac{y}{x}+\pi$；

(3) 当 $x<0$，$y<0$ 时，$\arg z=\arctan\frac{y}{x}-\pi$；

(4) 当 $x>0$，$y<0$ 时，$\arg z=\arctan\frac{y}{x}$.

5. 区域和平面曲线

(1) 区域：连通的开集称为区域，区域与它的边界一起构成的点集称为闭区域，区域的边界可以是一条或几条曲线，也可包含若干个孤立的点. 区域可分为

第1章 复数与复变函数

有界区域和无界区域,区域还有单连域与多连域之分.

(2) 平面曲线:若 $x(t)$ 与 $y(t)$ 是两个连续的实函数,则
$$z=z(t)=x(t)+iy(t) \quad (a\leqslant t\leqslant b)$$
表示一条平面连续曲线,如 $x'(t)$、$y'(t)$ 是连续的,且不同时为零,则称此曲线为光滑曲线,如曲线的起点与终点重合,称曲线为闭连续曲线,若对 t 的任两个不同的数值(a,b 除外),对应曲线上两个不同的点,则称曲线为简单曲线.

6. 复变函数

(1) $w=f(z)$,如令 $z=x+iy$,$w=u+iv$,则由
$$u+iv=f(x+iy)=u(x,y)+iv(x,y)$$
得
$$u=u(x,y),\quad v=v(x,y).$$
即一个复变函数 $w=f(z)$ 相当于两个实变量函数 $u=u(x,y)$,$v=v(x,y)$.

复变函数 $w=f(z)$ 确定了 z 平面上的点集 D 到 w 平面上点集 $f(D)$ 之间的一个映射. 如果 $w_0=f(z_0)$,则称 w_0 为 z_0 的像,而 z_0 称为 w_0 的原像.

通常,映射 $w=f(z)$ 将 z 平面上的点、曲线和区域,映射成 w 平面上的点、曲线和区域.

(2) 极限与连续

设 $f(z)=u(x,y)+iv(x,y)$,$A_0=u_0+iv_0$,$z_0=x_0+iy_0$,那么 $\lim_{z\to z_0}f(z)=A_0$ 相当于
$$\lim_{\substack{x\to x_0 \\ y\to y_0}}u(x,y)=u_0,\quad \lim_{\substack{x\to x_0 \\ y\to y_0}}v(x,y)=v_0.$$
即求 $f(z)=u(x,y)+iv(x,y)$ 的极限问题可转化为两个二元实函数 $u=u(x,y)$ 和 $v=v(x,y)$ 的极限问题.

复函数的极限运算法则和实函数是一样的.

如 $\lim_{z\to z_0}f(z)=f(z_0)$,称 $f(z)$ 在 z_0 处连续,如果 $f(z)$ 在区域 D 内处处连续,称 $f(z)$ 在 D 内连续.

函数 $f(z)=u(x,y)+iv(x,y)$ 在 $z_0=x_0+iy_0$ 处连续相当于两个二元实函数 $u(x,y)$ 和 $v(x,y)$ 在 (x_0,y_0) 处连续.

本章自测题

1. 把下列复数 z 写成 $x+iy$ 的形式,并指出它的模和辐角的主值.

   (1) $\dfrac{1-2i}{3-4i}-\dfrac{2-i}{5i}$; (2) $\dfrac{1-2i}{1+i}$.

2. 设 z_1、z_2、z_3 三点满足条件
$$z_1+z_2+z_3=0;\quad |z_1|=|z_2|=|z_3|=1.$$

证明 z_1、z_2、z_3 是内接于单位圆 $|z|=1$ 的一个正三角形的顶点.

3. 求下列复数 z 的方根,并将结果用复平面上的点(向量)表示出来.

(1) $\sqrt[3]{-\sqrt{3}+i}$；　(2) $\sqrt[4]{-i}$；　(3) $\sqrt[6]{64}$.

4. 证明：如果 w 是 1 的 n 次方根中的一个复数根,则
$$1+w+w^2+\cdots+w^{n-1}=0.$$

5. 设 $|z|=1$,证明
$$\left|\frac{az+b}{\bar{b}z+\bar{a}}\right|=1.$$

6. 已知映射 $w=z^3$,求区域 $\dfrac{\pi}{6}<\arg z<\dfrac{\pi}{4}$ 在 w 平面上的像.

7. 求复数 $z=\dfrac{(-1-\sqrt{3}i)\overline{(1+i)}}{(i-1)^2}$ 的模和辐角.

第 2 章

解 析 函 数

数字技术的世界

解析函数是复变函数研究的主要对象,许多理论问题和实际问题都需要用到解析函数的理论和方法.本章重点介绍解析函数的概念及其判别方法,接着介绍一些常用的初等复变函数,说明它们的解析性.

2.1 解析函数的概念

2.1.1 复变函数的导数与微分

1. 导数的定义

 设函数 $w=f(z)$ 定义于区域 D, z_0 为 D 内一点,点 $z_0+\Delta z \in D$,如果极限

$$\lim_{\Delta z \to 0} \frac{f(z_0+\Delta z)-f(z_0)}{\Delta z}$$

存在,那么就称函数 $w=f(z)$ 在 z_0 **可导**,此极限值称为 $f(z)$ 在点 z_0 的**导数**,记为 $f'(z_0)$ 或 $\dfrac{\mathrm{d}w}{\mathrm{d}z}\Big|_{z=z_0}$,即

$$f'(z_0)=\lim_{\Delta z \to 0}\frac{f(z_0+\Delta z)-f(z_0)}{\Delta z}. \tag{2-1}$$

定义也可以用"$\varepsilon-\delta$"语言来叙述:对任给的 $\varepsilon>0$,存在相应的正数 $\delta(\varepsilon)$,使得当 $0<|\Delta z|<\delta$ 时,有 $\left|\dfrac{f(z_0+\Delta z)-f(z_0)}{\Delta z}-A\right|<\varepsilon$($A$ 为复常数),则称 A 为 $f(z)$ 在 z_0 点的导数,即 $A=f'(z_0)$.

要注意的是，导数定义之中的 $z_0+\Delta z \to z_0$（即 $\Delta z \to 0$）的方式是任意的，这一点要比实一元函数导数定义中的 $\Delta x \to 0$ 要求严格得多，因而复变函数的导函数具有许多特有的性质.

如函数 $w=f(z)$ 在 D 中处处可导，则称 $f(z)$ **在 D 内可导**，$f'(z)$ 称为 $f(z)$ 在 D 内的**导函数**，简称**导数**.

【例 2-1】 求 $f(z)=z^2$ 的导数.

解 $f(z+\Delta z)-f(z)=(z+\Delta z)^2-z^2=2z\Delta z+(\Delta z)^2$，则

$$\lim_{\Delta z \to 0}\frac{f(z+\Delta z)-f(z)}{\Delta z}=\lim_{\Delta z \to 0}\frac{2z\Delta z+(\Delta z)^2}{\Delta z}=\lim_{\Delta z \to 0}(2z+\Delta z)=2z,$$

所以 $f'(z)=2z$.

【例 2-2】 讨论 $f(z)=\bar{z}$ 在复平面上的可导性.

解 因为 $f(z+\Delta z)-f(z)=\overline{z+\Delta z}-\bar{z}=\bar{z}+\overline{\Delta z}-\bar{z}=\overline{\Delta z}$，

$$\frac{f(z+\Delta z)-f(z)}{\Delta z}=\frac{\overline{\Delta z}}{\Delta z}=\frac{\Delta x-\mathrm{i}\Delta y}{\Delta x+\mathrm{i}\Delta y}.$$

设 Δz 沿平行于 x 轴的方向趋于零时，有 $\Delta y=0$，$\Delta z=\Delta x$（见图 2-1），这时

$$\lim_{\Delta z \to 0}\frac{f(z+\Delta z)-f(z)}{\Delta z}=\lim_{\Delta x \to 0}\frac{\Delta x}{\Delta x}=1,$$

设 Δz 沿平行于 y 轴的方向趋于零，有 $\Delta x=0$，$\Delta z=\mathrm{i}\Delta y$，这时

$$\lim_{\Delta z \to 0}\frac{f(z+\Delta z)-f(z)}{\Delta z}=\lim_{\Delta y \to 0}\frac{-\mathrm{i}\Delta y}{\mathrm{i}\Delta y}$$
$$=-1.$$

因此 $\Delta z \to 0$ 时，$\lim\limits_{\Delta z \to 0}\dfrac{f(z+\Delta z)-f(z)}{\Delta z}$ 不存在，所以函数 $w=f(z)=\bar{z}$ 在复平面上处处不可导.

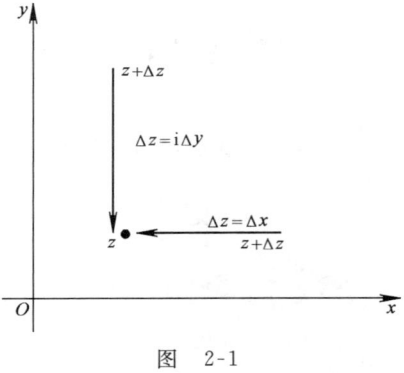

图 2-1

2. 可导和连续的关系

设函数 $w=f(z)$ 在点 z_0 处可导，即 $\lim\limits_{\Delta z \to 0}\dfrac{\Delta w}{\Delta z}$ 存在，

$$\lim_{\Delta z \to 0}\Delta w=\lim_{\Delta z \to 0}\left[\Delta z \cdot \left(\frac{\Delta w}{\Delta z}\right)\right]=\lim_{\Delta z \to 0}\Delta z \cdot \lim_{\Delta z \to 0}\frac{\Delta w}{\Delta z}=0 \cdot f'(z_0)=0$$

即 $\lim\limits_{\Delta z \to 0}[f(z_0+\Delta z)-f(z_0)]=0$. 亦即 $\lim\limits_{\Delta z \to 0}f(z_0+\Delta z)=f(z_0)$. 由此可见，$f(z)$ 在 z_0 处连续.

上述例 2-2 中 $f(z)=\bar{z}$ 显然在复平面上处处连续，但又处处不可导. 因此和高等数学中一样，函数在点 z_0 处可导，则在 z_0 点必然连续；而函数在点 z_0 处连

续，不一定在 z_0 点可导.

3. 求导法则

由于复变函数中导数的定义与实变函数中导数的定义在形式上完全一样，而且复变函数中的极限运算法则也和实变函数中的一样，因而复变函数有与高等数学中完全相同的求导法则，且证法完全相同. 现将几个求导公式与法则罗列如下：

(1) $(C)' = 0$，其中 C 为复常数；

(2) $(z^n)' = nz^{n-1}$，其中 n 为正整数；

(3) $[f(z) \pm g(z)]' = f'(z) \pm g'(z)$；

(4) $[f(z)g(z)]' = f'(z)g(z) + f(z)g'(z)$；

(5) $\left[\dfrac{f(z)}{g(z)}\right]' = \dfrac{f'(z)g(z) - f(z)g'(z)}{g^2(z)}$，$g(z) \neq 0$；

(6) $\{f[g(z)]\}' = f'(w)g'(z)$，其中 $w = g(z)$；

(7) $f'(z) = \dfrac{1}{\varphi'(w)}$，其中 $w = f(z)$ 与 $z = \varphi(w)$ 是两个互为反函数的单值函数，且 $\varphi'(w) \neq 0$.

4. 复变函数的微分

复变函数的微分概念在形式上也与高等数学中一元实函数的微分概念完全相同.

定义 2-2 设函数 $w = f(z)$ 定义在区域 D 上，z_0 为 D 内一点，若 $f(z)$ 在 z_0 可导，$\Delta w = f(z_0 + \Delta z) - f(z_0) = A\Delta z + \rho(\Delta z)\Delta z$，其中 $\lim\limits_{\Delta z \to 0}\rho(\Delta z) = 0$，$A$ 为复常数. 则称 $A\Delta z$ 为函数 $f(z)$ 在点 z_0 的**微分**. 记为

$$dw = A \cdot \Delta z. \tag{2-2}$$

如果 $f(z)$ 在点 z_0 的微分存在，则称 $f(z)$ 在 z_0 **可微**. 与一元实函数一样，可导与可微是等价的，且 $A = f'(z_0)$，$\Delta z = dz$，所以

$$dw = f'(z_0)dz. \tag{2-3}$$

则 $\Delta w = f'(z_0)\Delta z + \rho(\Delta z)\Delta z$，其中微分 $dw = f'(z_0)\Delta z$ 是函数增量 Δw 的线性主部，$\rho(\Delta z)\Delta z$ 是 Δz 的高阶无穷小量.

若 $f(z)$ 在区域 D 内处处可微，则称 $f(z)$ **在 D 内可微**.

2.1.2 解析函数的概念

定义 2-3 如果函数 $f(z)$ 在 z_0 及 z_0 的邻域内处处可导，则称 $f(z)$ 在 z_0 **解析**. 若 $f(z)$ 在区域 D 内每一点解析，那么称 $f(z)$ 为 D 上的一个**解析函数**. 或

称 $f(z)$ 在 D 内解析.

如果 $f(z)$ 在 z_0 不解析,那么称 z_0 为 $f(z)$ 的一个**奇点**.

解析函数是一个十分重要的概念,函数在一点处解析与在一点可导是不等价的,解析要满足两个条件:首先在这点要可导,其次要在该点的一个邻域内可导,所以解析比可导条件要强. 但是由定义可知,**函数在区域内解析与在该区域内可导是等价的**.

【**例 2-3**】 从例 2-1 可知,函数 $f(z)=z^2$ 在复平面上处处可导,因此它也处处解析.

【**例 2-4**】 讨论函数 $f(z)=|z|^2$ 的解析性.

解 由 $f'(0)=\lim\limits_{\Delta z \to 0}\dfrac{f(\Delta z)-f(0)}{\Delta z}=\lim\limits_{\Delta z \to 0}\dfrac{|\Delta z|^2}{\Delta z}=\lim\limits_{\Delta z \to 0}\overline{\Delta z}=0$

可知 $f(z)$ 在 $z=0$ 处可导,对任意的 $z_0=x_0+\mathrm{i}y_0 \neq 0$

$$\begin{aligned}f(z_0+\Delta z)-f(z_0)&=|z_0+\Delta z|^2-|z_0|^2\\&=(z_0+\Delta z)\overline{(z_0+\Delta z)}-z_0\overline{z_0}\\&=(z_0+\Delta z)(\overline{z_0}+\overline{\Delta z})-z_0\overline{z_0}\\&=\overline{z_0}\Delta z+z_0\overline{\Delta z}+\Delta z\cdot\overline{\Delta z}\end{aligned}$$

则 $\dfrac{f(z_0+\Delta z)-f(z_0)}{\Delta z}=\overline{z_0}+z_0\dfrac{\overline{\Delta z}}{\Delta z}+\overline{\Delta z}$. 当 $\Delta z=\Delta x \to 0$ (沿平行于 x 轴的方向趋于零)时

$$\begin{aligned}\lim_{\Delta z \to 0}\dfrac{f(z_0+\Delta z)-f(z_0)}{\Delta z}&=\lim_{\Delta z \to 0}\left(\overline{z_0}+z_0\dfrac{\overline{\Delta z}}{\Delta z}+\overline{\Delta z}\right)\\&=\overline{z_0}+z_0\lim_{\Delta x \to 0}\dfrac{\Delta x}{\Delta x}+0=\overline{z_0}+z_0=2x_0.\end{aligned}$$

当 $\Delta z=\mathrm{i}\Delta y \to 0$ (沿平行于 y 轴的方向趋于零)时

$$\lim_{\Delta z \to 0}\dfrac{f(z_0+\Delta z)-f(z_0)}{\Delta z}=\overline{z_0}+z_0\lim_{\Delta y \to 0}\dfrac{-\mathrm{i}\Delta y}{\mathrm{i}\Delta y}+0=\overline{z_0}-z_0=-2\mathrm{i}y_0.$$

所以 $f(z)$ 在任意的 $z_0 \neq 0$ 处不可导,根据解析的定义, $f(z)=|z|^2$ 在复平面内处处不解析.

【**例 2-5**】 讨论函数 $f(z)=\dfrac{1}{z}$ 的解析性.

解 因为 $f(z)$ 在复平面内除了点 $z=0$ 外都可导:

$$\dfrac{\mathrm{d}w}{\mathrm{d}z}=f'(z)=-\dfrac{1}{z^2}.$$

所以在除 $z=0$ 外的复平面内,函数 $f(z)=\dfrac{1}{z}$ 处处解析.

注意到,例 2-4 和例 2-5 中, $z=0$ 都是 $f(z)$ 的奇点,但例 2-4 中 $f(z)$ 在

$z=0$ 处可导，而例 2-5 中 $f(z)$ 在 $z=0$ 点不可导．

对于解析函数，利用求导法则不难证明：

定理 2-1　设 $f(z)$ 和 $g(z)$ 为区域 D 内的两个解析函数，则 $f(z)\pm g(z)$、$f(z)g(z)$、$f(z)/g(z)(g(z)\neq 0)$ 仍为 D 内的解析函数．

定理 2-2　设函数 $h=g(z)$ 为 z 平面上的区域 D 内解析函数，函数 $w=f(h)$ 为 h 平面上的区域 G 内的解析函数，如对每一个 $z\in D$，对应的 $h=g(z)\in G$，则复合函数 $w=f[g(z)]$ 在 D 内解析．

定理 2-3　设函数 $w=f(z)$ 在区域 D 内单叶解析，且在每一个 $z\in D$，都有 $f'(z)\neq 0$，而函数 $w=f(z)$ 的反函数 $z=h(w)$ 在相应的区域 G 内连续，则函数 $z=h(w)$ 在 G 内解析，且 $h'(w)=1/f'[h(w)]$．

由定理可以知道：

（1）多项式 $P(z)=a_0 z^n+a_1 z^{n-1}+\cdots+a_{n-1}z+a_n$ 在整个复平面上解析；

（2）有理分式函数 $P(z)/Q(z)$ 在 $Q(z)\neq 0$ 的区域内为解析函数．

2.1.3　函数解析的充分必要条件

从前面的例子我们知道，并不是每一个复变函数都是解析函数；如果用定义来判定一个函数在区域 D 内是否解析，也比较困难．下面我们给出一个判定函数在某一区域内解析的重要而又简便的方法——**柯西—黎曼**（Cauchy-Riemann）**条件方程**．

定理 2-4　函数 $f(z)=u(x,y)+\mathrm{i}v(x,y)$ 在其定义域 D 内解析的充要条件是：$u(x,y)$ 和 $v(x,y)$ 在 D 内任一点 $z=x+\mathrm{i}y$ 可微，而且满足方程：

$$\frac{\partial u}{\partial x}=\frac{\partial v}{\partial y},\ \frac{\partial u}{\partial y}=-\frac{\partial v}{\partial x}. \tag{2-4}$$

上述方程叫做柯西—黎曼方程．

证　必要性，设 $f(z)$ 在 D 内解析，则在 D 内任一点 $z=x+\mathrm{i}y$ 处可导，且

$$f'(z)=\lim_{\Delta z\to 0}\frac{f(z+\Delta z)-f(z)}{\Delta z}=\lim_{\Delta z\to 0}\frac{\Delta w}{\Delta z}.$$

令 $\Delta w=\Delta u+\mathrm{i}\Delta v$，$f'(z)=a+b\mathrm{i}$，$\rho(\Delta z)=\rho_1+\mathrm{i}\rho_2$，则由 $\Delta w=f'(z)\cdot\Delta z+\rho(\Delta z)\cdot\Delta z$ 可以得到：

$$\Delta u+\mathrm{i}\Delta v=(a+b\mathrm{i})(\Delta x+\mathrm{i}\Delta y)+(\rho_1+\mathrm{i}\rho_2)(\Delta x+\mathrm{i}\Delta y)$$
$$=(a\Delta x-b\Delta y+\rho_1\Delta x-\rho_2\Delta y)$$
$$+\mathrm{i}(b\Delta x+a\Delta y+\rho_2\Delta x+\rho_1\Delta y)$$

即 $\Delta u=a\Delta x-b\Delta y+\rho_1\Delta x-\rho_2\Delta y$，$\Delta v=b\Delta x+a\Delta y+\rho_2\Delta x+\rho_1\Delta y$．

由于 $\lim\limits_{\Delta z\to 0}\rho(\Delta z)=0$,所以 $\lim\limits_{\substack{\Delta x\to 0\\ \Delta y\to 0}}\rho_1=0$,$\lim\limits_{\substack{\Delta x\to 0\\ \Delta y\to 0}}\rho_2=0$,因此得知 $u(x,y)$ 和 $v(x,y)$ 在 (x,y) 处可微,且有

$$\frac{\partial u}{\partial x}=a=\frac{\partial v}{\partial y},\ \frac{\partial u}{\partial y}=-b=-\frac{\partial v}{\partial x}.$$

充分性,由于 $u(x,y)$ 和 $v(x,y)$ 可微,则在点 $z=x+\mathrm{i}y$ 有

$$\Delta u=\frac{\partial u}{\partial x}\Delta x+\frac{\partial u}{\partial y}\Delta y+\varepsilon_1\Delta x+\varepsilon_2\Delta y;$$

$$\Delta v=\frac{\partial v}{\partial x}\Delta x+\frac{\partial v}{\partial y}\Delta y+\varepsilon_3\Delta x+\varepsilon_4\Delta y.$$

其中 $\lim\limits_{\substack{\Delta x\to 0\\ \Delta y\to 0}}\varepsilon_i=0\ (i=1,2,3,4)$. 所以

$$\begin{aligned}\Delta w&=f(z+\Delta z)-f(z)=\Delta u+\mathrm{i}\Delta v\\ &=\left(\frac{\partial u}{\partial x}\Delta x+\frac{\partial u}{\partial y}\Delta y+\varepsilon_1\Delta x+\varepsilon_2\Delta y\right)\\ &\quad+\mathrm{i}\left(\frac{\partial v}{\partial x}\Delta x+\frac{\partial v}{\partial y}\Delta y+\varepsilon_3\Delta x+\varepsilon_4\Delta y\right)\\ &=\left(\frac{\partial u}{\partial x}+\mathrm{i}\frac{\partial v}{\partial x}\right)\Delta x+\left(\frac{\partial u}{\partial y}+\mathrm{i}\frac{\partial v}{\partial y}\right)\Delta y\\ &\quad+(\varepsilon_1+\mathrm{i}\varepsilon_3)\Delta x+(\varepsilon_2+\mathrm{i}\varepsilon_4)\Delta y.\end{aligned}$$

根据柯西—黎曼方程:$\dfrac{\partial u}{\partial x}=\dfrac{\partial v}{\partial y},\ \dfrac{\partial u}{\partial y}=-\dfrac{\partial v}{\partial x}=\mathrm{i}^2\dfrac{\partial v}{\partial x}$

$$\begin{aligned}\Delta w&=\left(\frac{\partial u}{\partial x}+\mathrm{i}\frac{\partial v}{\partial x}\right)\Delta x+\left(\mathrm{i}^2\frac{\partial v}{\partial x}+\mathrm{i}\frac{\partial u}{\partial x}\right)\Delta y\\ &\quad+(\varepsilon_1+\mathrm{i}\varepsilon_3)\Delta x+(\varepsilon_2+\mathrm{i}\varepsilon_4)\Delta y\\ &=\left(\frac{\partial u}{\partial x}+\mathrm{i}\frac{\partial v}{\partial x}\right)(\Delta x+\mathrm{i}\Delta y)\\ &\quad+(\varepsilon_1+\mathrm{i}\varepsilon_3)\Delta x+(\varepsilon_2+\mathrm{i}\varepsilon_4)\Delta y.\end{aligned}$$

则 $\quad\dfrac{\Delta w}{\Delta z}=\dfrac{\partial u}{\partial x}+\mathrm{i}\dfrac{\partial v}{\partial x}+(\varepsilon_1+\mathrm{i}\varepsilon_3)\dfrac{\Delta x}{\Delta z}+(\varepsilon_3+\mathrm{i}\varepsilon_4)\dfrac{\Delta y}{\Delta z}.$

因为 $\left|\dfrac{\Delta x}{\Delta z}\right|\leqslant 1$,$\left|\dfrac{\Delta y}{\Delta z}\right|\leqslant 1$,故当 $\Delta z\to 0$ 时,上式后两项 $\to 0$,故

$$f'(z)=\frac{\partial u}{\partial x}+\mathrm{i}\frac{\partial v}{\partial x}. \tag{2-5}$$

所以函数 $f(z)=u(x,y)+\mathrm{i}v(x,y)$ 在区域 D 内处处可导,即函数 $f(z)$ 在 D 内解析. 证毕

利用柯西—黎曼方程,我们还可以得到

$$f'(z)=\frac{\partial u}{\partial x}+\mathrm{i}\frac{\partial v}{\partial x}=\frac{1}{\mathrm{i}}\frac{\partial u}{\partial y}+\frac{\partial v}{\partial y}. \tag{2-6}$$

根据这个定理,比较容易判断一个函数 $f(z)$ 是否在某一个区域内解析,而且公式(2-6)给出了一个简洁的导数计算方法.

如将定理中的"D 内任一点"改为"D 内某一点",则定理变为函数 $f(z)$ 在某点可导的充要条件,证明步骤完全一样,因而定理也可以用来判断函数在某点是否可导. 以后柯西—黎曼条件简称 C—R 条件.

【例 2-6】 判定下列函数是否解析:

(1) $f(z) = e^x(\cos y + i\sin y)$;

(2) $f(z) = x^2 + iy^2$;

(3) $f(z) = z\mathrm{Re}(z)$.

解 (1) 由 $u(x, y) = e^x \cos y, v(x, y) = e^x \sin y$,得

$$\frac{\partial u}{\partial x} = e^x \cos y, \quad \frac{\partial u}{\partial y} = -e^x \sin y,$$

$$\frac{\partial v}{\partial x} = e^x \sin y, \quad \frac{\partial v}{\partial y} = e^x \cos y.$$

在复平面内这四个偏导数处处连续,则 $u(x, y)$、$v(x, y)$ 在复平面内可微,又 $\frac{\partial u}{\partial x} = \frac{\partial v}{\partial y}, \frac{\partial u}{\partial y} = -\frac{\partial v}{\partial x}$,可知满足 C—R 条件,所以 $f(z)$ 在复平面内处处解析.

(2) 由 $u(x, y) = x^2, v(x, y) = y^2$,得

$$\frac{\partial u}{\partial x} = 2x, \quad \frac{\partial u}{\partial y} = 0, \quad \frac{\partial v}{\partial x} = 0, \quad \frac{\partial v}{\partial y} = 2y.$$

这四个偏导数在复平面内处处连续,且 $\frac{\partial u}{\partial y} = -\frac{\partial v}{\partial x}$. 仅当 $y = x$ 时才有 $\frac{\partial u}{\partial x} = \frac{\partial v}{\partial y}$,所以 $f(z)$ 仅在直线 $y = x$ 上可导,从而在复平面上处处不解析.

(3) 由于 $f(z) = z\mathrm{Re}(z) = (x + iy)x = x^2 + ixy$,所以

$$u(x, y) = x^2, \quad v(x, y) = xy,$$

$$\frac{\partial u}{\partial x} = 2x, \quad \frac{\partial u}{\partial y} = 0, \quad \frac{\partial v}{\partial x} = y, \quad \frac{\partial v}{\partial y} = x.$$

这四个偏导数在复平面内处处连续,但是仅当 $x = 0, y = 0$ 时,才有 C—R 条件满足,所以 $f(z) = z\mathrm{Re}(z)$ 仅在 $z = 0$ 点可导,故 $f(z)$ 在复平面内处处不解析.

【例 2-7】 设函数 $f(z) = x^2 + axy + by^2 + i(cx^2 + dxy + y^2)$,问常数 a, b, c, d 取何值时,$f(z)$ 在复平面内处处解析?

解 由 $u(x, y) = x^2 + axy + by^2, v(x, y) = cx^2 + dxy + y^2$,则

$$\frac{\partial u}{\partial x} = 2x + ay, \quad \frac{\partial u}{\partial y} = ax + 2by,$$

$$\frac{\partial v}{\partial x} = 2cx + dy, \quad \frac{\partial v}{\partial y} = dx + 2y.$$

从而要使 $f(z)$ 在复平面内处处解析,必须有

$$\frac{\partial u}{\partial x}=\frac{\partial v}{\partial y}, \quad \frac{\partial u}{\partial y}=-\frac{\partial v}{\partial x}.$$

即有 $2x+ay=dx+2y$, $ax+2by=-2cx-dy$. 则
$$a=2, b=-1, c=-1, d=2.$$

【例 2-8】 设 $f(z)$ 在 D 内解析，证明：若满足下列条件之一，则 $f(z)$ 在 D 内必为常数.

(1) $f'(z)=0$；(2) $\text{Re}f(z)=$ 常数；(3) $|f(z)|=$ 常数.

证 (1) 若 $f'(z)=\dfrac{\partial u}{\partial x}+\mathrm{i}\dfrac{\partial v}{\partial x}=\dfrac{1}{\mathrm{i}}\dfrac{\partial u}{\partial y}+\dfrac{\partial v}{\partial y}=0$，则
$$\frac{\partial u}{\partial x}=\frac{\partial u}{\partial y}=\frac{\partial v}{\partial x}=\frac{\partial v}{\partial y}=0.$$

所以 u、v 为常数，即 $f(z)=u+\mathrm{i}v$ 为常数.

(2) 若 $\text{Re}f(z)=$ 常数，即 $u=$ 常数，所以
$$\frac{\partial u}{\partial x}=\frac{\partial u}{\partial y}=0.$$

由 C—R 条件，$\dfrac{\partial v}{\partial x}=\dfrac{\partial v}{\partial y}=0$. 即 u、v 为常数. 从而 $f(z)$ 为常数.

(3) $|f(z)|$ 为常数，即 u^2+v^2 为常数. 故
$$2u\frac{\partial u}{\partial x}+2v\frac{\partial v}{\partial x}=0, \quad 2u\frac{\partial u}{\partial y}+2v\frac{\partial v}{\partial y}=0.$$

再加上 C—R 条件：$\dfrac{\partial u}{\partial x}=\dfrac{\partial v}{\partial y}$, $\dfrac{\partial u}{\partial y}=-\dfrac{\partial v}{\partial x}$，解得
$$\frac{\partial u}{\partial x}=\frac{\partial u}{\partial y}=\frac{\partial v}{\partial x}=\frac{\partial v}{\partial y}=0.$$

所以 u、v 为常数，即 $f(z)$ 为常数.

【例 2-9】 若 $f(z)=u+\mathrm{i}v$ 在 D 内为解析函数，且对任意的 $z\in D$ 有 $f'(z)\neq 0$，则曲线族 $u(x,y)=c$ 与 $v(x,y)=c$ 是 D 内两族正交曲线.

证 由于 $f'(z)=\dfrac{\partial u}{\partial x}+\mathrm{i}\dfrac{\partial v}{\partial x}\neq 0$，则 $\dfrac{\partial u}{\partial x}$、$\dfrac{\partial v}{\partial x}$ 必不全为零，同样 $\dfrac{\partial u}{\partial y}$、$\dfrac{\partial v}{\partial y}$ 也不全为零.

设曲线族 $u(x,y)=c$ 和 $v(x,y)=c$ 中任两条曲线相交于 $z=x+\mathrm{i}y$ 点，则在该点处，两曲线的法向量分别为 $\left(\dfrac{\partial u}{\partial x}, \dfrac{\partial u}{\partial y}\right)$、$\left(\dfrac{\partial v}{\partial x}, \dfrac{\partial v}{\partial y}\right)$. 这两个向量都不是零向量，由 C—R 条件，两向量的内积为
$$\frac{\partial u}{\partial x}\cdot\frac{\partial v}{\partial x}+\frac{\partial u}{\partial y}\cdot\frac{\partial v}{\partial y}=\frac{\partial u}{\partial x}\cdot\left(-\frac{\partial u}{\partial y}\right)+\frac{\partial u}{\partial y}\cdot\frac{\partial u}{\partial x}=0.$$

所以两向量是正交的，即两曲线在点 (x,y) 正交，由任意性知，两组曲线族 $u(x,y)=c$ 与 $v(x,y)=c$ 是 D 内两族正交曲线. 证毕

【例 2-10】 如果 $w=u(x,y)+\mathrm{i}v(x,y)$ 为解析函数,那么它一定能单独用 z 来表示.

证 如果把 $x=\dfrac{1}{2}(z+\bar{z})$,$y=\dfrac{1}{2\mathrm{i}}(z-\bar{z})$ 代入
$$w=u(x,y)+\mathrm{i}v(x,y)$$
那么 w 可看做是两个变量 z 与 $\bar{z}$ 的函数,要证明 w 仅依赖于 z,只要证明 $\dfrac{\partial w}{\partial \bar{z}}=0$ 即可.由偏导数的链法则,得
$$\begin{aligned}\frac{\partial w}{\partial \bar{z}}&=\frac{\partial u}{\partial x}\cdot\frac{\partial x}{\partial \bar{z}}+\frac{\partial u}{\partial y}\cdot\frac{\partial y}{\partial \bar{z}}+\mathrm{i}\left(\frac{\partial v}{\partial x}\cdot\frac{\partial x}{\partial \bar{z}}+\frac{\partial v}{\partial y}\cdot\frac{\partial y}{\partial \bar{z}}\right)\\&=\frac{\partial u}{\partial x}\cdot\frac{1}{2}+\frac{\partial u}{\partial y}\left(-\frac{1}{2\mathrm{i}}\right)+\mathrm{i}\left[\frac{\partial v}{\partial x}\cdot\frac{1}{2}+\frac{\partial v}{\partial y}\cdot\left(-\frac{1}{2\mathrm{i}}\right)\right]\\&=\frac{1}{2}\left(\frac{\partial u}{\partial x}-\frac{\partial v}{\partial y}\right)+\frac{\mathrm{i}}{2}\left(\frac{\partial u}{\partial y}+\frac{\partial v}{\partial x}\right).\end{aligned}$$
根据 w 是解析函数,有 $\dfrac{\partial u}{\partial x}=\dfrac{\partial v}{\partial y}$,$\dfrac{\partial u}{\partial y}=-\dfrac{\partial v}{\partial x}$,则 $\dfrac{\partial w}{\partial \bar{z}}=0$.证毕

2.1.4 解析函数与调和函数的关系

定义 2-4 如果二元实函数 $u(x,y)$ 在区域 D 内有二阶连续偏导数,并且满足拉普拉斯(Laplace)方程:
$$\frac{\partial^2 u}{\partial x^2}+\frac{\partial^2 u}{\partial y^2}=0 \tag{2-7}$$
则称 $u(x,y)$ 为**区域 D 内的调和函数**.

拉普拉斯方程是一种非常重要的偏微分方程,在二维平面场和稳态热传导等许多问题中出现,因此调和函数在流体力学、物理学中有着十分重要的应用.

下面的定理说明了调和函数与解析函数的关系.

定理 2-5 任何在区域 D 内解析的函数 $f(z)=u(x,y)+\mathrm{i}v(x,y)$,其实部和虚部都是 D 内的调和函数.

证 设 $f(z)=u(x,y)+\mathrm{i}v(x,y)$ 在 D 内解析,则由 C—R 条件得到 $\dfrac{\partial u}{\partial x}=\dfrac{\partial v}{\partial y}$,$\dfrac{\partial u}{\partial y}=-\dfrac{\partial v}{\partial x}$.

下一章我们将证明解析函数的导数仍是解析函数,因此解析函数的实部和虚部不但具有一阶偏导数,而且具有任意阶的连续偏导数.所以
$$\frac{\partial^2 u}{\partial x^2}=\frac{\partial^2 v}{\partial y\partial x},\frac{\partial^2 u}{\partial y^2}=-\frac{\partial^2 v}{\partial x\partial y}.$$

因为 u、v 的二阶偏导数连续，从而 $\dfrac{\partial^2 v}{\partial y \partial x} = \dfrac{\partial^2 v}{\partial x \partial y}$. 故

$$\frac{\partial^2 u}{\partial x^2} + \frac{\partial^2 u}{\partial y^2} = 0.$$

同理

$$\frac{\partial^2 v}{\partial x^2} + \frac{\partial^2 v}{\partial y^2} = 0.$$

因此 $u(x, y)$ 和 $v(x, y)$ 都是 D 内的调和函数．证毕

设 $u(x, y)$ 是区域 D 内的调和函数，我们把使 $f(z) = u(x, y) + \mathrm{i}v(x, y)$ 在 D 内解析的调和函数 $v(x, y)$ 称为 $u(x, y)$ 的共轭调和函数．

显然，区域 D 内解析的任一解析函数的虚部必为实部的共轭调和函数．

值得注意的是，虽然 u 和 v 是区域 D 内任意两个调和函数，但是它们构成的函数 $w = f(z) = u + \mathrm{i}v$ 在 D 内未必是解析函数．要想使 $u + \mathrm{i}v$ 在 D 内解析，u 和 v 还要满足 C—R 条件，因此，若已知一个解析函数的实部 $u(x, y)$（或虚部 $v(x, y)$），就可以求出它的虚部 $v(x, y)$（或实部 $u(x, y)$）．

下面就介绍已知一个调和函数 $u(x, y)$，求它的共轭调和函数 $v(x, y)$，从而构成一个解析函数 $u + \mathrm{i}v$ 的方法．

因为 $v(x, y)$ 是 $u(x, y)$ 的共轭调和函数，自然是调和函数，所以 $v(x, y)$ 在区域 D 内具有二阶连续偏导数，从而是可微的，故有全微分

$$\mathrm{d}v(x, y) = \frac{\partial v}{\partial x}\mathrm{d}x + \frac{\partial v}{\partial y}\mathrm{d}y$$

$$= -\frac{\partial u}{\partial y}\mathrm{d}x + \frac{\partial u}{\partial x}\mathrm{d}y.$$

又因为 $u(x, y)$ 是调和函数，故 $\dfrac{\partial^2 u}{\partial x^2} + \dfrac{\partial^2 u}{\partial y^2} = 0$. 即

$$\frac{\partial\left(\dfrac{\partial u}{\partial x}\right)}{\partial x} = \frac{\partial\left(-\dfrac{\partial u}{\partial y}\right)}{\partial y},$$

由二元实函数全微分判别法，知

$$-\frac{\partial u}{\partial y}\mathrm{d}x + \frac{\partial u}{\partial x}\mathrm{d}y$$

是某个二元实函数的全微分，这个函数就是

$$\int_{(x_0, y_0)}^{(x, y)} -\frac{\partial u}{\partial y}\mathrm{d}x + \frac{\partial u}{\partial x}\mathrm{d}y + C.$$

其中 (x_0, y_0) 为 D 内一个定点，(x, y) 为 D 内任一点，C 为任意常数，于是得到

$$v(x, y) = \int_{(x_0, y_0)}^{(x, y)} -\frac{\partial u}{\partial y}\mathrm{d}x + \frac{\partial u}{\partial x}\mathrm{d}y + C. \tag{2-8}$$

该积分与路径无关．

第 2 章 解析函数

【例 2-11】 验证 $u(x,y) = y^3 - 3x^2 y$ 为调和函数，并求其共轭调和函数 $v(x,y)$，从而构成一个解析函数 $f(z) = u + iv$.

解 因为
$$\frac{\partial u}{\partial x} = -6xy, \quad \frac{\partial^2 u}{\partial x^2} = -6y,$$
$$\frac{\partial u}{\partial y} = 3y^2 - 3x^2, \quad \frac{\partial^2 u}{\partial y^2} = 6y.$$

所以 $\frac{\partial^2 u}{\partial x^2} + \frac{\partial^2 u}{\partial y^2} = 0$. 这就证明了 $u(x,y)$ 为调和函数.

下面我们求另一个与之共轭的调和函数 $v(x,y)$

$$\begin{aligned}
v(x,y) &= \int_{(0,0)}^{(x,y)} -\frac{\partial u}{\partial y} dx + \frac{\partial u}{\partial x} dy + C \\
&= \int_{(0,0)}^{(x,y)} (3x^2 - 3y^2) dx + (-6xy) dy + C \\
&= \int_0^x 3x^2 dx - \int_0^y 6xy dy + C \\
&= x^3 - 3xy^2 + C
\end{aligned}$$

由此得到 $f(z) = y^3 - 3x^2 y + i(x^3 - 3xy^2 + C)$ 是解析函数.

我们也可以直接用 C—R 条件由解析函数 $f(z) = u + iv$ 的实部 u(虚部 v)求其虚部 v(实部 u).

【例 2-12】 已知调和函数 $u(x,y) = x^2 - y^2 + xy$，求解析函数 $f(z) = u + iv$，使 $f(0) = 0$.

解 因为 $\frac{\partial u}{\partial x} = 2x + y$, $\frac{\partial u}{\partial y} = -2y + x$，由 C—R 条件得
$$\frac{\partial v}{\partial y} = \frac{\partial u}{\partial x} = 2x + y.$$

于是 $v = \int (2x + y) dy = 2xy + \frac{1}{2} y^2 + \varphi(x)$.

又因为 $\frac{\partial v}{\partial x} = -\frac{\partial u}{\partial y}$，则 $2y + \varphi'(x) = 2y - x$，即
$$\varphi'(x) = -x.$$

所以 $\varphi(x) = -\frac{1}{2} x^2 + C$，从而得
$$v(x,y) = 2xy + \frac{1}{2} y^2 - \frac{1}{2} x^2 + C$$

所以
$$\begin{aligned}
f(z) &= (x^2 - y^2 + xy) + i\left(2xy + \frac{1}{2} y^2 - \frac{1}{2} x^2 + C\right) \\
&= \left(1 - \frac{i}{2}\right) z^2 + iC.
\end{aligned}$$

由条件 $f(0)=0$ 得 $C=0$，故
$$f(z)=\left(1-\frac{i}{2}\right)z^2.$$
此处也可以用公式(2-8)求解，结果是一样的，读者可以自己验证.

【例 2-13】 已知 $v(x,y)=\arctan\dfrac{y}{x}$，$x>0$，求解析函数 $f(z)=u+iv$，使 $f(1)=0$.

解 因为
$$\frac{\partial v}{\partial x}=\frac{-y}{x^2+y^2},\quad \frac{\partial^2 v}{\partial x^2}=\frac{2xy}{(x^2+y^2)^2},$$
$$\frac{\partial v}{\partial y}=\frac{x}{x^2+y^2},\quad \frac{\partial^2 v}{\partial y^2}=-\frac{2xy}{(x^2+y^2)^2}.$$

所以 $v(x,y)$ 满足 $\dfrac{\partial^2 v}{\partial x^2}+\dfrac{\partial^2 v}{\partial y^2}=0$，是调和函数.

$$u(x,y)=\int\frac{\partial u}{\partial y}dy=\int-\frac{\partial v}{\partial x}dy=\int\frac{y}{x^2+y^2}dy$$
$$=\frac{1}{2}\ln(x^2+y^2)+c(x).$$

由 $\dfrac{\partial u}{\partial x}=\dfrac{x}{x^2+y^2}+c'(x)=\dfrac{\partial v}{\partial y}=\dfrac{x}{x^2+y^2}$，知 $c'(x)=0$，$c(x)=c$

$$f(z)=\frac{1}{2}\ln(x^2+y^2)+i\arctan\frac{y}{x}+c$$

又 $f(1)=0$，则 $c=0$，即
$$f(z)=\frac{1}{2}\ln(x^2+y^2)+i\arctan\frac{y}{x}$$
$$=\ln|z|+i\arg z.$$

习 题

2-1 判断下列函数的可导性和解析性.
(1) $f(z)=x^2+iy$； (2) $f(z)=xy^2+ix^2y$；
(3) $f(z)=x^2+iy^2$； (4) $f(z)=\sin x\cdot \text{ch} y+i\cos x\cdot \text{sh} y$.

2-2 证明 $f(z)=(x^3-3xy^2)+i(3x^2y-y^3)$ 处处解析，并求 $f'(z)$.

2-3 设 $f(z)=my^3+nx^2y+i(x^3+lxy^2)$ 为解析函数，求 l,m,n 的值.

2-4 求下列函数的奇点：
(1) $\dfrac{z+1}{z(z^2+1)}$； (2) $\dfrac{z-2}{(z+1)^2(z^2+1)}$.

2-5 函数 $w=f(z)$ 在一点可导与解析有何不同？在一个区域呢？判断函数的解析性有哪

第 2 章 解析函数

些方法？

2-6 证明 C—R 方程的极坐标形式是

$$\frac{\partial u}{\partial r}=\frac{1}{r}\frac{\partial v}{\partial \theta}, \quad \frac{\partial v}{\partial r}=-\frac{1}{r}\frac{\partial u}{\partial \theta}.$$

2-7 已知 $f(z)=u+iv$ 在区域 D 内解析，且 $v=u^2$，试证 $f(z)$ 在 D 内是常数．

2-8 设 $f(z)=a\ln(x^2+y^2)+i\arctan\dfrac{y}{x}$ 在 $x>0$ 时解析，试确定 a 的值．

2-9 证明函数 $f(z)=e^{z^2}$ 在全平面上解析，并求其导数．

2-10 证明函数 $f(z)=\sqrt{|x\cdot y|}$ 在 $z=0$ 满足 C—R 条件，但它在 $z=0$ 处没有导数．

2-11 如果 $f(z)$ 在区域 D 内解析，试证 $i\overline{f(\overline{z})}$ 在区域 D 内也解析．

2-12 如果 $f(z)=u+iv$ 是 z 的解析函数，证明

(1) $\left[\dfrac{\partial}{\partial x}|f(z)|\right]^2+\left[\dfrac{\partial}{\partial y}|f(z)|\right]^2=|f'(z)|^2$；

(2) $\left[\dfrac{\partial^2}{\partial x^2}+\dfrac{\partial^2}{\partial y^2}\right]|f(z)|^2=4|f'(z)|^2$．

2-13 判断下列命题的真假，并举例说明：

(1) 如 $f(z)$ 在 z_0 连续，那么 $f'(z_0)$ 存在；

(2) 如 $f'(z_0)$ 存在，那么 $f(z)$ 在 z_0 解析；

(3) 如 z_0 是 $f(z)$ 的奇点，那么 $f(z)$ 在 z_0 不可导；

(4) 如 z_0 是 $f(z)$ 和 $g(z)$ 的一个奇点，那么 z_0 也是 $f(z)+g(z)$ 和 $f(z)/g(z)$ 的奇点；

(5) 如果 $u(x,y)$ 和 $v(x,y)$ 可导，那么 $f(z)=u+iv$ 也可导；

(6) 设 $f(z)=u+iv$ 在区域 D 内解析，如果 $|f(z)|$ 在 D 内是实常数，则 $f(z)$ 在 D 内是常数；如果 $\overline{f(z)}$ 在 D 内也解析，则 $f(z)$ 在 D 内也是常数．

2-14 设 u 为区域 D 内的调和函数，且 $f=\dfrac{\partial u}{\partial x}-i\dfrac{\partial u}{\partial y}$，问 f 是不是 D 内的解析函数？为什么？

2-15 证明 $u=x^2-y^2$ 和 $v=\dfrac{y}{x^2+y^2}$ 都是调和函数，但 $u+iv$ 不是解析函数．

2-16 下列各对函数中的 v 是不是 u 的共轭调和函数？

(1) $u=x$，$v=-y$；(2) $u=e^x\cos y+1$，$v=e^x\sin y+1$．

2-17 由下列各条件求出解析函数 $f(z)=u+iv$．

(1) $u=2(x-1)y$，$f(2)=-i$；

(2) $u=e^x(x\cos y-y\sin y)$，$f(0)=0$；

(3) $u=\dfrac{1}{2}\ln(x^2+y^2)$，$D$ 为除正实轴外全平面；

(4) $v=x^2-y^2+1$，$f(0)=i$；

(5) $v=\dfrac{y}{x^2+y^2}$，$f(2)=0$．

2-18 设 $v=e^{\lambda x}\sin y$，求 λ 的值使 v 为调和函数，并求出解析函数 $f(z)=u+iv$．

2.2 初等函数的解析性

复变量的初等函数，如同实初等函数是高等数学的主要研究对象一样，是复变函数主要研究对象，但复变量初等函数虽然是实初等函数的自然推广，但性质上有许多本质差异，下面我们来研究这些初等函数的性质，并说明它们的解析性.

2.2.1 指数函数

1. 指数函数的定义

对于任何复数 $z=x+\mathrm{i}y$，我们用关系式

$$\mathrm{e}^z=\mathrm{e}^{x+\mathrm{i}y}=\mathrm{e}^x(\cos y+\mathrm{i}\sin y) \tag{2-9}$$

来定义**指数函数**.

当 z 取实数，即 $y=0$ 时，我们的定义与通常的实指数函数的定义是一致的；当 $z=\mathrm{i}y$ 时，得到了欧拉(Euler)公式：

$$\mathrm{e}^{\mathrm{i}y}=\cos y+\mathrm{i}\sin y.$$

$|\mathrm{e}^z|=\mathrm{e}^x$，$\mathrm{Arg}(\mathrm{e}^z)=y+2k\pi$，其中 k 为整数.

2. 指数函数的性质

(1) e^z 在复平面内处处有定义，且是单值的.

(2) 对任意两个复数 z_1,z_2，有

$$\mathrm{e}^{z_1+z_2}=\mathrm{e}^{z_1}\cdot\mathrm{e}^{z_2}. \tag{2-10}$$

这个性质和实指数函数一样，事实上，

设 $z_1=x_1+\mathrm{i}y_1$，$z_2=x_2+\mathrm{i}y_2$，按定义可得

$$\begin{aligned}\mathrm{e}^{z_1}\cdot\mathrm{e}^{z_2}&=\mathrm{e}^{x_1}(\cos y_1+\mathrm{i}\sin y_1)\cdot\mathrm{e}^{x_2}(\cos y_2+\mathrm{i}\sin y_2)\\&=\mathrm{e}^{x_1+x_2}[(\cos y_1\cos y_2-\sin y_1\sin y_2)+\mathrm{i}(\sin y_1\cos y_2+\cos y_1\sin y_2)]\\&=\mathrm{e}^{x_1+x_2}[\cos(y_1+y_2)+\mathrm{i}\sin(y_1+y_2)]=\mathrm{e}^{z_1+z_2}.\end{aligned}$$

(3) e^z 是以 $2\pi\mathrm{i}$ 为周期的周期函数. 因为按定义 $\mathrm{e}^{2\pi\mathrm{i}}=1$，所以由式(2-10)得到

$$\mathrm{e}^{z+2\pi\mathrm{i}}=\mathrm{e}^z\cdot\mathrm{e}^{2\pi\mathrm{i}}=\mathrm{e}^z.$$

而且对于任意的整数 n，$\mathrm{e}^{z+2n\pi\mathrm{i}}=\mathrm{e}^z$，除此以外，$\mathrm{e}^z$ 没有别的周期.

(4) 指数函数 e^z 在整个复平面上解析，且 $(\mathrm{e}^z)'=\mathrm{e}^z$. 解析性的证明见 2.1 节例 2-6(1)，而 $(\mathrm{e}^z)'=\mathrm{e}^z$ 的证明如下：

$$\mathrm{e}^z=\mathrm{e}^x(\cos y+\mathrm{i}\sin y)=\mathrm{e}^x\cos y+\mathrm{i}\mathrm{e}^x\sin y.$$

其中

$$\frac{\partial u}{\partial x}=\mathrm{e}^x\cos y,\quad\frac{\partial v}{\partial x}=\mathrm{e}^x\sin y.$$

$$(e^z)' = \frac{\partial u}{\partial x} + i\frac{\partial v}{\partial x} = e^x\cos y + ie^x\sin y = e^z.$$

2.2.2 对数函数

和实变量函数一样，我们定义指数函数的反函数为对数函数．即当 $z \neq 0$ 时，方程 $z = e^w$ 所确定的 w，称为 z 的对数函数，记为
$$w = \text{Ln}z.$$

根据这个定义，令 $w = u + iv$，$z = re^{i\theta}$．于是
$$e^{u+iv} = re^{i\theta}.$$

从而 $e^u = r$，$v = \theta$，所以 $u = \ln r = \ln|z|$，$v = \theta = \text{Arg}z$，则复数域中的对数 $\text{Ln}z$ 有如下的表示

$$w = \text{Ln}z = \ln|z| + i\text{Arg}z. \tag{2-11}$$

其中 $\ln|z|$ 是实数域中的自然对数．

由于 $\text{Arg}z$ 为多值函数，所以对数函数 $w = \text{Ln}z = \ln|z| + i\text{Arg}z$ 也为多值函数，并且每两个值相差 $2\pi i$ 的整数倍．如果规定式 (2-11) 中的 $\text{Arg}z$ 取主值 $\arg z$，那么 $\text{Ln}z$ 为一单值函数，记为 $\ln z$，称为 $\text{Ln}z$ 的**主值**．于是有

$$\ln z = \ln|z| + i\arg z. \tag{2-12}$$

而其他各支可由

$$\text{Ln}z = \ln z + 2k\pi i \quad (k = \pm 1, \pm 2, \cdots) \tag{2-13}$$

表达，对于每一个固定的 k，上式为一单值函数，称为 $\text{Ln}z$ 的一个**分支**．

特别，当 $z = x > 0$ 时，$\text{Ln}z$ 的主值 $\ln z = \ln x$，即实对数函数．

【例 2-14】 求 $\text{Ln}(-1)$、$\text{Ln}(1-i)$、$\text{Ln}i$ 的值和它们的主值．

解 $\text{Ln}(-1) = \ln|(-1)| + i\text{Arg}(-1) = \ln 1 + i[\arg(-1) + 2k\pi]$
$= i(\pi + 2k\pi) = (2k+1)\pi i (k \text{ 为整数})$

当 $k = 0$ 时得主值 $\ln(-1) = \pi i$．

$$\text{Ln}(1-i) = \ln|1-i| + i\text{Arg}(1-i)$$
$$= \ln\sqrt{2} + i[\arg(1-i) + 2k\pi]$$
$$= \frac{1}{2}\ln 2 + i\left(-\frac{\pi}{4} + 2k\pi\right)(k \text{ 为整数})$$

当 $k = 0$ 时得主值 $\ln(1-i) = \frac{1}{2}\ln 2 - i\frac{\pi}{4}$．

$$\text{Ln}i = \ln|i| + i\text{Arg}i = \ln 1 + i(\arg i + 2k\pi)$$
$$= i\left(\frac{\pi}{2} + 2k\pi\right) = \left(2k + \frac{1}{2}\right)\pi i(k \text{ 为整数}).$$

令 $k = 0$，则 $\ln i = \frac{1}{2}\pi i$．

读者要注意：在实函数中，对数的定义域是全体正实数，而复对数函数的定义域是除 $z=0$ 外的全体复数；实对数函数是单值函数，而复对数函数是多值函数.

利用辐角的性质，可以证明复对数函数有与实对数函数相同的运算性质：

$$\operatorname{Ln}(z_1 \cdot z_2) = \operatorname{Ln} z_1 + \operatorname{Ln} z_2; \tag{2-14}$$

$$\operatorname{Ln}\left(\frac{z_1}{z_2}\right) = \operatorname{Ln} z_1 - \operatorname{Ln} z_2. \tag{2-15}$$

对以上性质应理解为：当等式左端的对数取某一个分支的值时，等式右端的对数必有某一分支的值与之对应相等.

下面讨论对数函数的解析性. 就其主值 $\ln z$ 而言，令 $z=x+\mathrm{i}y$，则

$$\ln z = \ln|z| + \mathrm{i}\arg z = \frac{1}{2}\ln(x^2+y^2) + \mathrm{i}\arg z.$$

其中 $\ln|z| = \frac{1}{2}\ln(x^2+y^2)$ 在复平面内除原点外处处连续，而 $\arg z$ 在原点和负实轴上都不连续，这是因为在原点处，$\arg z$ 无定义，当然就谈不上连续，考虑负实轴上的点，设 $z=x+\mathrm{i}y$，则当 $x<0$ 时，

$$\lim_{y \to 0^-} \arg z = -\pi, \quad \lim_{y \to 0^+} \arg z = \pi.$$

因此，在负轴上任一点 $(x,0)$ 处 $\lim_{z \to x} \arg z$ 不存在，当然 $\arg z$ 也不连续.

除去原点和负实轴以外，在复平面内其他点 $\ln z$ 处处连续，所以 $z=\mathrm{e}^w$ 在 $-\pi < v = \arg z < \pi$ 内的反函数 $w=\ln z$ 是单值且连续的，由反函数导数公式得出

$$(\ln z)' = \frac{1}{(\mathrm{e}^w)'} = \frac{1}{\mathrm{e}^w} = \frac{1}{z}.$$

从而知 $\ln z$ 在除去原点及负实轴的复平面内解析. 由于 $\operatorname{Ln} z$ 的每一个单值分支与 $\ln z$ 只相差一个复常数（$2\pi\mathrm{i}$ 的整数倍），所以 $\operatorname{Ln} z$ 的各分支在除去原点及负实轴的平面内也解析，且有相同的导数值，$(\operatorname{Ln} z)' = \frac{1}{z}$.

以后，在应用对数函数 $\operatorname{Ln} z$ 时，都应指明它是除去原点及负实轴的平面上哪一个确定的单值解析分支.

【例 2-15】 公式 $\ln(z_1 \cdot z_2) = \ln z_1 + \ln z_2$ 不一定成立.

解 事实上，若取 $z_1 = z_2 = -1$，则

$$\ln(z_1 \cdot z_2) = \ln 1 = 0$$

$$\begin{aligned}\ln z_1 + \ln z_2 &= \ln(-1) + \ln(-1) \\ &= \ln 1 + \mathrm{i}\arg(-1) + \ln 1 + \mathrm{i}\arg(-1) \\ &= 2\pi\mathrm{i}\end{aligned}$$

这就说明了 $\ln(z_1 z_2) = \ln z_1 + \ln z_2$ 不一定成立.

2.2.3 幂函数

第1章里我们已经给出了非零复数 z 的乘幂 $w=z^n$ 和方根 $w=\sqrt[n]{z}=z^{\frac{1}{n}}$（$n$ 均为正整数），更一般的，由下列关系式定义的函数

$$w=z^a=e^{a\mathrm{Ln}z}. \tag{2-16}$$

其中 a 为任意复常数，$z\neq 0$，称为幂函数.

由于 $\mathrm{Ln}z$ 是多值函数，所以 $w=z^a=e^{a\mathrm{Ln}z}$ 也是多值函数. 如果 $\mathrm{Ln}z$ 用其主值 $\ln z$ 表示，则有

$$w=z^a=e^{a\mathrm{Ln}z}=e^{a\ln z+i2ak\pi}=e^{a\ln z}\cdot e^{i2ak\pi}$$

$$(k=0,\pm 1,\pm 2,\cdots).$$

由此可见，上式的多值性与含 k 的因式 $e^{i2ak\pi}$ 有关.

(1) 当 a 为整数时，$e^{i2ak\pi}=1$，则 $w=z^a=e^{a\ln z}$ 是与 k 无关的单值函数.

(2) 当 a 为有理数 $\dfrac{m}{n}$ 时（$\dfrac{m}{n}$ 是既约分数，$n>0$），

$$z^a=z^{\frac{m}{n}}=e^{\frac{m}{n}\mathrm{Ln}z}=e^{\frac{m}{n}(\ln z+i2k\pi)}$$

$$=e^{\frac{m}{n}\ln z}\cdot e^{i\frac{m}{n}\cdot 2k\pi}=e^{\frac{m}{n}\ln z}\cdot (e^{i2km\pi})^{\frac{1}{n}}.$$

$(e^{i2km\pi})^{\frac{1}{n}}$ 只有 n 个不同的值，即当 k 取 $0,1,2,\cdots,n-1$ 时的对应值，因此，$w=z^{\frac{m}{n}}=e^{\frac{m}{n}\ln z}\cdot (e^{i2km\pi})^{\frac{1}{n}}$ $(k=0,1,2,\cdots,n-1)$.

(3) 当 a 为无理数或复数时，z^a 有无穷多个值.

关于幂函数 z^a 的解析性讨论如下：

当 $a=n$，n 是正整数时，$(z^n)'=nz^{n-1}$，z^n 在复平面内单值解析.

当 $a=-n$，n 是正整数时，$(z^{-n})'=-nz^{-n-1}$，z^{-n} 在除去原点的复平面内解析.

当 $a=\dfrac{m}{n}$，m,n 是整数时，由于对数函数 $\mathrm{Ln}z$ 的各个分支在除去原点和负实轴的复平面内解析的，因而 $z^{\frac{m}{n}}$ 的各个分支在除去原点和负实轴的复平面内也是解析的，且 $(z^{\frac{m}{n}})'=\dfrac{m}{n}z^{\frac{m}{n}-1}$.

【例 2-16】 求 i^i，2^{1+i}，$i^{\frac{2}{3}}$ 的值.

解 $i^i=e^{i\mathrm{Ln}i}=e^{i(\frac{\pi}{2}i+2k\pi i)}=e^{-\frac{\pi}{2}-2k\pi}$ （k 是整数）

$$2^{1+i}=e^{(1+i)\mathrm{Ln}2}=e^{(1+i)(\ln 2+2k\pi i)}$$

$$=e^{(\ln 2-2k\pi)+i(\ln 2+2k\pi)}$$

$$=e^{\ln 2-2k\pi}(\cos\ln 2+i\sin\ln 2)\quad(k\text{ 是整数})$$

$$i^{\frac{2}{3}} = e^{\frac{2}{3}\text{Ln}i} = e^{\frac{2}{3}(\frac{\pi}{2}i+2k\pi i)}$$
$$= \cos\left(\frac{\pi}{3}+\frac{4}{3}k\pi\right) + i\sin\left(\frac{\pi}{3}+\frac{4}{3}k\pi\right) \quad (k=0,1,2)$$

所以 $i^{\frac{2}{3}}$ 的三个值为 $\frac{1}{2}+i\frac{\sqrt{3}}{2}$, $\frac{1}{2}-i\frac{\sqrt{3}}{2}$, -1.

2.2.4 三角函数和双曲函数

由 Euler 公式知，y 为实数时，有
$$e^{iy} = \cos y + i\sin y;$$
$$e^{-iy} = \cos y - i\sin y.$$

从而有 $\sin y = \dfrac{e^{iy}-e^{-iy}}{2i}$, $\cos y = \dfrac{e^{iy}+e^{-iy}}{2}$. 它告诉我们，指数函数与三角函数之间是可以互相表示的，由此建议我们定义复变量 z 的**余弦函数与正弦函数**为：

$$\cos z = \frac{e^{iz}+e^{-iz}}{2}, \quad \sin z = \frac{e^{iz}-e^{-iz}}{2i}. \tag{2-17}$$

这个定义对任意复数 z，欧拉公式仍然成立：
$$e^{iz} = \cos z + i\sin z.$$

与实变量的三角函数一样，复变量的余弦、正弦函数也有许多类似的公式和性质.

(1) $\cos z$ 是偶函数，$\sin z$ 是奇函数，即 $\cos(-z)=\cos z$, $\sin(-z)=-\sin z$，读者可以用定义验证.

(2) $\sin z$、$\cos z$ 是以 2π 为周期的周期函数. 事实上，e^z 是以 $2\pi i$ 为周期的周期函数，
$$\cos(z+2\pi) = \frac{e^{i(z+2\pi)}+e^{-i(z+2\pi)}}{2} = \frac{e^{iz}+e^{-iz}}{2} = \cos z.$$

同理 $\sin(z+2\pi) = \sin z$.

(3) $\sin z$、$\cos z$ 在复平面内解析，且不难验证
$$(\sin z)' = \cos z, \quad (\cos z)' = -\sin z.$$

(4) $\sin z$ 的零点为 $z=n\pi$, $\cos z$ 的零点为 $z=n\pi+\dfrac{1}{2}\pi$，这里 n 是整数. 事实上，$\sin z = \dfrac{e^{iz}-e^{-iz}}{2i} = \dfrac{e^{2iz}-1}{2ie^{iz}}$. 因此，$\sin z=0$ 的充要条件是 $e^{2iz}=1$，这个方程的根是 $z=n\pi$, n 为整数，同理 $\cos z$ 的零点是 $n\pi+\dfrac{1}{2}\pi$, n 是整数.

(5) 三角公式
$$\sin(z_1+z_2) = \sin z_1 \cos z_2 + \cos z_1 \sin z_2;$$
$$\cos(z_1+z_2) = \cos z_1 \cos z_2 - \sin z_1 \sin z_2;$$

$$\sin^2 z + \cos^2 z = 1;$$
$$\sin\left(\frac{\pi}{2} - z\right) = \cos z.$$

等公式仍然成立，其证明可以用定义直接推导.

(6) $|\sin z|$，$|\cos z|$ 是无界的. 这个性质不同于实函数中 $|\sin x| \leqslant 1$，$|\cos x| \leqslant 1$.

取 $z = \mathrm{i}y$，y 为实数，$\cos z = \dfrac{\mathrm{e}^{-y} + \mathrm{e}^{y}}{2}$，则 $\lim\limits_{z \to \infty} |\cos z| = \lim\limits_{y \to \infty} \dfrac{\mathrm{e}^{-y} + \mathrm{e}^{y}}{2} = \infty$，故 $|\cos z|$ 无界. 同样 $|\sin z|$ 也是无界的.

其他复变量的三角函数定义如下：

$$\tan z = \frac{\sin z}{\cos z}, \quad \cot z = \frac{1}{\tan z} = \frac{\cos z}{\sin z},$$
$$\sec z = \frac{1}{\cos z}, \quad \csc z = \frac{1}{\sin z}. \tag{2-18}$$

这些函数在复平面上除了分母为零的点外是解析的.

与三角函数密切相关的是下面定义的**双曲函数**：

$$\mathrm{sh}\,z = \frac{\mathrm{e}^{z} - \mathrm{e}^{-z}}{2}, \quad \mathrm{ch}\,z = \frac{\mathrm{e}^{z} + \mathrm{e}^{-z}}{2} \tag{2-19}$$

分别称为**双曲正弦函数**和**双曲余弦函数**.

当 z 为实数时，它们与实函数中的双曲函数的定义一致.

显然 $\mathrm{sh}\,z$ 和 $\mathrm{ch}\,z$ 都是复平面内的解析函数，且 $(\mathrm{sh}\,z)' = \mathrm{ch}\,z$，$(\mathrm{ch}\,z)' = \mathrm{sh}\,z$. 而且 $\mathrm{ch}\,z$ 和 $\mathrm{sh}\,z$ 都是以 $2\pi\mathrm{i}$ 为周期的周期函数. $\mathrm{ch}\,z$ 是偶函数，$\mathrm{sh}\,z$ 为奇函数.

根据定义和三角函数的定义，我们可以用三角函数表达双曲函数.

$$\mathrm{sh}\,z = -\mathrm{i}\sin(\mathrm{i}z); \quad \mathrm{ch}\,z = \cos(\mathrm{i}z); \tag{2-20}$$
$$\mathrm{ch}(x + \mathrm{i}y) = \mathrm{ch}\,x \cos y + \mathrm{i}\,\mathrm{sh}\,x \cdot \sin y; \tag{2-21}$$
$$\mathrm{sh}(x + \mathrm{i}y) = \mathrm{sh}\,x \cos y + \mathrm{i}\,\mathrm{ch}\,x \cdot \sin y. \tag{2-22}$$

【**例 2-17**】 求 $\cos \mathrm{i}$，$\sin(1 + 2\mathrm{i})$.

解 $\cos \mathrm{i} = \dfrac{\mathrm{e}^{\mathrm{i} \cdot \mathrm{i}} + \mathrm{e}^{-\mathrm{i} \cdot \mathrm{i}}}{2} = \dfrac{1}{2}(\mathrm{e}^{-1} + \mathrm{e})$.

$$\sin(1 + 2\mathrm{i}) = \frac{\mathrm{e}^{\mathrm{i}(1+2\mathrm{i})} - \mathrm{e}^{-\mathrm{i}(1+2\mathrm{i})}}{2\mathrm{i}} = \frac{\mathrm{e}^{\mathrm{i}-2} - \mathrm{e}^{-\mathrm{i}+2}}{2\mathrm{i}}$$
$$= \frac{1}{2\mathrm{i}}[\mathrm{e}^{-2}(\cos 1 + \mathrm{i}\sin 1) - \mathrm{e}^{2}(\cos 1 - \mathrm{i}\sin 1)]$$
$$= \frac{\mathrm{e}^{2} + \mathrm{e}^{-2}}{2}\sin 1 + \mathrm{i}\,\frac{\mathrm{e}^{2} - \mathrm{e}^{-2}}{2}\cos 1$$
$$= \mathrm{ch}2\sin 1 + \mathrm{i}\,\mathrm{sh}2\cos 1.$$

$\text{th}z = \dfrac{\text{sh}z}{\text{ch}z} = \dfrac{e^z - e^{-z}}{e^z + e^{-z}}$ 和 $\text{cth}z = \dfrac{1}{\text{th}z} = \dfrac{e^z + e^{-z}}{e^z - e^{-z}}$ 分别称为**双曲正切函数**和**双曲余切函数**.

2.2.5 反三角函数和反双曲函数

反三角函数作为三角函数的反函数定义如下,如果 $z = \sin w$,称 w 为 z 的**反正弦函数**,记为

$$w = \text{Arcsin}z.$$

由 $z = \sin w = \dfrac{1}{2i e^{iw}}(e^{2iw} - 1)$,$(e^{iw})^2 - 2iz e^{iw} - 1 = 0$,于是

$$e^{iw} = iz \pm \sqrt{1-z^2}.$$

即

$$iw = \text{Ln}(iz \pm \sqrt{1-z^2}),$$
$$w = -i\text{Ln}(iz \pm \sqrt{1-z^2}),$$

所以

$$w = \text{Arcsin}z = -i\text{Ln}(iz \pm \sqrt{1-z^2}). \tag{2-23}$$

显然 $\text{Arcsin}z$ 是一个多值函数,它的多值性正是 $\sin w$ 的奇性和周期性的反映.

用同样的方法可以定义**反余弦函数**和**反正切函数**,并且重复上述步骤可以得到它们的表示式:

$$\text{Arccos}z = -i\text{Ln}(z \pm \sqrt{z^2-1}), \tag{2-24}$$

$$\text{Arctan}z = -\dfrac{i}{2}\text{Ln}\dfrac{1+iz}{1-iz}. \tag{2-25}$$

【**例 2-18**】 求 $\text{Arcsin}2$.

解 $\text{Arcsin}2 = -i\text{Ln}(2i \pm i\sqrt{3}) = -i\text{Ln}\left[(2 \pm \sqrt{3})i\right]$

$= -i\left[\ln(2 \pm \sqrt{3}) + i\dfrac{\pi}{2} + 2k\pi i\right]$

$= \dfrac{\pi}{2} - i\ln(2 \pm \sqrt{3}) + 2k\pi$ (k 是整数).

同样,反双曲函数定义为双曲函数的反函数,现把反双曲函数列出如下:

反双曲正弦 $\text{Arsh}z = \text{Ln}(z \pm \sqrt{z^2+1})$;

反双曲余弦 $\text{Arch}z = \text{Ln}(z \pm \sqrt{z^2-1})$;

第 2 章 解析函数

反双曲正切 $\quad\text{Arth}z = \dfrac{1}{2}\text{Ln}\dfrac{1+z}{1-z}.$

(一般反双曲正弦、反双曲余弦中±号只取+号)反双曲函数都是多值的.

由于反三角函数和反双曲函数都是多值的,这是因为三角函数和双曲函数都是周期函数的缘故,因此研究它们的解析性时,需要选定它们各自的单值连续分支,这里就不再一一讨论了.

习　题

2-19 解方程 $e^z = 1 + \sqrt{3}i$.

2-20 试证:(1) $\text{sh}(z_1+z_2) = \text{sh}z_1\text{ch}z_2 + \text{ch}z_1\text{sh}z_2$;

(2) $\text{ch}(z_1+z_2) = \text{ch}z_1\text{ch}z_2 + \text{sh}z_1\text{sh}z_2$.

2-21 计算下列各式的值.

(1) $\cos(1+i)$;　　　　　　　(2) $\sin i$;

(3) $\tan(2-i)$;　　　　　　　(4) $e^{1-\frac{\pi}{2}i}$;

(5) i^{1+i};　　　　　　　　　(6) 3^i;

(7) $\text{Ln}(-3+4i)$;　　　　　(8) $\text{Ln}(-i)$;

(9) $\text{Ln}(-3)$;　　　　　　(10) $\text{Ln}(3-\sqrt{3}i)$.

2-22 求函数值 $e^{\frac{2-\pi i}{3}}$, $\cos(\pi+5i)$.

2-23 求 $\sin 5z$, $e^{\frac{z}{5}}$ 的周期.

2-24 证明:(1) $\cos(z_1+z_2) = \cos z_1\cos z_2 - \sin z_1\sin z_2$;

(2) $\sin(z_1+z_2) = \sin z_1\cos z_2 + \cos z_1\sin z_2$;

(3) $\sin^2 z + \cos^2 z = 1$;

(4) $\sin 2z = 2\sin z\cos z$;

(5) $\sin\left(\dfrac{\pi}{2} - z\right) = \cos z$;

(6) $\cos(z+\pi) = -\cos z$.

2-25 证明:(1) $\text{Ln}(z_1z_2) = \text{Ln}z_1 + \text{Ln}z_2$;

(2) $\text{Ln}\left(\dfrac{z_1}{z_2}\right) = \text{Ln}z_1 - \text{Ln}z_2$.

2-26 解下列方程.

(1) $\sin z = 0$;　　　　　　　(2) $1 + e^z = 0$;

(3) $\cos z + \sin z = 2$;　　　(4) $\ln z = \dfrac{\pi}{2}i$.

2-27 证明下列函数在复平面上不解析.

(1) $e^{\bar{z}}$;　　　　　　　　(2) $\sin\bar{z}$.

2-28 说明下列等式是否正确.

(1) $\text{Ln}z^2 = 2\text{Ln}z$; (2) $\text{Ln}\sqrt{z} = \dfrac{1}{2}\text{Ln}z$;

(3) $\overline{e^z} = e^{\bar{z}}$; (4) $\overline{\cos z} = \cos \bar{z}$;

(5) $\overline{\sin z} = \sin \bar{z}$; (6) $\overline{\text{ch}z} = \text{ch}\,\bar{z}$.

本 章 小 结

1. 复变函数的导数与微分

复变函数的导数定义在形式上和一元实函数的导数定义是一样的：

$$f'(z) = \lim_{\Delta z \to 0} \frac{f(z+\Delta z) - f(z)}{\Delta z}.$$

且求导法则也是相同的．微分的定义和高等数学里面一元实函数的微分定义也类似，而且可导和可微是等价的，$df(z) = f'(z)dz$.

2. 解析函数的概念

解析函数是复变函数中一个十分重要的概念，它是用复变函数的可导性来定义的，如 $f(z)$ 在 z_0 及其一个邻域内处处可导，则称 $f(z)$ 在 z_0 解析．可导和解析这两个概念之间显然是有密切联系的，但又是有区别的，函数在某一点可导，在这点未必解析（见本章例 2-4 中 $z=0$ 处），而在某一点解析，在这点一定可导．函数在一个区域内的可导性和解析性是等价的．

3. 柯西—黎曼条件方程

复函数的解析性并不等价于其实部和虚部的可微性(这一点和函数极限的存在性及函数的连续性是不同的)．它除了要求其实部和虚部的可微性之外，还要求其实部和虚部满足柯西—黎曼方程(即 C—R 方程).

函数 $f(z) = u + iv$ 在区域 D 内解析等价于 u、v 在 D 内可微，且 $\dfrac{\partial u}{\partial x} = \dfrac{\partial v}{\partial y}$, $\dfrac{\partial u}{\partial y} = -\dfrac{\partial v}{\partial x}$.

我们可以用 C—R 方程判定函数在一点的可导性或在一个区域内的解析性．

4. 关于解析函数的求导方法

(1) 利用导数的定义求导数；

(2) 利用导数公式和求导法则求导数；

(3) 利用下列的求导公式求导，

$$f'(z) = \frac{\partial u}{\partial x} + i\frac{\partial v}{\partial x} = \frac{\partial v}{\partial y} - i\frac{\partial u}{\partial y}.$$

(2)、(3)求导的前提是导数存在．

5. 解析函数与调和函数的关系

区域 D 内的解析函数 $f(z) = u(x,y) + iv(x,y)$ 的实部和虚部都是 D 内的

调和函数. 但反之, $u(x,y)$ 和 $v(x,y)$ 是调和函数, $f(z)=u+iv$ 不一定是解析函数, 要想使得 $f(z)=u+iv$ 在区域 D 内解析, u 和 v 还要满足 C—R 条件. 因此我们可以给出由已知调和函数作实部(或虚部)求解析函数的虚部(或实部)的方法.

6. 初等函数

复变函数中的初等函数和实变量的同名函数是不同的, 但复变函数中的自变量取实数值时, 二者又是一致的, 因此前者又可以看成是后者的推广, 推广后的复变量初等函数由于自变量的取值扩大了, 所以它除了保留原实变量函数的某些性质之外, 还具有自身不同于实变量初等函数的一些性质. 如 e^z 是以 $2\pi i$ 为周期的周期函数, 而实变量指数函数不是周期函数; 又复变量的正弦函数和余弦函数是无界的, 而实变量的正弦和余弦函数均为有界函数; 复变量的对数函数是无穷多值的, 且对任意非零复数对数函数都有定义, 而实变量的指数函数却是单值的且负数没有对数, 这些要在学习过程中注意区别实变量函数与复变函数的异同.

7. 初等函数的解析性

初等函数解析性的讨论是以指数函数的解析性为基础的, 因此在研究初等解析函数的性质时, 都可归结到指数函数来研究.

本章自测题

1. 计算下列各式的值.

   (1) $\sin(2+3i)$;   (2) $i^{\sqrt{2}}$;   (3) $\text{Ln}(-1-i)$;

   (4) $\text{Ln}(-1)$;   (5) $(1+i)^{\frac{2}{3}}$;   (6) $e^{1+\pi i}+\cos i$.

2. 设 $z=x+iy$, 试用含 x、y 的式子表示下列各式.

   (1) $|e^{i-2z}|$; (2) $|\sin z|$; (3) $\text{Re}(e^{\frac{1}{z}})$.

3. 判断下列函数的可导性和解析性.

   (1) $f(z)=\bar{z}\cdot z^2$;

   (2) $f(z)=2x^3+3y^3 i$;

   (3) $f(z)=\dfrac{1}{z}$;

   (4) $f(z)=e^x(x\cos y-y\sin y)+ie^x(y\cos y+x\sin y)$.

4. 由下列 $u(x,y)$, 求解析函数 $f(z)=u(x,y)+iv(x,y)$.

   (1) $u(x,y)=y^3-3x^2y$, $f(i)=1+i$;

   (2) $u(x,y)=(x-y)(x^2+4xy+y^2)$.

5. 已知 $f(z)=u+iv$ 在区域 D 内解析, 求证

$$|f'(z)|^2 = \begin{vmatrix} \dfrac{\partial u}{\partial x} & \dfrac{\partial u}{\partial y} \\ \dfrac{\partial v}{\partial x} & \dfrac{\partial v}{\partial y} \end{vmatrix}.$$

6. 设函数 $f(z)$ 在区域 D 内解析，试证 $\overline{f(\bar{z})}$ 在区域 D 内也解析．

7. 证明：$(z^a)' = a \cdot z^{a-1}$，其中 a 为实数．

第 3 章

复变函数的积分

数字技术的世界

复变函数积分理论是复变函数的核心内容，关于复变函数的许多结论都是通过积分来讨论的，更重要的是我们要讨论解析函数积分的性质，并给出解析函数积分的基本定理与基本公式，这些性质是解析函数理论的基础，我们还将得到解析函数的导数仍然是解析函数这个重要的结论．

3.1 复变函数的积分

3.1.1 复变函数积分的概念

在讨论复变函数积分时，将要用到有向曲线的概念，如果一条光滑或逐段光滑曲线规定了其起点和终点，则称该曲线为**有向曲线**，曲线的方向是这样规定的：

(1) 如曲线 C 是开口弧段，若规定它的端点 A 为起点，B 为终点，则沿曲线 C 从 A 到 B 的方向为曲线 C 的正向，而由 B 到 A 的方向称为 C 的负向，并把负向曲线记为 C^-．

(2) 如果 C 是简单闭曲线，通常总规定逆时针方向为正向，顺时针方向为负向．

(3) 如果 C 是复平面上某一个复连域的边界曲线，则 C 的正向这样规定：当人沿曲线 C 行走时，区域总保持在人的左侧，因此外部边界部分取逆时针方向，而内部边界曲线取顺时针方向为正向．

设函数 $w=f(z)=u(x,y)+\mathrm{i}v(x,y)$ 在给定的光滑或逐段光滑曲线 C 上有定义，C 是以 α 为起点，β 为终点的一条有向曲线（见图 3-1）．把曲线 C 任意

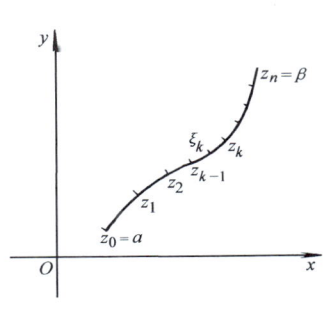

图 3-1

分成 n 个小弧段，设分点依次为 $\alpha=z_0$，z_1，z_2，$\cdots$，z_{k-1}，z_k，$\cdots$，$z_n=\beta$，在各小弧段 $\widehat{z_{k-1}z_k}(k=1,2,\cdots,n)$ 上任意取一点 ξ_k，并作和 $S_n=\sum_{k=1}^{n}f(\xi_k)\Delta z_k$，其中 $\Delta z_k=z_k-z_{k-1}$，记 $\Delta S_k=\widehat{z_{k-1}z_k}$ 的长度，$\lambda=\max\limits_{1\leqslant k\leqslant n}\{\Delta S_k\}$，则当 n 无限增大，且 $\lambda\to 0$ 时，如果不论对 C 的分法及 ξ_k 的取法如何，S_n 都有唯一的极限存在，那么称这个极限值为函数 $f(z)$ **沿曲线 C 的积分**，记作 $\int_C f(z)\mathrm{d}z$，即

$$\int_C f(z)\mathrm{d}z=\lim_{\lambda\to 0}\sum_{k=1}^{n}f(\xi_k)\Delta z_k. \tag{3-1}$$

当 C 为封闭曲线时，那么沿 C 的积分记为 $\oint_C f(z)\mathrm{d}z$. 为方便起见，以后我们称复变函数的积分为**复积分**.

可以看出，复积分的定义与高等数学中定积分的定义类似，且当 C 为 x 轴上的区间线段 $[\alpha,\beta]$，而 $f(z)=u(x)$ 时，这个积分就是一元实函数的定积分 $\int_\alpha^\beta u(x)\mathrm{d}x$.

3.1.2 复积分存在的条件

下面我们推导复变函数 $f(z)=u(x,y)+\mathrm{i}v(x,y)$ 的积分与其实部 $u(x,y)$ 和虚部 $v(x,y)$ 这两个二元函数曲线积分之间的关系.

定理 3-1 若函数 $w=f(z)=u(x,y)+\mathrm{i}v(x,y)$ 在光滑曲线 C 上连续，则 $f(z)$ 沿曲线 C 的积分存在，且

$$\int_C f(z)\mathrm{d}z=\int_C u\mathrm{d}x-v\mathrm{d}y+\mathrm{i}\int_C v\mathrm{d}x+u\mathrm{d}y. \tag{3-2}$$

证 设 $z_k=x_k+\mathrm{i}y_k$，$\xi_k=\omega_k+\mathrm{i}\eta_k$，则
$$f(\xi_k)=u(\omega_k,\eta_k)+\mathrm{i}v(\omega_k,\eta_k),$$
$$z_k-z_{k-1}=x_k-x_{k-1}+\mathrm{i}(y_k-y_{k-1})=\Delta x_k+\mathrm{i}\Delta y_k,$$

进而和式

$$\sum_{k=1}^{n}f(\xi_k)\Delta z_k=\sum_{k=1}^{n}[u(\omega_k,\eta_k)+\mathrm{i}v(\omega_k,\eta_k)](\Delta x_k+\mathrm{i}\Delta y_k)$$
$$=\sum_{k=1}^{n}[u(\omega_k,\eta_k)\Delta x_k-v(\omega_k,\eta_k)\Delta y_k]+$$
$$\mathrm{i}\sum_{k=1}^{n}[v(\omega_k,\eta_k)\Delta x_k+u(\omega_h,\eta_k)\Delta y_k].$$

由此可知，与 $n\to\infty$ 且小弧度长度的最大值趋于零时，只要上式右端的两个和式极限存在，那么左端和式极限也存在，由于 $f(z)$ 在 C 上连续，则 u、v 都是连续函

数,根据曲线积分存在的充分条件和复积分及二元实函数曲线积分的定义得到

$$\int_C f(z)\mathrm{d}z = \int_C u(x,y)\mathrm{d}x - v(x,y)\mathrm{d}y + \mathrm{i}\int_C v(x,y)\mathrm{d}x + u(x,y)\mathrm{d}y, \quad (3\text{-}3)$$

即我们可以把复积分 $\int_C f(z)\mathrm{d}z$ 的计算化为两个二元实变函数的曲线积分. 为了便于我们记忆公式(3-3),可把 $f(z)\mathrm{d}z$ 理解为 $(u+\mathrm{i}v)(\mathrm{d}x+\mathrm{i}\mathrm{d}y)$,则 $f(z)\mathrm{d}z = u\mathrm{d}x - v\mathrm{d}y + \mathrm{i}(v\mathrm{d}x + u\mathrm{d}y)$. 证毕

如果 C 是由光滑曲线 $C_1,C_2,\cdots,C_n$ 依次连接而成时,我们定义

$$\int_C f(z)\mathrm{d}z = \int_{C_1} f(z)\mathrm{d}z + \int_{C_2} f(z)\mathrm{d}z + \cdots + \int_{C_n} f(z)\mathrm{d}z. \quad (3\text{-}4)$$

以后我们提到的积分,如没有特殊说明,总理解为 $f(z)$ 是连续的,而曲线 C 是逐段光滑的.

3.1.3 复积分的基本性质

根据复变函数积分和曲线积分之间的关系,以及曲线积分的性质,不难验证复变函数积分具有下列性质.

(1) 常数因子可以提到积分号外,即

$$\int_C kf(z)\mathrm{d}z = k\int_C f(z)\mathrm{d}z \quad (k \text{ 是复常数}). \quad (3\text{-}5)$$

(2) 函数和(差)的积分等于各函数积分的和(差),即

$$\int_C [f_1(z) \pm f_2(z)]\mathrm{d}z = \int_C f_1(z)\mathrm{d}z \pm \int_C f_2(z)\mathrm{d}z. \quad (3\text{-}6)$$

(3) 改变积分曲线的方向,积分值改变符号,即

$$\int_{C^-} f(z)\mathrm{d}z = -\int_C f(z)\mathrm{d}z. \quad (3\text{-}7)$$

C^- 为 C 的负向曲线.

(4) 积分的模不大于被积表达式模的积分,即

$$\left|\int_C f(z)\mathrm{d}z\right| \leqslant \int_C |f(z)||\mathrm{d}z| = \int_C |f(z)|\mathrm{d}S. \quad (3\text{-}8)$$

这里 $\mathrm{d}S$ 表示弧长的微分,即

$$\mathrm{d}S = \sqrt{(\mathrm{d}x)^2 + (\mathrm{d}y)^2}.$$

事实上,由于

$$\left|\sum_{k=1}^n f(\xi_k)\Delta z_k\right| \leqslant \sum_{k=1}^n |f(\xi_k)||\Delta z_k| \leqslant \sum_{k=1}^n |f(\xi_k)|\Delta S_k, \text{ 其中} |\Delta z_k|、\Delta S_k$$

分别表示曲线 C 上弧段 $\widehat{z_{k-1}z_k}$ 的对应的弦长和弧长. 两边取极限就得到

$$\left|\int_C f(z)\mathrm{d}z\right| \leqslant \int_C |f(z)||\mathrm{d}z| = \int_C |f(z)|\mathrm{d}S.$$

(5)（积分估值定理）若沿曲线 C 复变函数 $f(z)$ 连续，且 $f(z)$ 在 C 上满足 $|f(z)| \leqslant M (M>0)$，则

$$\left| \int_C f(z) \mathrm{d}z \right| \leqslant ML, \tag{3-9}$$

其中 L 为曲线 C 的长度.

证 由于 $f(z)$ 在 C 上恒有 $|f(z)| \leqslant M$，所以

$$\int_C |f(z)| \mathrm{d}S \leqslant \int_C M \mathrm{d}S = M\int_C \mathrm{d}S = ML,$$

又 $\left|\int_C f(z)\mathrm{d}z\right| \leqslant \int_C |f(z)| \mathrm{d}S$，则

$$\left|\int_C f(z)\mathrm{d}z\right| \leqslant ML.$$

证毕

3.1.4 复积分的计算

公式(3-2)提供了一种复积分的计算方法，即把复积分的计算转化为两个二元实函数的曲线积分. 当曲线积分的积分路径 C 由参数方程给出时，复积分又可以转化为下面单变量的定积分.

设曲线 C 的参数方程为 $z = z(t) = x(t) + \mathrm{i}y(t)$，$t_\alpha \leqslant t \leqslant t_\beta$，设 $z(t_\alpha)$，$z(t_\beta)$ 分别对应着积分路径 C 的起点和终点，则

$$\begin{aligned}\int_C f(z)\mathrm{d}z &= \int_C u(x,y)\mathrm{d}x - v(x,y)\mathrm{d}y + \mathrm{i}\int_C v(x,y)\mathrm{d}x + u(x,y)\mathrm{d}y \\ &= \int_{t_\alpha}^{t_\beta} \{u[x(t),y(t)]x'(t) - v[x(t),y(t)]y'(t)\}\mathrm{d}t + \\ &\quad \mathrm{i}\int_{t_\alpha}^{t_\beta} \{v[x(t),y(t)]x'(t) + u[x(t),y(t)]y'(t)\}\mathrm{d}t \end{aligned} \tag{3-10}$$

这样，复积分的计算已化为两个实二元函数的曲线积分来计算，而这两个线积分的计算是通过式(3-10)化为定积分来计算的.

进一步地，式(3-10)还可以写成

$$\begin{aligned}\int_C f(z)\mathrm{d}z &= \int_{t_\alpha}^{t_\beta} \{u[x(t),y(t)] + \mathrm{i}v[x(t),y(t)]\}[x'(t) + \mathrm{i}y'(t)]\mathrm{d}t \\ &= \int_{t_\alpha}^{t_\beta} f[z(t)]z'(t)\mathrm{d}t,\end{aligned}$$

所以

$$\int_C f(z)\mathrm{d}z = \int_{t_\alpha}^{t_\beta} f[z(t)]z'(t)\mathrm{d}t. \tag{3-11}$$

用公式(3-11)计算复积分时，要先写出积分路径 C 的参数方程，再把它代入到被积表达式之中，化为定积分. 值得注意的是，右端定积分的下限、上限分别

对应于 C 的起点和终点.

【例 3-1】 计算 $\int_C z\,\mathrm{d}z$,其中 C 为从原点到点 $3+4\mathrm{i}$ 的直线段.

解 直线的方程可写成
$$x = 3t, \quad y = 4t, \quad 0 \leqslant t \leqslant 1.$$
或 $z(t) = 3t + \mathrm{i}4t$, $0 \leqslant t \leqslant 1$.

在 C 上,$z = (3+4\mathrm{i})t$, $\mathrm{d}z = (3+4\mathrm{i})\mathrm{d}t$. 于是
$$\int_C z\,\mathrm{d}z = \int_0^1 (3+4\mathrm{i})^2 t\,\mathrm{d}t = (3+4\mathrm{i})^2 \int_0^1 t\,\mathrm{d}t$$
$$= \frac{1}{2}(3+4\mathrm{i})^2.$$

又因
$$\int_C z\,\mathrm{d}z = \int_C (x+\mathrm{i}y)(\mathrm{d}x+\mathrm{i}\mathrm{d}y) = \int_C x\,\mathrm{d}x - y\,\mathrm{d}y + \mathrm{i}\int_C y\,\mathrm{d}x + x\,\mathrm{d}y,$$
由曲线积分与路径无关的条件,容易知道,右边两个曲线积分都与路径 C 无关,所以 $\int_C z\,\mathrm{d}z$ 的值不论 C 是怎样的曲线都等于 $\frac{1}{2}(3+4\mathrm{i})^2$,这说明有些函数的积分值可能与积分路径无关.

【例 3-2】 计算 $\int_C \mathrm{Re}(z)\,\mathrm{d}z$. (1) C 是连接点 0 和 $1+\mathrm{i}$ 的直线段. (2) C 是由 0 到 1,再由 1 到 $1+\mathrm{i}$ 的折线段.

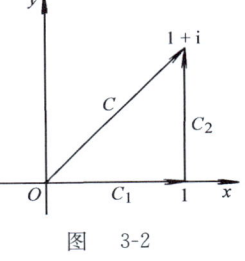

图 3-2

解 (1) C 可表示为 $z = (1+\mathrm{i})t$, $0 \leqslant t \leqslant 1$. 则 $\mathrm{Re}(z) = t$, $\mathrm{d}z = (1+\mathrm{i})\mathrm{d}t$. 所以
$$\int_C \mathrm{Re}(z)\,\mathrm{d}z = \int_0^1 t(1+\mathrm{i})\,\mathrm{d}t = \frac{1}{2}(1+\mathrm{i}).$$

(2) C 分成了两段:$C_1: z = t$, $0 \leqslant t \leqslant 1$;$C_2: z = 1 - \mathrm{i}t$, $0 \leqslant t \leqslant 1$. 所以
$$\int_C \mathrm{Re}(z)\,\mathrm{d}z = \int_{C_1} \mathrm{Re}(z)\,\mathrm{d}z + \int_{C_2} \mathrm{Re}(z)\,\mathrm{d}z$$
$$= \int_0^1 t\,\mathrm{d}t + \int_0^1 1 \cdot \mathrm{i}\,\mathrm{d}t = \frac{1}{2} + \mathrm{i}.$$

可见,在本题中,C 的起点与终点虽然相同,但路径不同,积分的值也不同. 读者不妨比较例 3-1 和例 3-2 的不同.

【例 3-3】 计算 $\oint_C \dfrac{\mathrm{d}z}{(z-z_0)^{n+1}}$,其中 C 为以 z_0 为中心,r 为半径的正向圆周,n 为整数.

解 C 的参数方程可以表示为:
$$z = z_0 + r\mathrm{e}^{\mathrm{i}t} \quad (0 \leqslant t \leqslant 2\pi).$$
$$\mathrm{d}z = \mathrm{i}r\mathrm{e}^{\mathrm{i}t}\,\mathrm{d}t,$$

因此
$$\oint_C \frac{\mathrm{d}z}{(z-z_0)^{n+1}} = \int_0^{2\pi} \frac{r\mathrm{i}e^{\mathrm{i}t}}{r^{n+1}e^{\mathrm{i}(n+1)t}}\mathrm{d}t = \frac{\mathrm{i}}{r^n}\int_0^{2\pi} e^{-\mathrm{i}nt}\mathrm{d}t$$
$$= \begin{cases} 2\pi\mathrm{i}, & n=0, \\ \dfrac{\mathrm{i}}{r^n}\int_0^{2\pi}(\cos nt - \mathrm{i}\sin nt)\mathrm{d}t, & n \neq 0. \end{cases}$$

即
$$\oint_{|z-z_0|=r} \frac{\mathrm{d}z}{(z-z_0)^{n+1}} = \begin{cases} 2\pi\mathrm{i}, & n=0, \\ 0, & n \neq 0. \end{cases} \tag{3-12}$$

这个结果以后经常要用到,它的特点是与积分路线的中心及半径无关.

【例 3-4】 计算 $\int_C (z^2 + z\bar{z})\mathrm{d}z$,$C$ 为单位圆周 $|z|=1$ 的上半部分从 $z_1=1$ 到 $z_2=-1$ 的弧.

解 C 的参数方程为
$$z = e^{\mathrm{i}t} \quad (0 \leqslant t \leqslant \pi).$$
$$\mathrm{d}z = \mathrm{i}e^{\mathrm{i}t}\mathrm{d}t.$$
而 $z^2 + z\cdot\bar{z} = e^{\mathrm{i}2t} + 1$,所以
$$\int_C (z^2 + z\bar{z})\mathrm{d}z = \int_0^\pi (e^{\mathrm{i}2t} + 1)\mathrm{i}e^{\mathrm{i}t}\mathrm{d}t$$
$$= \mathrm{i}\int_0^\pi (e^{\mathrm{i}3t} + e^{\mathrm{i}t})\mathrm{d}t$$
$$= \frac{1}{3}e^{\mathrm{i}3\pi} - \frac{1}{3} + e^{\mathrm{i}\pi} - 1 = -\frac{8}{3}.$$

注 高等数学中的积分中值定理,不能直接推广到复积分中来. 例如 $\int_0^{2\pi} e^{\mathrm{i}\theta}\mathrm{d}\theta = 0$,但对任意给定的 θ,显然 $e^{\mathrm{i}\theta}(2\pi - 0) \neq 0$.

习 题

3-1 沿下列路径计算积分 $\int_0^{3+\mathrm{i}} z^2 \mathrm{d}z$.

(1) 从原点到 $3+\mathrm{i}$ 的直线段;

(2) 从原点沿实轴到 3,再从 3 垂直向上到 $3+\mathrm{i}$;

(3) 从原点沿虚轴到 i,再由 i 沿水平方向向右到 $3+\mathrm{i}$.

3-2 计算积分 $\int_C (x - y + \mathrm{i}x^2)\mathrm{d}z$,其中积分曲线 C 为

(1) 从原点到 $1+\mathrm{i}$ 的直线段;

(2) 从原点沿实轴到 1,再从 1 垂直向上到 $1+\mathrm{i}$;

(3) 从原点沿虚轴到 i,再由 i 沿水平方向向右到 $1+\mathrm{i}$.

3-3 计算积分 $\int_C \text{Im} z \, dz$,其中积分曲线 C 为

(1) 从原点到 $2+i$ 的直线段;

(2) 上半圆周:$|z|=1$,起点为 1,终点为 -1;

(3) 圆周 $|z-a|=R(R>0)$ 的正向.

3-4 计算积分 $\oint_C \dfrac{\bar{z}}{|z|} dz$ 的值,其中 C 为正向圆周

(1) $|z|=2$;(2) $|z|=4$.

3-5 计算积分 $\int_0^{\pi+2i} \cos \dfrac{z}{2} dz$.

3-6 利用积分估值定理,证明

(1) $\left| \int_C \dfrac{1}{z^2} dz \right| \leqslant 2$,其中 C 是连接 i 到 $i+2$ 的直线段;

(2) $\left| \int_C (x^2 + iy^2) dz \right| \leqslant \pi$,其中 C 是连接 $-i$ 到 i 的单位圆周.

3-7 计算 $\int_C (i - \bar{z}) dz$,其中 C 为

(1) 从原点到 $1+i$ 的直线段;

(2) 从原点沿抛物线 $y=x^2$ 到 $1+i$ 的弧段.

3.2 柯西定理与柯西公式

3.2.1 柯西定理

从上一节的例 3-1 和例 3-2 我们发现,复积分 $\int_C f(z) cz$ 的值,有时与积分路径无关,只与起点终点有关;有时又与路径有关.因此,读者自然要问:函数 $f(z)$ 在什么条件下,$\int_C f(z) dz$ 仅与积分路径的起点和终点有关,而与积分路径无关呢?下面我们来研究这一问题.

由于复积分 $\int_C f(z) dz$ 可以写成

$$\int_C f(z) dz = \int_C u \, dx - v \, dy + i \int_C v \, dx + u \, dy,$$

因此我们可以从曲线积分与路径无关来考虑 $\int_C f(z) dz$ 与积分路径无关的问题.

由高等数学知道,当 $P(x,y)$、$Q(x,y)$ 在单连域 D 中具有一阶连续偏导数,且 $\dfrac{\partial Q}{\partial x} = \dfrac{\partial P}{\partial y}$ 成立时,则对 D 内任一条曲线 C,曲线积分 $\int_C P \, dx + Q \, dy$ 与积分路径无关,则当 u、v 具有一阶连续偏导数,并且 $\dfrac{\partial u}{\partial x} = \dfrac{\partial v}{\partial y}$,$\dfrac{\partial u}{\partial y} = -\dfrac{\partial v}{\partial x}$ 时,$\int_C u \, dx - v \, dy$

和 $\int_C v\mathrm{d}x + u\mathrm{d}y$ 均与积分路径无关，因此 $\int_C f(z)\mathrm{d}z$ 与积分路径无关，且根据格林公式，在满足上述条件时，有

$$\oint_C f(z)\mathrm{d}z = \oint_C u\mathrm{d}x - v\mathrm{d}y + \mathrm{i}\oint_C v\mathrm{d}x + u\mathrm{d}y = 0.$$

而上述条件成立时，$f(z)$ 是一个解析函数，实际上 $f'(z)$ 在 D 内连续的假设是不必要的，因此，我们就有下面一条在解析函数理论中最基本的定理：

定理 3-2 （柯西-古莎定理）如果函数 $f(z)$ 在单连域 D 内处处解析，那么函数 $f(z)$ 沿 D 内任意一条闭曲线 C 的积分为零，即

$$\oint_C f(z)\mathrm{d}z = 0. \tag{3-13}$$

定理中的 C 可以不必是简单的.

这个定理是柯西(Cauchy)于 1825 年发表的，古莎(GourSat)于 1900 年提出了修改，定理的证明比较复杂，我们在这里就不证了. 柯西-古莎定理简称柯西定理.

从这个定理，我们可以推出：

定理 3-3 如果 $f(z)$ 在单连域 D 内处处解析，则积分 $\int_C f(z)\mathrm{d}z$ 与连结起点及终点的路线 C 无关.

这个定理显然成立.

3.2.2 复积分的牛顿-莱布尼茨公式

由定理 3-3 知道，解析函数 $f(z)$ 在单连域内的积分只与起点 z_0 和终点 z_1 有关，即

$$\int_{C_1} f(z)\mathrm{d}z = \int_{C_2} f(z)\mathrm{d}z = \int_{z_0}^{z_1} f(z)\mathrm{d}z.$$

z_0 和 z_1 分别称为积分的下限和上限，当下限 z_0 固定，而上限 $z_1 = z$ 在 D 内变动时，积分 $\int_{z_0}^{z} f(\xi)\mathrm{d}\xi$ 可以看作是**上限的函数**，记为

$$F(z) = \int_{z_0}^{z} f(\xi)\mathrm{d}\xi. \tag{3-14}$$

对 $F(z)$，有以下的定理：

定理 3-4 如果 $f(z) = u + \mathrm{i}v$ 在单连域 D 内处处解析，则 $F(z)$ 在 D 内也解析，并且 $F'(z) = f(z)$.

证 $F(z) = \int_{z_0}^{z} f(\xi)\mathrm{d}\xi = \int_{(x_0, y_0)}^{(x, y)} u\mathrm{d}x - v\mathrm{d}y + \mathrm{i}\int_{(x_0, y_0)}^{(x, y)} v\mathrm{d}x + u\mathrm{d}y,$

令
$$P(x,y) = \int_{(x_0,y_0)}^{(x,y)} u\mathrm{d}x - v\mathrm{d}y,$$
$$Q(x,y) = \int_{(x_0,y_0)}^{(x,y)} v\mathrm{d}x + u\mathrm{d}y,$$

则 $F(z) = P(x,y) + \mathrm{i}Q(x,y)$. 因为 $P(x,y)$ 与 $Q(x,y)$ 是与路径无关的，因此

$$\frac{\partial P}{\partial x} = u, \quad \frac{\partial P}{\partial y} = -v, \quad \frac{\partial Q}{\partial x} = v, \quad \frac{\partial Q}{\partial y} = u,$$

由此得

$$\frac{\partial P}{\partial x} = \frac{\partial Q}{\partial y}, \frac{\partial P}{\partial y} = -\frac{\partial Q}{\partial x}.$$

由此可见，$F(z) = P(x,y) + \mathrm{i}Q(x,y)$ 是 D 内的一个解析函数，且 $F'(z) = \frac{\partial P}{\partial x} + \mathrm{i}\frac{\partial Q}{\partial x} = u + \mathrm{i}v = f(z)$. 证毕

与高等数学一样，引入原函数的概念：

定义 3-1 如果函数 $\varphi(z)$ 的导数等于 $f(z)$，即有 $\varphi'(z) = f(z)$，则称 $\varphi(z)$ 为 $f(z)$ 的一个原函数.

因此 $F(z) = \int_{z_0}^{z} f(\xi)\mathrm{d}\xi$ 是 $f(z)$ 的一个原函数. 与高等数学中一样，$f(z)$ 的任何两个原函数相差一个常数. 事实上，设 $G(z)$ 和 $H(z)$ 都是 $f(z)$ 的原函数，则有

$$[G(z) - H(z)]' = G'(z) - H'(z) = f(z) - f(z) = 0,$$

所以 $G(z) - H(z) = C$（C 为任意复常数）.

利用原函数这个关系，我们可以得出**复积分的牛顿－莱布尼茨公式**，它是今后我们进行复积分计算的主要公式.

定理 3-5 若函数 $f(z)$ 在单连域 D 内处处解析，$G(z)$ 为 $f(z)$ 的一个原函数，那么

$$\int_{z_0}^{z_1} f(z)\mathrm{d}z = G(z)\Big|_{z_0}^{z_1} = G(z_1) - G(z_0), \tag{3-15}$$

z_0、z_1 为 D 中任意两点.

证 $F(z) = \int_{z_0}^{z} f(\xi)\mathrm{d}\xi$ 是 $f(z)$ 的一个原函数，所以

$$\int_{z_0}^{z} f(\xi)\mathrm{d}\xi = G(z) + C.$$

当 $z = z_0$ 时，得 $G(z_0) + C = 0$，推出 $C = -G(z_0)$. 因此

$$\int_{z_0}^{z} f(\xi)\mathrm{d}\xi = G(z) - G(z_0).$$

令 $z = z_1$，得到

$$\int_{z_0}^{z_1} f(z)\mathrm{d}z = G(z_1) - G(z_0).$$

证毕

【例 3-5】 计算积分 $\int_{1+i}^{2+4i} z^2 \mathrm{d}z$.

解 z^2 在整个复平面上解析,且 $\left(\dfrac{1}{3}z^3\right)' = z^2$,运用公式(3-15),有

$$\int_{1+i}^{2+4i} z^2 \mathrm{d}z = \frac{1}{3}z^3 \bigg|_{1+i}^{2+4i} = -\frac{1}{3}(86 + 18i).$$

注意,在求原函数时,实变函数中的换元积分法和分部积分法仍成立.

【例 3-6】 计算积分 $\int_0^i z\sin z \mathrm{d}z$.

解 由于 $z\sin z$ 在复平面内处处解析,因而积分与路径无关,用分部积分法得

$$\int_0^i z\sin z \mathrm{d}z = -z\cos z \bigg|_0^i + \int_0^i \cos z \mathrm{d}z$$
$$= -i\cos i + \sin i$$
$$= -i(\cos i + i\sin i)$$
$$= -ie^{-1}.$$

3.2.3 复合闭路定理

在柯西定理中,我们所考虑的区域 D 是单连域,$f(z)$ 在 D 内为解析函数,如果这两个条件有一个不具备,一般来说定理的结论不再成立. 如果 $f(z)$ 在 D 内有奇点,我们将这些奇点从 D 内除去,于是区域 D 内就含有"点洞",从而单连通域变成了复连通域,因此,只需讨论复连域上解析函数的积分.

定理 3-6 (复合闭路定理)设 C 为多连域 D 内的一条简单闭曲线,C_1,C_2,$\cdots$,C_n 是在 C 内部的简单闭曲线,且 C_1,C_2,$\cdots$,C_n 中的每一个都在其余的外部,以 C,C_1,C_2,$\cdots$,C_n 为边界的区域全含于 D(见图 3-3). 如果 $f(z)$ 在 D 内解析,那么有

(1) $\oint_C f(z)\mathrm{d}z = \sum_{k=1}^{n} \oint_{C_k} f(z)\mathrm{d}z$,其中 C 及所有的 C_k 都取正向.

(2) $\oint_\Gamma f(z)\mathrm{d}z = 0$,这里 Γ 为由 C 以及 C_k^-($k = 1, 2, \cdots, n$)所组成的复合闭路(其方向为:C 按逆时针方向,C_k^- 按顺时针方向).

我们要证明这个定理,只要证明下面的定理(即 $n = 1$ 时的情况).

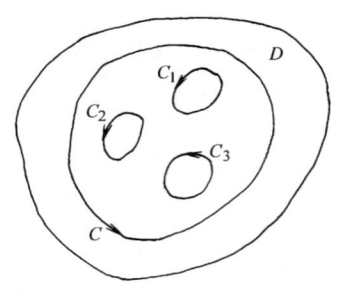

图 3-3

第 3 章 复变函数的积分

定理 3-7 设 C 和 C_1 是多连域 D 内的两条简单闭曲线，C_1 在 C 的内部（见图 3-4），C 和 C_1 所围成的区域 D_1 全含于 D，如 $f(z)$ 在 D 内解析，则有 $\oint_C f(z)\mathrm{d}z = \oint_{C_1} f(z)\mathrm{d}z$，其中 C, C_1 均取正向（逆时针方向）.

证 在 C 上取一点 A，在 C_1 上取一点 B.

令 $\Gamma = C + AB + C_1^- + BA$，

其中 C_1^- 为 C_1 的负向曲线.

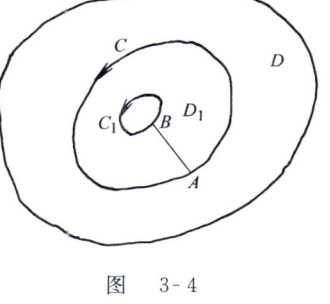

图 3-4

因为 $f(z)$ 在 D 内解析，所以 $f(z)$ 在 Γ 所围的区域（单连域）内解析，则 $\oint_\Gamma f(z)\mathrm{d}z = 0$. 即

$$\oint_{C+AB+C_1^-+BA} f(z)\mathrm{d}z = 0.$$

所以

$$\oint_C f(z)\mathrm{d}z + \int_{AB} f(z)\mathrm{d}z + \int_{C_1^-} f(z)\mathrm{d}z + \int_{BA} f(z)\mathrm{d}z = 0,$$

故 $\oint_C f(z)\mathrm{d}z + \oint_{C_1^-} f(z)\mathrm{d}z = 0$，即 $\oint_C f(z)\mathrm{d}z = \oint_{C_1} f(z)\mathrm{d}z$.

用同样的方法，我们可以证明复合闭路定理. 证毕.

定理 3-7 还说明在**区域内的一个解析函数沿闭曲线的积分，不因闭曲线在区域内作连续变形而改变其值**. 因此定理 3-7 又称为**闭路变形原理**. 例如本章例 3-3 中，当 C 为以 z_0 为中心的正向圆周时，$\oint_C \dfrac{\mathrm{d}z}{z-z_0} = 2\pi \mathrm{i}$，所以，根据闭路变形原理，对于包含 z_0 的任何一条正向简单闭曲线 C_1 都有 $\oint_{C_1} \dfrac{\mathrm{d}z}{z-z_0} = 2\pi \mathrm{i}$.

【例 3-7】 计算 $\oint_C \dfrac{3z-1}{z(z-1)}\mathrm{d}z$，其中 C 为圆周 $|z|=2$，且取正向.

解 因为 $f(z) = \dfrac{3z-1}{z(z-1)}$ 在 $|z| \leqslant 2$ 内除了 $z=0, 1$ 两点外解析，作很小的两个圆周 C_1、C_2 分别包含 0 和 1，且互不相交，也不相含，都在 C 的内部（见图 3-5），则由复合闭路定理

$$\oint_C \dfrac{3z-1}{z(z-1)}\mathrm{d}z = \oint_{C_1} \dfrac{3z-1}{z(z-1)}\mathrm{d}z + \oint_{C_2} \dfrac{3z-1}{z(z-1)}\mathrm{d}z$$

$$= \oint_{C_1} \left(\dfrac{1}{z} + \dfrac{2}{z-1}\right)\mathrm{d}z + \oint_{C_2} \left(\dfrac{1}{z} + \dfrac{2}{z-1}\right)\mathrm{d}z$$

$$= \oint_{C_1} \dfrac{1}{z}\mathrm{d}z + \oint_{C_2} \dfrac{2}{z-1}\mathrm{d}z$$

$$= 2\pi\mathrm{i} + 4\pi\mathrm{i} = 6\pi\mathrm{i}.$$

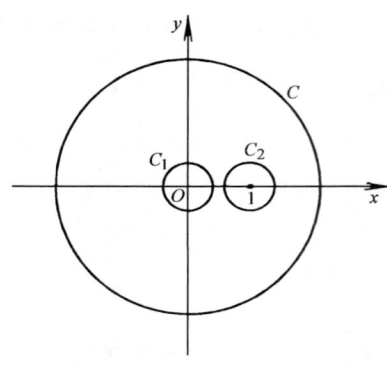

图 3-5

【例 3-8】 计算 $\oint_C \dfrac{\mathrm{d}z}{(z-\mathrm{i})(z+3)}$,其中 C 为圆周 $|z|=2$,且取正向.

解 要注意 $f(z)=\dfrac{1}{(z-\mathrm{i})(z+3)}$ 在 $|z|\leqslant 2$ 内只有 $z=\mathrm{i}$ 一个奇点,将 $f(z)$ 分成为 $f(z)=\dfrac{1}{3+\mathrm{i}}\left(\dfrac{1}{z-\mathrm{i}}-\dfrac{1}{z+3}\right)$,则

$$\oint_C \dfrac{\mathrm{d}z}{(z-\mathrm{i})(z+3)} = \oint_C \dfrac{1}{3+\mathrm{i}}\left(\dfrac{1}{z-\mathrm{i}}-\dfrac{1}{z+3}\right)\mathrm{d}z$$

$$= \dfrac{1}{3+\mathrm{i}}\oint_C \dfrac{1}{z-\mathrm{i}}\mathrm{d}z - \dfrac{1}{3+\mathrm{i}}\oint_C \dfrac{1}{z+3}\mathrm{d}z$$

$$= 2\pi\mathrm{i}\dfrac{1}{3+\mathrm{i}} - 0 = \dfrac{2\pi\mathrm{i}}{3+\mathrm{i}}.$$

其实对于在 $|z|\leqslant 2$ 内解析的任何函数 $g(z)$,我们都可以得到:$\oint_C \dfrac{g(z)}{z-\mathrm{i}}\mathrm{d}z = 2\pi\mathrm{i}g(\mathrm{i})$. 这就是下面要介绍的重要公式——**柯西积分公式**.

3.2.4 柯西积分公式

设 B 为一单连域,z_0 为 B 中的一点,若 $f(z)$ 在 B 内解析,则函数 $\dfrac{f(z)}{z-z_0}$ 在 z_0 不解析,所以在 B 内沿包含 z_0 在其内的一个闭曲线 C 的积分 $\oint_C \dfrac{f(z)}{z-z_0}\mathrm{d}z$ 一般不为零,又根据闭路变形原理,这个积分值等于以 z_0 为中心,半径 δ 很小的正向圆周 $|z-z_0|=\delta$ 上的积分 $\oint_{|z-z_0|=\delta} \dfrac{f(z)}{z-z_0}\mathrm{d}z$. 由于 $f(z)$ 的连续性,当 δ 缩小的时候,$|z-z_0|=\delta$ 上的函数值 $f(z)$ 逐渐接近于 $f(z_0)$,从而我们猜想积分 $\oint_C \dfrac{f(z)}{z-z_0}\mathrm{d}z$ 的值也将随着 δ 的缩小而接近于某一常数

$$\oint_C \frac{f(z)}{z-z_0}\mathrm{d}z = \oint_{|z-z_0|=\delta} \frac{f(z)}{z-z_0}\mathrm{d}z = \oint_{|z-z_0|=\delta} \frac{f(z_0)}{z-z_0}\mathrm{d}z$$
$$= f(z_0)\oint_{|z-z_0|=\delta} \frac{1}{z-z_0}\mathrm{d}z = 2\pi\mathrm{i}f(z_0).$$

下面我们就可以证明,其实两者是相等的,即

$$\oint_C \frac{f(z)}{z-z_0}\mathrm{d}z = 2\pi\mathrm{i}f(z_0).$$

我们有下面重要的定理:

定理 3-8 如果 $f(z)$ 在区域 D 内处处解析,C 为 D 内的任何一条正向简单闭曲线,它的内部完全含于 D,z_0 为 C 内的任一点,那么

$$f(z_0) = \frac{1}{2\pi\mathrm{i}}\oint_C \frac{f(z)}{z-z_0}\mathrm{d}z. \qquad (3\text{-}16)$$

公式(3-16)称为柯西积分公式.

证 由于 $f(z)$ 在 D 内解析,所以在 z_0 连续,则对任给的 $\varepsilon > 0$,存在 $\delta(\varepsilon) > 0$,使得当 $|z-z_0| < \delta$ 时,有

$$|f(z) - f(z_0)| < \varepsilon.$$

作正向圆周 $K: |z-z_0| = R$,使 K 在 C 的内部,且 $R < \delta$(见图 3-6),于是有

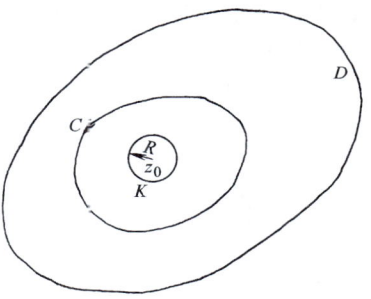

图 3-6

$$\oint_C \frac{f(z)}{z-z_0}\mathrm{d}z = \oint_K \frac{f(z)}{z-z_0}\mathrm{d}z$$
$$= \oint_K \frac{f(z_0)}{z-z_0}\mathrm{d}z + \oint_K \frac{f(z)-f(z_0)}{z-z_0}\mathrm{d}z$$
$$= 2\pi\mathrm{i}f(z_0) + \oint_K \frac{f(z)-f(z_0)}{z-z_0}\mathrm{d}z.$$

由复积分性质(4)知道

$$\left|\oint_K \frac{f(z)-f(z_0)}{z-z_0}\mathrm{d}z\right| \leqslant \oint_K \frac{|f(z)-f(z_0)|}{|z-z_0|}|\mathrm{d}z|$$
$$< \frac{\varepsilon}{R}\oint_K \mathrm{d}S = 2\pi\varepsilon.$$

显然这表明了不等式左端积分的模可以任意小,只要 R 足够小就行了,又由于该积分的值与 R 无关,所以只有在对所有的 R 积分值为零时才能做到. 这就证明了

$$\oint_C \frac{f(z)}{z-z_0}\mathrm{d}z = 2\pi\mathrm{i}f(z_0),$$ 即柯西积分公式(3-16)成立. 证毕

公式(3-16)表明,解析函数在区域内部任一点的值可以用它在边界上的值通过积分表示出来,这种借助积分表示解析函数的方式在积分计算和实际应用中都有重要意义.

特别地,如果 C 为圆周 $|z-z_0|=R$ 时,$f(z)$ 满足定理条件,则有

$$f(z_0) = \frac{1}{2\pi i}\oint_C \frac{f(z)}{z-z_0}dz = \frac{1}{2\pi i}\oint_0^{2\pi}\frac{f(z_0+Re^{i\theta})}{Re^{i\theta}}d(z_0+Re^{i\theta})$$
$$= \frac{1}{2\pi i}\int_0^{2\pi} f(z_0+Re^{i\theta})id\theta,$$

则

$$f(z_0) = \frac{1}{2\pi}\int_0^{2\pi} f(z_0+Re^{i\theta})d\theta. \tag{3-17}$$

这表明一个解析函数在圆心处的值等于它在圆周上取值的平均值,公式(3-17)称为**解析函数的平均值公式**.

【例3-9】 求下列积分的值(取圆周正向)

(1) $\oint_C \frac{e^{iz}}{z+i}dz$,$C$:$|z+i|=1$;

(2) $\oint_C \frac{z}{(5-z^2)(z-i)}dz$,$C$:$|z|=2$;

(3) $\oint_C \frac{e^z}{z(z^2+1)}dz$,$C$:$|z-i|=\frac{1}{2}$.

解 (1) $f(z)=e^{iz}$ 在复平面内解析,$-i$ 在 $|z+i|=1$ 内,由柯西积分公式得

$$\int_C \frac{e^{iz}}{z+i}dz = 2\pi i e^{iz}|_{z=-i} = 2\pi i e.$$

(2) $f(z)=\frac{z}{5-z^2}$ 在 $|z|\leqslant 2$ 内解析,i 在 $|z|=2$ 内,则

$$\oint_C \frac{z}{(5-z^2)(z-i)}dz = \int_C \frac{\frac{z}{5-z^2}}{z-i}dz = 2\pi i \frac{z}{5-z^2}\bigg|_{z=i} = -\frac{1}{3}\pi.$$

(3) $f(z)=\frac{e^z}{z(z+i)}$ 在 $|z-i|\leqslant \frac{1}{2}$ 内解析,i 在 $|z-i|=\frac{1}{2}$ 内,所以

$$\oint_C \frac{e^z}{z(z^2+1)}dz = \int_C \frac{\frac{e^z}{z(z+i)}}{z-i}dz = 2\pi i \frac{e^z}{z(z+i)}\bigg|_{z=i}$$
$$= \pi(\sin 1 - i\cos 1).$$

3.2.5 高阶导数公式

这一节,我们应用柯西积分公式,证明一个解析函数的导函数仍为解析函数,

第 3 章　复变函数的积分

从而可以证明解析函数具有任意阶导数,这一点和实函数完全不一样,一个实函数 $f(x)$ 有一阶导数,不一定有二阶或更高阶导数存在,关于解析函数的高阶导数我们有下面的定理.

定理 3-9　解析函数 $f(z)$ 的导数仍为解析函数,它的 n 阶导数为

$$f^{(n)}(z_0) = \frac{n!}{2\pi i}\oint_C \frac{f(z)}{(z-z_0)^{n+1}}dz \quad (n=1,2,\cdots). \tag{3-18}$$

其中 C 为 $f(z)$ 的解析区域 D 内包含 z_0 在其内部的任意一条正向简单闭曲线,而且它的内部全属于 D.

证　设 z_0 为 D 内任一点,我们先证 $n=1$ 的情形,即要证

$$f'(z_0) = \frac{1}{2\pi i}\oint_C \frac{f(z)}{(z-z_0)^2}dz.$$

根据定义 $f'(z_0) = \lim\limits_{\Delta z \to 0}\dfrac{f(z_0+\Delta z)-f(z_0)}{\Delta z}$,从柯西积分公式得到

$$f(z_0) = \frac{1}{2\pi i}\oint_C \frac{f(z)}{z-z_0}dz,$$

$$f(z_0+\Delta z) = \frac{1}{2\pi i}\oint_C \frac{f(z)}{z-z_0-\Delta z}dz,$$

从而有

$$\frac{f(z_0+\Delta z)-f(z_0)}{\Delta z} = \frac{1}{2\pi i \Delta z}\left[\oint_C \frac{f(z)}{z-z_0-\Delta z}dz - \oint_C \frac{f(z)}{z-z_0}dz\right]$$

$$= \frac{1}{2\pi i}\oint_C \frac{f(z)}{(z-z_0)(z-z_0-\Delta z)}dz$$

$$= \frac{1}{2\pi i}\Big[\oint_C \frac{f(z)}{(z-z_0)^2}dz + \oint_C \frac{\Delta z\, f(z)}{(z-z_0)^2(z-z_0-\Delta z)}dz\Big].$$

设后一个积分为 I,

$$|I| = \left|\oint_C \frac{\Delta z\, f(z)}{(z-z_0)^2(z-z_0-\Delta z)}dz\right|$$

$$\leqslant \oint_C \frac{|\Delta z|\,|f(z)|\,ds}{|z-z_0|^2\,|z-z_0-\Delta z|}.$$

由于 $f(z)$ 在 C 上解析,从而在 C 上连续,所以是有界的,即存在 $M>0$,使得在 C 上 $|f(x)| \leqslant M$,设 d 为 z_0 到 C 上的点的最短距离,取 $|\Delta z| < \dfrac{d}{2}$,则

$$|z-z_0|\geqslant d, \frac{1}{|z-z_0|}\leqslant \frac{1}{d},$$

$$|z-z_0-\Delta z|\geqslant |z-z_0|-|\Delta z|>\frac{d}{2},$$

$$\frac{1}{|z-z_0-\Delta z|}<\frac{1}{\frac{d}{2}}=\frac{2}{d},$$

所以 $I<|\Delta z|\frac{2ML}{d^3}$,这里 L 为曲线 C 的长度,如果令 $\Delta z \to 0$,那么 $I \to 0$,从而得到

$$f'(z_0)=\lim_{\Delta z \to 0}\frac{f(z_0+\Delta z)-f(z_0)}{\Delta z}=\frac{1}{2\pi i}\oint_C \frac{f(z)}{(z-z_0)^2}dz.$$

因为 $f''(z)=[f'(z)]'$,所以可以重复使用前面的方法,得出

$$f''(z_0)=\frac{2!}{2\pi i}\oint_C \frac{f(z)}{(z-z_0)^3}dz.$$

依次类推,即有

$$f^{(n)}(z_0)=\frac{n!}{2\pi i}\oint_C \frac{f(z)}{(z-z_0)^{n+1}}dz.$$

可见一个解析函数的导数仍是解析函数. 证毕

公式(3-18)的作用,不在于通过积分求导数,而在于通过求导来求积分.

【例 3-10】 求下列积分.

(1) $\oint_C \frac{z^3}{(z-i)^4}dz$,$C$ 为圆周 $|z|=2$ 的正向;

(2) $\oint_C \frac{e^z}{(z^2+1)^2}dz$,$C$ 为圆周 $|z|=2$ 的正向.

解 (1) z^3 在复平面内解析,$z_0=i$ 在 C 的内部,则由高阶导数公式

$$\frac{3!}{2\pi i}\oint_C \frac{z^3}{(z-i)^4}dz=(z^3)'''\Big|_{z=i}=3!,$$

所以 $\oint_C \frac{z^3}{(z-i)^4}dz=2\pi i$.

(2) 函数 $\frac{e^z}{(z^2+1)^2}$ 在 C 内的 $z=\pm i$ 处不解析,我们在 C 内作以 i 为中心的一个正向小圆周 C_1,以 $-i$ 为中心的一个正向小圆周 C_2(见图 3-7). 那么函数 $\frac{e^z}{(z^2+1)^2}$ 在以 C,C_1 和 C_2 所围成的区域内解析,由复合闭路定理,

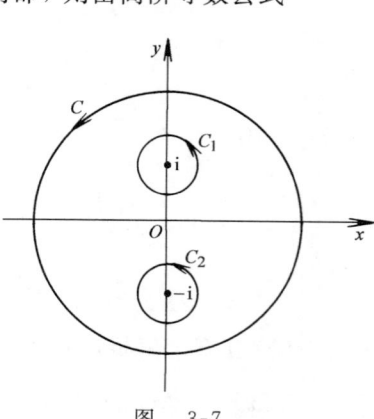

图 3-7

第 3 章 复变函数的积分

$$\oint_C \frac{e^z}{(z^2+1)^2} dz = \oint_{C_1} \frac{e^z}{(z^2+1)^2} dz + \oint_{C_2} \frac{e^z}{(z^2+1)^2} dz$$

$$= \oint_{C_1} \frac{\frac{e^z}{(z+i)^2}}{(z-i)^2} dz + \oint_{C_2} \frac{\frac{e^z}{(z-i)^2}}{(z+i)^2} dz$$

$$= 2\pi i \left[\frac{e^z}{(z+i)^2}\right]'_{z=i} + 2\pi i \left[\frac{e^z}{(z-i)^2}\right]'_{z=-i}$$

$$= \frac{(1-i)e^i}{2}\pi + \frac{-(1+i)e^{-i}}{2}\pi = \frac{\pi}{2}(1-i)(e^i - ie^{-i})$$

$$= \frac{\pi}{2}(1-i)^2(\cos 1 - \sin 1) = i\pi\sqrt{2}\sin\left(1-\frac{\pi}{4}\right).$$

【例 3-11】 计算积分 $\oint_C \frac{e^z + z}{z^2(z-1)^3} dz$, $C: \left|z-\frac{1}{2}\right| = 1$ 且取正向.

解 $f(z) = \frac{e^z + z}{z^2(z-1)^3}$ 在 C 内除了 $z=0$ 和 1 之外处处解析，分别以 0 和 1 为中心，适当小的半径作两圆周 C_1 和 C_2，使它们都在 C 内部，且互不包含，互不相交，则由复合闭路定理得

$$\oint_C \frac{e^z + z}{z^2(z-1)^3} dz = \oint_{C_1} \frac{e^z + z}{z^2(z-1)^3} dz + \oint_{C_2} \frac{e^z + z}{z^2(z-1)^3} dz$$

$$= \oint_{C_1} \frac{\frac{e^z}{(z-1)^3}}{z^2} dz + \oint_{C_1} \frac{\frac{1}{(z-1)^3}}{z} dz +$$

$$\oint_{C_2} \frac{\frac{e^z}{z^2}}{(z-1)^3} dz + \oint_{C_2} \frac{\frac{1}{z}}{(z-1)^3} dz$$

$$= 2\pi i \left[\frac{e^z}{(z-1)^3}\right]'_{z=0} + 2\pi i \frac{1}{(z-1)^3}\bigg|_{z=0} +$$

$$\frac{2\pi i}{2!}\left(\frac{e^z}{z^2}\right)''\bigg|_{z=1} + \frac{2\pi i}{2!}\left(\frac{1}{z}\right)''\bigg|_{z=1}$$

$$= (3e - 8)\pi i.$$

习 题

3-8 试用观察法得出下列积分的值，并说明观察时所依据的是什么？C 是正向的圆周 $|z|=1$.

(1) $\oint_C \frac{dz}{z-2}$;　　(2) $\oint_C \frac{dz}{z^2+2z+4}$;　　(3) $\oint_C \frac{dz}{\cos z}$;

(4) $\oint_C \dfrac{dz}{z-1/2}$; (5) $\oint_C z e^z dz$; (6) $\oint_C \dfrac{dz}{\left(z-\dfrac{i}{2}\right)(z+2)}$.

3-9 计算下列各积分的值(所给路径均为正向).

(1) $\oint_C \dfrac{e^{2z}}{2z+1} dz$, $C: |z|=1$;

(2) $\oint_C \dfrac{e^z}{z-3} dz$, $C: |z|=2$;

(3) $\oint_C \dfrac{e^{iz}}{z^2+1} dz$, $C: |z-2i|=\dfrac{3}{2}$;

(4) $\oint_C \dfrac{\sin\dfrac{\pi}{4}z}{z^2-1} dz$, $C: |z-1|=1$;

(5) $\oint_C z^3 \cos z \, dz$, C 为包围 $z=0$ 的闭曲线;

(6) $\oint_C \dfrac{\cos z}{(z-i)^3} dz$, $C: |z-i|=1$;

(7) $\oint_C \dfrac{z}{(2z+1)(z-1)^2} dz$, $C: |z|=2$;

(8) $\oint_C \dfrac{e^z}{z^2(z-2)} dz$, $C: |z|=1$;

(9) $\oint_C \dfrac{e^z}{z^5} dz$, $C: |z|=1$;

(10) $\oint_C \dfrac{1}{z^2(z^2+4)} dz$, $C: |z-i|=2$.

3-10 计算下列各题

(1) $\int_{-\pi i}^{3\pi i} e^{2z} dz$; (2) $\int_{\frac{\pi}{6}}^{0} \text{ch} 3z \, dz$; (3) $\int_{-\pi i}^{\pi i} \sin^2 z \, dz$;

(4) $\int_0^1 z \sin z \, dz$; (5) $\int_0^i (z-1) e^{-z} dz$.

3-11 计算 $\oint_C \dfrac{dz}{z(z^2+1)}$, 其中 C 为下列曲线(均为正向).

(1) $|z|=\dfrac{1}{2}$; (2) $|z+i|=\dfrac{1}{2}$; (3) $|z-i|=\dfrac{3}{2}$; (4) $|z|=\dfrac{3}{2}$.

3-12 计算下列积分:

(1) $\oint_C \left(\dfrac{4}{z+1}+\dfrac{3}{z+2i}\right) dz$, 其中 $C: |z|=4$ 为正向;

(2) $\oint_C \dfrac{2i}{z^2+1} dz$, 其中 $C: |z-1|=6$ 为正向;

(3) $\oint_{C_1+C_2} \dfrac{\cos z}{z^3} dz$, 其中 $C_1: |z|=2$ 为正向, $C_2: |z|=3$ 为负向;

(4) $\oint_C \dfrac{dz}{z-i}$, 其中 C 为以 $\pm\dfrac{1}{2}, \pm\dfrac{6}{5}i$ 为顶点的正向菱形;

(5) $\oint_C \dfrac{e^z}{(z-a)^3} dz$, 其中 a 为 $|a|\neq 1$ 的任何复数, $C: |z|=1$ 为正向.

第3章 复变函数的积分

3-13 设 $f(z)$ 在单连域 D 内处处解析且不为零，C 为 D 内任意简单闭曲线，试证 $\oint_C \dfrac{f'(z)}{f(z)} \mathrm{d}z = 0$.

3-14 设 C 为不经过 a 与 $-a$ 的正向简单闭曲线，a 为不等于零的任何复数，试就 a 与 $-a$ 跟 C 的各种不同位置，计算积分

$$\oint_C \frac{z}{z^2 - a^2} \mathrm{d}z$$

的值.

3-15 设函数 $f(z)$ 在 $0 < |z| < 1$ 内解析，且沿任何圆周 $C: |z| = r(0 < r < 1)$ 的积分等于零，问 $f(z)$ 是否必需在 $z = 0$ 处解析？试举例说明.

3-16 设 $f(z)$ 在区域 D 内解析，C 为 D 内的任意一条正向简单闭曲线，证明：对在 D 内但不在 C 上的任意一点 z_0，等式：

$$\oint_C \frac{f'(z)}{z - z_0} \mathrm{d}z = \oint_C \frac{f(z)}{(z - z_0)^2} \mathrm{d}z$$

成立.

3-17 设 $f(z) = \int_{|\zeta|=2} \dfrac{\mathrm{e}^{\frac{\pi}{3}\zeta}}{\zeta - z} \mathrm{d}\zeta$，试求 $f(i)$ 和 $f(-i)$，并求当 $|z| > 2$ 时，$f(z)$ 的值.

3-18 求积分 $\oint_C \dfrac{\mathrm{d}z}{z^3(z+1)(z-2)}$ 的值，$C: |z| = r$ 为正向，$r \ne 1, 2$.

3-19 设 C 为 $|z| = \sqrt{3}$，且取正向，$f(z) = \oint_C \dfrac{3\zeta^2 + 7\zeta + 1}{\zeta - z} \mathrm{d}\zeta$，求 $f'(1+\mathrm{i})$.

本 章 小 结

1. 复变函数的积分

复变函数积分的概念是这一章的主要概念，它是定积分在复数域中的自然推广，和定积分在形式上也是相似的. 只是把定积分的被积函数 $f(x)$ 换成了复函数 $f(z)$，积分区间 $[a, b]$ 换成了平面上的一条有向曲线 C，即

$$\int_C f(z) \mathrm{d}z = \lim_{\lambda \to 0} \sum_{k=1}^n f(\zeta_k) \Delta z_k.$$

所以复积分实际上是复平面上的线积分，它们的许多性质是相似的.

如果 $f(z) = u(x, y) + \mathrm{i}v(x, y)$，则

$$\int_C f(z) \mathrm{d}z = \int_C u(x, y) \mathrm{d}x - v(x, y) \mathrm{d}y + \mathrm{i} \int_C v(x, y) \mathrm{d}x + u(x, y) \mathrm{d}y,$$

即复变函数的积分可以化为两个二元实函数的曲线积分.

如果 C 的参数方程为 $z = z(t) = x(t) + \mathrm{i}y(t)$，其中 $\alpha \leqslant t \leqslant \beta$，那么

$$\int_C f(z) \mathrm{d}z = \int_\alpha^\beta f[z(t)] z'(t) \mathrm{d}t.$$

一个经常用到的公式：

$$\oint_{|z-z_0|=r} \frac{\mathrm{d}z}{(z-z_0)^{n+1}} = \begin{cases} 2\pi\mathrm{i}, & n=0, \\ 0, & n \neq 0. \end{cases}$$

2. 柯西定理与柯西公式

(1) 柯西定理　如果函数 $f(z)$ 在单连通域 D 内处处解析，那么函数 $f(z)$ 沿 D 内任意一条闭曲线 C 的积分值为零，即

$$\oint_C f(z)\mathrm{d}z = 0.$$

推论　如函数 $f(z)$ 在单连通域 D 内处处解析，则积分 $\int_C f(z)\mathrm{d}z$ 与连结起点及终点的路线 C 无关.

(2) 牛顿-莱布尼茨公式　若 $f(z)$ 在单连域 D 内处处解析，$G(z)$ 为 $f(z)$ 的一个原函数，那么

$$\int_{z_0}^{z_1} f(z)\mathrm{d}z = G(z)\Big|_{z_0}^{z_1} = G(z_1) - G(z_0).$$

z_0、z_1 为 D 中任意两点.

(3) 复合闭路定理　设 C 为多连通域 D 内的一条简单闭曲线，$C_1, C_2, \cdots, C_n$ 是在 C 内的简单闭曲线，且 $C_1, C_2, \cdots, C_n$ 中的每一个都在其余的外部，以 $C, C_1, C_2, \cdots, C_n$ 为边界的区域全含于 D，如果 $f(z)$ 在 D 内解析，那么有

1) $\oint_C f(z)\mathrm{d}z = \sum_{k=1}^n \oint_{C_k} f(z)\mathrm{d}z$，其中 C 及所有的 C_k 都取正向；

2) $\oint_\Gamma f(z)\mathrm{d}z = 0$，其中 Γ 为由 C 以及 $C_K^-(K=1,2,\cdots,n)$ 所组成的复合闭路.

(4) 闭路变形原理　在区域 D 内的一个解析函数沿闭曲线的积分，不因闭曲线在 D 内作连续变形而改变积分的值，只要在变形过程中曲线不经过 $f(z)$ 不解析的点.

(5) 柯西积分公式　如果 $f(z)$ 在区域 D 内处处解析，C 为 D 内的任何一条正向简单闭曲线，它的内部完全含于 D，z_0 为 C 内的任一点，那么

$$f(z_0) = \frac{1}{2\pi\mathrm{i}} \oint_C \frac{f(z)}{z-z_0}\mathrm{d}z.$$

(6) 高阶导数公式　解析函数的导数仍为解析函数，它的 n 阶导数为

$$f^{(n)}(z_0) = \frac{n!}{2\pi\mathrm{i}} \oint_C \frac{f(z)}{(z-z_0)^{n+1}}\mathrm{d}z \quad (n=1,2,\cdots).$$

其中，C 为 $f(z)$ 的解析区域 D 内包含 z_0 在其内部的任意一条正向简单闭曲线，且内部全属于 D.

本章自测题

1. 计算下列各积分

(1) 1) $\int_C |z| dz$,其中 1),C 为连接从 0 到 $2-i$ 的直线段;2)C 是 $|z|=1$ 上从 $-i$ 到 i 的左半圆周;

(2) $\int_C z e^z dz$,其中 C 是连接从 0 到 i 的直线段;

(3) $\oint_C \dfrac{e^z}{z(2z+1)^3} dz$,其中 C:$|z|=1$ 的正向.

2. 已知 $f(z) = \dfrac{a_1}{z-z_0} + \dfrac{a_2}{(z-z_0)^2} + \cdots + \dfrac{a_n}{(z-z_0)^n} + \varphi(z)$,

其中,$\varphi(z)$ 在区域 D 内解析,$z_0 \in D$,$a_1, a_2, \cdots, a_n$ 为常数,C 是 D 内围绕 z_0 的任一闭曲线,证明

$$\dfrac{1}{2\pi i} \oint_C f(z) dz = a_1.$$

3. 已知

$$f(z) = \oint_{|\zeta|=2} \dfrac{\sin\dfrac{\pi}{4}\zeta}{\zeta - z} d\zeta,$$

求 $f(1-2i), f(1), f'(1)$.

4. 若 $f(z)$ 在单连通区域 D 内解析,且满足 $|1-f(z)|<1$,试证

(1) $f(z) \neq 0$ 在 D 内处处成立;

(2) $\oint_C \dfrac{f'(z)}{f(z)} dz = 0$,$C$ 是 D 内任一闭曲线.

5. 计算 $\dfrac{1}{2\pi i} \oint_C \dfrac{z e^z}{(z-a)^3} dz$,$a$ 在闭曲线 C 内部.

6. 计算积分 $\oint_C \dfrac{e^z}{z(z^2-1)} dz$,$C$:$|z|=3$ 取正向.

7. 计算下列积分(所给曲线取正向).

(1) $\oint_{|z+1|=\rho} \dfrac{dz}{(z-1)^3(z+1)^4}$ $(\rho < 2)$;

(2) $\oint_{|z|=1} \dfrac{e^{-z} \cos z}{z^2} dz$.

第 4 章

级 数

数字技术的世界

复变函数中的级数是实函数中级数的推广,和实函数中的级数一样,它是研究复变函数中解析函数的重要工具. 把一个解析函数表示成级数,不但有理论意义,而且具有实用价值.

本章首先介绍复级数的基本概念及其性质,然后在此基础上主要讨论如何将解析函数展开成泰勒级数及洛朗级数的问题.

4.1 复级数的基本概念

4.1.1 复数项级数

复数项级数是实数项级数的推广,因而从概念、性质到结论等方面都具有相类似的结果(只是形式有所变化). 现简述如下:

定义 4-1 设 $\{\alpha_n\}(n=1,2,\cdots)$ 是复数列, 其中 $\alpha_n=a_n+b_n\mathrm{i}, A=a+b\mathrm{i}$ 为一确定的复常数. 若对任意给定的 $\varepsilon>0$, 总存在正整数 N, 使得当 $n>N$ 时, 有 $|\alpha_n-A|<\varepsilon$ 成立, 则称 A 为复数列 $\{\alpha_n\}$ 当 $n\to\infty$ 时的极限, 记作

$$\lim_{n\to\infty}\alpha_n=A,$$

此时也称复数列 $\{\alpha_n\}$ 收敛于 A.

如果数列 $\{\alpha_n\}$ 不收敛,则称 $\{\alpha_n\}$ 发散.

由不等式

$$|a_n-a|\leqslant|\alpha_n-A|\leqslant|a_n-a|+|b_n-b|;$$
$$|b_n-b|\leqslant|\alpha_n-A|\leqslant|a_n-a|+|b_n-b|.$$

易得如下结论：

定理 4-1 复数列 $\{\alpha_n\} = \{a_n + b_n i\}$ $(n=1,2,\cdots)$ 收敛于 $A = a + bi$ 的充分必要条件是
$$\lim_{n \to \infty} a_n = a, \quad \lim_{n \to \infty} b_n = b.$$

于是，关于复数列敛散性的问题就可通过讨论实数列敛散性而得到.

【例 4-1】 讨论数列 $\{\alpha_n\} = \left\{\left(1 + \dfrac{1}{n}\right) e^{i\frac{\pi}{n}}\right\}$ 的敛散性. 若收敛，求出极限值.

解 因
$$\alpha_n = \left(1 + \frac{1}{n}\right) e^{i\frac{\pi}{n}} = \left(1 + \frac{1}{n}\right)\left(\cos \frac{\pi}{n} + i \sin \frac{\pi}{n}\right),$$

所以
$$a_n = \left(1 + \frac{1}{n}\right) \cos \frac{\pi}{n}, \quad b_n = \left(1 + \frac{1}{n}\right) \sin \frac{\pi}{n}.$$

又 $\lim\limits_{n \to \infty} a_n = 1$，$\lim\limits_{n \to \infty} b_n = 0$，所以数列 $\alpha_n = \left(1 + \dfrac{1}{n}\right) e^{i\frac{\pi}{n}}$ 收敛，且 $\lim\limits_{n \to \infty} \alpha_n = 1$.

设 $\{\alpha_n\}$ $(n=1,2,\cdots)$ 为一复数列，则表达式
$$\alpha_1 + \alpha_2 + \cdots \triangleq \sum_{n=1}^{\infty} \alpha_n$$

称为**复数项级数**. 其前 n 项和
$$\alpha_1 + \alpha_2 + \cdots + \alpha_n \triangleq S_n$$

称为**级数的部分和**.

若 $\alpha_n = a_n + i b_n$，a_n 和 b_n 为实数 $(n=1,2,\cdots)$，则复级数 $\sum\limits_{n=1}^{\infty} \alpha_n$ 可写成 $\sum\limits_{n=1}^{\infty} \alpha_n = \sum\limits_{n=1}^{\infty} a_n + i \sum\limits_{n=1}^{\infty} b_n$.

我们分别称 $\sum\limits_{n=1}^{\infty} a_n$ 和 $\sum\limits_{n=1}^{\infty} b_n$ 为 $\sum\limits_{n=1}^{\infty} \alpha_n$ 的实部级数和虚部级数.

如果部分和数列 $\{S_n\}$ 收敛，则称级数 $\sum\limits_{n=1}^{\infty} \alpha_n$ **收敛**，并且极限 $\lim\limits_{n \to \infty} S_n = S$ 称为级数的和；如果数列 $\{S_n\}$ 不收敛，则称级数 $\sum\limits_{n=1}^{\infty} \alpha_n$ **发散**.

定理 4-2 级数 $\sum\limits_{n=1}^{\infty} \alpha_n$ 收敛的充分必要条件是实部级数 $\sum\limits_{n=1}^{\infty} a_n$ 和虚部级数 $\sum\limits_{n=1}^{\infty} b_n$ 都收敛.

证 分别记级数 $\sum\limits_{n=1}^{\infty} \alpha_n$，$\sum\limits_{n=1}^{\infty} a_n$ 和 $\sum\limits_{n=1}^{\infty} b_n$ 的部分和为 $S_n = \sum\limits_{k=1}^{n} \alpha_k$，$\sigma_n = \sum\limits_{k=1}^{n} a_n$，

$\delta_n = \sum_{k=1}^{n} b_n$. 显然,$S_n = \sigma_n + \mathrm{i}\delta_n$.

由定理 4-1 知,$\lim\limits_{n\to\infty} S_n = S \xlongequal{\text{记}} \sigma + \mathrm{i}\delta$ 的充分必要条件是 $\lim\limits_{n\to\infty}\sigma_n = \sigma$,且 $\lim\limits_{n\to\infty}\delta_n = \delta$,即级数 $\sum\limits_{n=1}^{\infty}\alpha_n$ 收敛到 $S = \sigma + \mathrm{i}\delta$ 的充分必要条件是级数 $\sum\limits_{n=1}^{\infty} a_n$ 收敛到 σ 且级数 $\sum\limits_{n=1}^{\infty} b_n$ 收敛到 δ.

定理 4-2 使我们可以把复数项级数的敛散性归结为实数项级数的敛散性进行讨论.

定理 4-3 级数 $\sum\limits_{n=1}^{\infty}\alpha_n$ 收敛的必要条件是 $\lim\limits_{n\to\infty}\alpha_n = 0$.

【例 4-2】 考察级数 $\sum\limits_{n=1}^{\infty}\left(\dfrac{1}{n} + \dfrac{\mathrm{i}}{2^n}\right)$ 的敛散性.

解 由定理 4-2 知,只需讨论级数的实部级数 $\sum\limits_{n=1}^{\infty}\dfrac{1}{n}$ 和虚部级数 $\sum\limits_{n=1}^{\infty}\dfrac{1}{2^n}$ 的敛散性.因为级数 $\sum\limits_{n=1}^{\infty}\dfrac{1}{n}$ 发散,故原级数发散.

若级数 $\sum\limits_{n=1}^{\infty}|\alpha_n|$ 收敛,此时称级数 $\sum\limits_{n=1}^{\infty}\alpha_n$ 为**绝对收敛**;若级数 $\sum\limits_{n=1}^{\infty}\alpha_n$ 收敛,但级数 $\sum\limits_{n=1}^{\infty}|\alpha_n|$ 发散,则称级数 $\sum\limits_{n=1}^{\infty}\alpha_n$ 为**条件收敛**.

与实数项级数相类似,关于绝对收敛,我们有如下结论:

定理 4-4 若级数 $\sum\limits_{n=1}^{\infty}|\alpha_n|$ 收敛,则级数 $\sum\limits_{n=1}^{\infty}\alpha_n$ 必收敛.

【例 4-3】 判定下列级数的敛散性.若收敛,是条件收敛还是绝对收敛?

(1) $\sum\limits_{n=0}^{\infty}\dfrac{(8\mathrm{i})^n}{n!}$; (2) $\sum\limits_{n=1}^{\infty}\left[\dfrac{(-1)^n}{n} + \dfrac{1}{2^n}\mathrm{i}\right]$.

解 (1) 因 $\left|\dfrac{(8\mathrm{i})^n}{n!}\right| = \dfrac{8^n}{n!}$,由正项级数的比值判别法知 $\sum\limits_{n=1}^{\infty}\dfrac{8^n}{n!}$ 收敛,故级数 $\sum\limits_{n=0}^{\infty}\dfrac{(8\mathrm{i})^n}{n!}$ 绝对收敛.

(2) 因 $\sum\limits_{n=1}^{\infty}\dfrac{(-1)^n}{n}$, $\sum\limits_{n=1}^{\infty}\dfrac{1}{2^n}$ 都收敛,故原级数收敛,但因 $\sum\limits_{n=1}^{\infty}\dfrac{(-1)^n}{n}$ 为条件收敛,所以原级数为条件收敛.

4.1.2 复函数项级数

设 $\{f_n(z)\}(n=1,2,\cdots)$ 是定义在区域 D 上的复变函数序列,则称表达式

$$f_1(z) + f_2(z) + \cdots \triangleq \sum_{n=1}^{\infty} f_n(z)$$

为**复函数项级数**.

该级数前 n 项和 $S_n(z) = \sum_{i=1}^{n} f_i(z)$ 称为级数的**部分和**.

如果对于 D 内某点 z_0,有数项级数 $\sum_{n=1}^{\infty} f_n(z_0)$ 收敛,则称 z_0 点为 $\sum_{n=1}^{\infty} f_n(z)$ 的一个**收敛点**,收敛点的集合称为级数 $\sum_{n=1}^{\infty} f_n(z)$ 的**收敛域**;若级数 $\sum_{n=1}^{\infty} f_n(z_0)$ 发散;则称 z_0 点为级数的**发散点**,发散点的集合称为 $\sum_{n=1}^{\infty} f_n(z)$ 的**发散域**. 显然,收敛域与发散域的交集等于空集,并集等于区域 D.

如果级数 $\sum_{n=1}^{\infty} f_n(z)$ 在 D 内处处收敛,则其和一定是 z 的函数,记为 $S(z)$,称为 $\sum_{n=1}^{\infty} f_n(z)$ 在 D 内的**和函数**. 即对任意的 $z \in D$,有 $\lim_{n \to \infty} S_n(z) = S(z) = \sum_{n=1}^{\infty} f_n(z)$.

4.1.3 幂级数及其收敛域

形如

$$c_0 + c_1 z + c_2 z^2 + \cdots \triangleq \sum_{n=0}^{\infty} c_n z^n \tag{4-1}$$

的级数,称为**幂级数**,其中 c_n 都是复常数.

形式上更**一般的幂级数**为

$$c_0 + c_1(z - z_0) + c_2(z - z_0)^2 + \cdots \triangleq \sum_{n=0}^{\infty} c_n(z - z_0)^n. \tag{4-2}$$

由于级数(4-2)可借助变换 $z - z_0 = t$ 化为级数(4-1)的形式,因此,我们着重讨论级数(4-1)的有关问题.

对于幂级数,我们主要关心的是它的收敛性问题,即收敛域是怎样的以及如何求收敛域.下面我们借助正项级数的比值法来讨论这个问题.

对于固定的 z,级数 $\sum_{n=0}^{\infty} |c_n z^n|$ 是正项级数,其后项与相邻前项之比的极限为

$$\lim_{n \to \infty} \left| \frac{c_{n+1} z^{n+1}}{c_n z^n} \right| = \lim_{n \to \infty} \left| \frac{c_{n+1}}{c_n} \right| \cdot |z| = \rho |z|.$$

其中 $\rho = \lim_{n \to \infty} \left| \frac{c_{n+1}}{c_n} \right|$.

由正项级数的比值法知：

(1) 当 $\rho = 0$ 时，$\rho |z| < 1$，此时级数 $\sum\limits_{n=0}^{\infty} c_n z^n$ 在全平面上绝对收敛；

(2) 当 $\rho \neq 0$ 时，有以下几种情形：当 $\rho |z| < 1$，即 $|z| < \dfrac{1}{\rho}$ 时，级数 $\sum\limits_{n=0}^{\infty} |c_n z^n|$ 收敛，从而级数 $\sum\limits_{n=0}^{\infty} c_n z^n$ 绝对收敛；当 $\rho |z| > 1$，即 $|z| > \dfrac{1}{\rho}$ 时，级数 $\sum\limits_{n=0}^{\infty} |c_n z^n|$ 发散，由于是用正项级数的比值法判定出级数 $\sum\limits_{n=0}^{\infty} |c_n z^n|$ 发散，所以级数 $\sum\limits_{n=0}^{\infty} c_n z^n$ 也发散；当 $\rho |z| = 1$，即 $|z| = \dfrac{1}{\rho}$ 时，比值法失效，这时级数 $\sum\limits_{n=0}^{\infty} c_n z^n$ 的敛散性需采用其他方法确定.

综上可知：幂级数 $\sum\limits_{n=0}^{\infty} c_n z^n$ 在圆 $|z| = \dfrac{1}{\rho}$ 内绝对收敛；在圆 $|z| = \dfrac{1}{\rho}$ 外发散；在圆周 $|z| = \dfrac{1}{\rho}$ 上可能收敛，也可能发散.

正数 $\dfrac{1}{\rho} \triangleq R$ 称为幂级数 $\sum\limits_{n=0}^{\infty} c_n z^n$ 的**收敛半径**，$|z| = R$ 称为**收敛圆**. 我们规定：当 $\rho = 0$ 时，$R = +\infty$，即 $\sum\limits_{n=0}^{\infty} c_n z^n$ 在全平面上收敛；当 $\rho = +\infty$ 时，$R = 0$，即 $\sum\limits_{n=0}^{\infty} c_n z^n$ 仅在 $z = 0$ 点收敛.

因此，求幂级数 $\sum\limits_{n=0}^{\infty} c_n z^n$ 收敛半径的公式为

$$R = \lim_{n \to \infty} \left| \dfrac{c_n}{c_{n+1}} \right|.$$

注 ① 以上求 R 的方法都是针对不缺项的幂级数而言的，对于缺项幂级数，可直接用正项级数的比值法来求或转化为不缺项幂级数再用公式.

② 形式更一般的幂级数 $\sum\limits_{n=0}^{\infty} c_n (z - z_0)^n$，其收敛半径 $R = \lim\limits_{n \to \infty} \left| \dfrac{c_n}{c_{n+1}} \right|$，收域圆为 $|z - z_0| = R$.

【**例 4-4**】 求下列幂级数的收敛半径.

(1) $\sum\limits_{n=1}^{\infty} \dfrac{z^n}{n^3}$（并讨论在收敛圆上的情形）；

(2) $\sum\limits_{n=1}^{\infty} \dfrac{(z-1)^n}{n}$（并讨论 $z = 0, 2$ 时的情形）.

解 （1） $R = \lim\limits_{n\to\infty}\left|\dfrac{c_n}{c_{n+1}}\right| = \lim\limits_{n\to\infty}\dfrac{(n+1)^3}{n^3} = 1$，所以此级数在圆 $|z|=1$ 内绝对收敛，在圆外发散；在收敛圆上，由于 $\sum\limits_{n=1}^{\infty}\left|\dfrac{z^n}{n^3}\right| = \sum\limits_{n=1}^{\infty}\dfrac{1}{n^3}$ 收敛，所以原级数在收敛圆上处处收敛.

（2） $R = \lim\limits_{n\to\infty}\left|\dfrac{c_n}{c_{n+1}}\right| = \lim\limits_{n\to\infty}\dfrac{n+1}{n} = 1$，当 $z=0$ 时，级数为 $\sum\limits_{n=1}^{\infty}\dfrac{(-1)^n}{n}$，它是交错级数，根据莱布尼兹判别法知级数收敛；当 $z=2$ 时，级数 $\sum\limits_{n=1}^{\infty}\dfrac{1}{n}$ 是调和级数，发散.

【例 4-5】 求幂级数 $\sum\limits_{n=0}^{\infty}z^n$ 的收敛域及和函数.

解 易知 $\sum\limits_{n=0}^{\infty}z^n$ 的收敛圆为 $|z|=1$，且在收敛圆 $|z|=1$ 上发散，故 $\sum\limits_{n=0}^{\infty}z^n$ 在 $|z|<1$ 内收敛.

$$S(z) = \lim_{n\to\infty} S_n(z) = \lim_{n\to\infty}(1 + z + z^2 + \cdots + z^{n-1})$$
$$= \lim_{n\to\infty}\dfrac{1-z^n}{1-z} = \dfrac{1}{1-z},\ (|z|<1).$$

即幂级数 $\sum\limits_{n=0}^{\infty}z^n$ 在 $|z|<1$ 内的和函数为 $\dfrac{1}{1-z}$，或者说 $\dfrac{1}{1-z}$ 在 $|z|<1$ 内可表示为幂级数 $\sum\limits_{n=0}^{\infty}z^n$.

像实变幂级数一样，复变幂级数也能进行有理运算，并且具有分析运算性质：

（1）设 $f(z) = \sum\limits_{n=0}^{\infty}a_n z^n$，收敛半径为 R_1，$g(z) = \sum\limits_{n=0}^{\infty}b_n z^n$，收敛半径为 R_2，则在 $|z| < R = \min(R_1, R_2)$ 内，

$$f(z) \pm g(z) = \sum_{n=0}^{\infty}a_n z^n \pm \sum_{n=0}^{\infty}b_n z^n = \sum_{n=0}^{\infty}(a_n \pm b_n)z^n.$$

（2）幂级数的和函数在其收敛圆内是解析函数.

（3）幂级数在其收敛圆内可逐项求导或逐项积分，即

$$\left(\sum_{n=0}^{\infty}c_n z^n\right)' = \sum_{n=0}^{\infty}(c_n z^n)' = \sum_{n=0}^{\infty}n c_n z^{n-1};$$
$$\int_0^z \left(\sum_{n=0}^{\infty}c_n z^n\right)\mathrm{d}z = \sum_{n=0}^{\infty}\int_0^z c_n z^n \mathrm{d}z = \sum_{n=0}^{\infty}\dfrac{c_n}{n+1}z^{n+1}.$$

且逐项求导或逐项积分后的新级数与原级数具有相同的收敛半径.

【例 4-6】 求幂级数 $\sum_{n=0}^{\infty} \frac{1}{n+1} z^{n+1}$ 在收敛圆内的和函数.

解 易知,此级数的收敛圆为 $|z|=1$. 设

$$S(z) = \sum_{n=0}^{\infty} \frac{1}{n+1} z^{n+1}, \quad |z|<1,$$

逐项求导得

$$S'(z) = \sum_{n=0}^{\infty} z^n = \frac{1}{1-z}, \quad |z|<1,$$

两边从 0 到 $z(|z|<1)$ 积分得

$$S(z) = \int_0^z \frac{1}{1-z} \mathrm{d}z = -\ln(1-z), \quad |z|<1.$$

习 题

4-1 讨论下列复数列的敛散性：

(1) $\alpha_n = \frac{1+ni}{1-ni}$; (2) $\alpha_n = \left(1+\frac{i}{2}\right)^{-n}$; (3) $\alpha_n = (-1)^n + \frac{i}{n+1}$.

4-2 判别下列级数的敛散性,若收敛,指出是绝对收敛,还是条件收敛：

(1) $\sum_{n=1}^{\infty} \frac{i^n}{n}$; (2) $\sum_{n=0}^{\infty} \frac{(6+5i)^n}{8^n}$; (3) $\sum_{n=1}^{\infty} \left(1+\frac{i}{5}\right)^n$.

4-3 求下列幂级数的收敛半径：

(1) $\sum_{n=1}^{\infty} \frac{z^n}{n^p}$; (2) $\sum_{n=0}^{\infty} (1+i)^n z^n$; (3) $\sum_{n=0}^{\infty} \frac{z^n}{n!}$;

(4) $\sum_{n=1}^{\infty} \frac{(-2)^n}{n(n+1)} (z-2)^n$; (5) $\sum_{n=1}^{\infty} \frac{\sin \frac{n\pi}{2}}{n!} z^n$.

4.2 泰勒级数与洛朗级数

在上一节中,我们知道:幂级数的和函数在其收敛圆内是解析函数.现在来研究与此相反的问题,即在圆内解析的函数能否用一个幂级数来表示.

4.2.1 泰勒级数及展开方法

1. 泰勒级数

设函数 $f(z)$ 在区域 $D:|z-z_0|<R$ 内解析,任取一点 $z \in D$,以 z_0 为中心,ρ 为半径($\rho<R$)作圆周 $C:|z-z_0|=\rho$,使 z 包含在 C 的内部(见图 4-1).

由柯西积分公式知

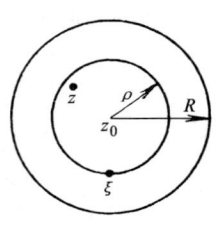

图 4-1

$$f(z) = \frac{1}{2\pi i} \oint_C \frac{f(\xi)}{\xi - z} d\xi.$$

由于 ξ 在 C 上,所以 $|\xi - z_0| = \rho$,而 z 在 C 的内部. 因而有 $|z - z_0| < \rho$,从而 $\left|\dfrac{z - z_0}{\xi - z_0}\right| < 1$.

因为
$$\frac{1}{\xi - z} = \frac{1}{(\xi - z_0) - (z - z_0)} = \frac{1}{\xi - z_0} \cdot \frac{1}{1 - \dfrac{z - z_0}{\xi - z_0}},$$

又 $\dfrac{1}{1-z} = 1 + z + z^2 + \cdots$,$|z| < 1$,于是有

$$\frac{1}{\xi - z} = \frac{1}{\xi - z_0}\left[1 + \frac{z - z_0}{\xi - z_0} + \left(\frac{z - z_0}{\xi - z_0}\right)^2 + \cdots\right]$$
$$= \sum_{n=0}^{\infty} \frac{(z - z_0)^n}{(\xi - z_0)^{n+1}}.$$

所以
$$f(z) = \frac{1}{2\pi i} \oint_C \frac{f(\xi)}{\xi - z} d\xi$$
$$= \sum_{n=0}^{\infty} \left[\frac{1}{2\pi i} \oint_C \frac{f(\xi)}{(\xi - z_0)^{n+1}} d\xi\right] (z - z_0)^n$$
$$= \sum_{n=0}^{\infty} c_n (z - z_0)^n \quad (|z - z_0| < R),$$

其中 $c_n = \dfrac{1}{2\pi i} \oint_C \dfrac{f(\xi)}{(\xi - z_0)^{n+1}} d\xi$. 进一步,由解析函数的高阶导数公式可知 $c_n = \dfrac{f^{(n)}(z_0)}{n!}$.

这样,便得到了 $f(z)$ 在 $|z - z_0| < R$ 内的幂级数展开式. 但是上述展开式是否唯一呢?

假设 $f(z)$ 在 $|z - z_0| < R$ 内另有展开式
$$f(z) = \sum_{n=0}^{\infty} c_n'(z - z_0)^n \quad (|z - z_0| < R)$$

两边逐项求导,并令 $z = z_0$,可得系数
$$c_n' = \frac{f^{(n)}(z_0)}{n!} = c_n (n = 0, 1, 2, \cdots),$$

所以,上述展开式是唯一的.

通过以上讨论,可得如下结论.

定理 4-5　设 $f(z)$ 在 $D:|z-z_0|<R$ 内解析,则在 D 内 $f(z)$ 可展开成幂级数

$$f(z) = \sum_{n=0}^{\infty} \frac{f^{(n)}(z_0)}{n!}(z-z_0)^n \quad (|z-z_0|<R).$$

且展开式是唯一的.

我们称上式为 $f(z)$ 在 z_0 处的**泰勒展开式**,右边的幂级数称为**泰勒级数**.当 $z_0=0$ 时,级数 $\sum_{n=0}^{\infty}\frac{f^{(n)}(0)}{n!}z^n$ 称为**麦克劳林级数**.

推论 1　设 $f(z)$ 在区域 D 内解析,z_0 为 D 内一定点,C 为 D 的边界,$R = \min_{z \in C}|z-z_0|$(见图 4-2),则当 $|z-z_0|<R$ 时

$$f(z) = \sum_{n=0}^{\infty} \frac{f^{(n)}(z_0)}{n!}(z-z_0)^n.$$

上述推论告诉我们,在区域 D 内解析的函数,它在 z_0 处所展开成的幂级数的收敛半径 R,等于 z_0 到 D 的边界 C 的最近距离.因此,在求 $f(z)$ 在 D 内 z_0 处展开成幂级数的收敛半径时,可不必用幂级数的系数及前边求 R 的方法,而只需从分析 $f(z)$ 的解析性就可获得,即 R 等于点 z_0 到 $f(z)$ 离 z_0 点最近的一个不解析点之间的距离.

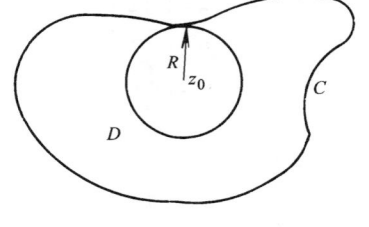

图　4-2

另外,我们知道,幂级数的和函数在其收敛圆内是一个解析函数,定理五又说明在圆内解析的函数一定可展开成幂级数,因此,我们有如下推论.

推论 2　函数 $f(z)$ 在区域 D 内解析的充分必要条件是:$f(z)$ 在 D 内任一点 z_0(存在 z_0 的一个邻域)处均可展开为幂级数.

该推论刻画了解析函数的一个等价定理,它可以当作函数在区域内解析的定义.

2. 将函数展开成泰勒级数的方法

上述定理本身提供了一种展开方法,即求出 $f^{(n)}(z_0)$ 代入即可,这种方称为直接展开法.与实函数的幂级数直接展开法相类似,我们可以得到一些基本展开公式:

$$\frac{1}{1+z} = \sum_{n=0}^{\infty}(-1)^n z^n, \ |z|<1;$$

$$e^z = \sum_{n=0}^{\infty} \frac{z^n}{n!}, \ |z|<+\infty;$$

$$\sin z = \sum_{n=0}^{\infty} (-1)^n \frac{z^{2n+1}}{(2n+1)!}, \ |z|<+\infty;$$

$$\cos z = \sum_{n=0}^{\infty} \frac{(-1)^n z^{2n}}{(2n)!}, \ |z|<+\infty.$$

由于当 $f(z)$ 较复杂时，求 $f^{(n)}(z_0)$ 比较麻烦，因此，我们通常用间接展开法，即利用基本展开公式及幂级数的代数运算、代换、逐项求导或逐项积分等将函数展开成幂级数的方法.

【例 4-7】 将函数 $f(z)=\ln(1+z)$ 在 $z_0=0$ 处展开成幂级数.

解 因为 $[\ln(1+z)]' = \dfrac{1}{1+z} = \sum\limits_{n=0}^{\infty}(-1)^n z^n$，$|z|<1$，所以

$$\ln(1+z) = \int_0^z \frac{1}{1+z}\mathrm{d}z = \sum_{n=0}^{\infty} \int_0^z (-1)^n z^n \mathrm{d}z$$

$$= \sum_{n=0}^{\infty} (-1)^n \frac{z^{n+1}}{n+1}, \ |z|<1.$$

【例 4-8】 将函数 $\dfrac{1}{(1+z)^2}$ 在 $z_0=0$ 处展开成幂级数.

解 $\dfrac{1}{(1+z)^2} = -\left(\dfrac{1}{1+z}\right)' = -\left(\sum\limits_{n=0}^{\infty}(-1)^n z^n\right)'$

$$= \sum_{n=0}^{\infty} (-1)^{n-1} n z^{n-1}, \ |z|<1.$$

【例 4-9】 将函数 $f(z) = \dfrac{z}{z+1}$ 在 $z_0=1$ 处展开成幂级数.

解 $f(z) = \dfrac{z}{z+1} = 1 - \dfrac{1}{1+z} = 1 - \dfrac{1}{(z-1)+2}$

$$= 1 - \frac{1}{2} \cdot \frac{1}{1+\frac{z-1}{2}} = 1 - \frac{1}{2}\sum_{n=0}^{\infty}(-1)^n \left(\frac{z-1}{2}\right)^n$$

$$= 1 - \sum_{n=0}^{\infty}(-1)^n \frac{(z-1)^n}{2^{n+1}}, \ |z-1|<2.$$

4.2.2 洛朗级数及展开方法

我们已经知道，若函数 $f(z)$ 在圆域 $|z-z_0|<R$ 内解析，则 $f(z)$ 在 z_0 点可展开成幂级数，且由上面的推论 2 知，当 $f(z)$ 在 z_0 处不解析时，则 $f(z)$ 在 z_0 处肯定不能展开成幂级数. 那么，如果我们挖去不解析的点 z_0，函数 $f(z)$ 在解析域

$R_1 < |z-z_0| < R_2$ 内是否可展开成幂级数呢？这就是我们下面要讨论的问题——洛朗级数. 它和泰勒级数一起，都是研究函数的有力工具.

1. 洛朗级数

定义 4-2 形如

$$\sum_{n=-\infty}^{+\infty} c_n(z-z_0)^n = \cdots + c_{-n}(z-z_0)^{-n} + \cdots + c_{-1}(z-z_0)^{-1} + c_0 + c_1(z-z_0) + \cdots + c_n(z-z_0)^n + \cdots$$

的级数称为**洛朗级数**，其中 z_0，$c_n(n=0, \pm 1, \pm 2, \cdots)$ 都是复常数.

由于这种级数没有首项，所以对它的敛散性我们无法像前面讨论的幂级数那样用前 n 项和的极限来定义，但不难看出洛朗级数是双边幂级数，它是由正幂项（包括常数项）级数

$$\sum_{n=0}^{\infty} c_n(z-z_0)^n \tag{4-3}$$

和负幂项级数

$$\sum_{n=-\infty}^{-1} c_n(z-z_0)^n = \sum_{n=1}^{\infty} c_{-n}(z-z_0)^{-n} \tag{4-4}$$

两部分组成. 因此，我们可以用它的正幂项级数(4-3)和负幂项级数(4-4)的敛散性来定义原级数的敛散性. 我们规定：当且仅当正幂项级数和负幂项级数都收敛时，原级数收敛，并且把原级数看成是正幂项级数与负幂项级数的和.

对于正幂项级数 $\sum_{n=0}^{\infty} c_n(z-z_0)^n$，它是一个通常的幂级数，其收敛域是一个圆域. 设它的收敛半径为 R_2，则当 $|z-z_0| < R_2$ 时，该级数收敛；当 $|z-z_0| > R_2$ 时，该级数发散.

而负幂项级数 $\sum_{n=1}^{\infty} c_{-n}(z-z_0)^{-n}$ 是一个新型的级数. 如果令 $\xi = (z-z_0)^{-1}$，那么就得到

$$\sum_{n=1}^{\infty} c_{-n}(z-z_0)^{-n} = \sum_{n=1}^{\infty} c_{-n}\xi^n = c_{-1}\xi + c_{-2}\xi^2 + \cdots + c_{-n}\xi^n + \cdots$$ 它是一个通常的幂级数. 设它的收敛半径为 $\dfrac{1}{R_1}$，则当 $|\xi| < \dfrac{1}{R_1}$ 时，级数收敛；当 $|\xi| > \dfrac{1}{R_1}$ 时，级数发散. 因此，要判定负幂项级数 $\sum_{n=1}^{\infty} c_{-n}(z-z_0)^{-n}$ 的收敛范围，只需把 ξ 用 $(z-z_0)^{-1}$ 代回去就可以了. 事实上，由 $|\xi| < \dfrac{1}{R_1}$，得 $|(z-z_0)^{-1}| < \dfrac{1}{R_1}$，即

$|z-z_0|>R_1$，所以，负幂项级数在 $|z-z_0|>R_1$ 内收敛，在 $|z-z_0|<R_1$ 内发散.

综上可知：

(1) 当 $R_1<R_2$ 时，洛朗级数在它的正幂项级数和负幂项级数的收敛域的公共部分 $R_1<|z-z_0|<R_2$ 内收敛；在圆环外发散；而在圆环上，可能有些点收敛，有些点发散.

(2) 当 $R_1 \geqslant R_2$ 时，正幂项级数和负幂项级数收敛域的交集等于空集，此时原级数发散.

因此，洛朗级数的收敛域为圆环域：$R_1<|z-z_0|<R_2$. 顺便指出，在特殊情形下，圆环域的内半径 R_1 可能为 0，外半径 R_2 可能是无穷大.

和幂级数一样，洛朗级数在收敛圆环内可逐项求导、逐项积分，且其和函数在收敛圆环内是解析函数.那么，反过来，任给一个在圆环内（或去心邻域内）解析的函数，它能否在该圆环内展开成洛朗级数呢？回答是肯定的，我们有如下定理.

定理 4-6 设函数 $f(z)$ 在圆环域 $R_1<|z-z_0|<R_2$ 内解析，则在此圆环域内 $f(z)$ 必可展开成洛朗级数

$$f(z) = \sum_{n=-\infty}^{\infty} c_n (z-z_0)^n,$$

其中 $c_n = \dfrac{1}{2\pi i} \oint_C \dfrac{f(\xi)}{(\xi-z_0)^{n+1}} d\xi \quad (n=0, \pm 1, \pm 2, \cdots)$

$$C: |z-z_0| = R \quad (R_1 < R < R_2)$$

逆时针方向，且展开式是唯一的.

证 设 z 是圆环域 $R_1<|z-z_0|<R_2$ 内任一点，作以 z_0 为中心，位于圆环内的圆周 $\Gamma_1: |z-z_0| = \rho_1 > R_1$，$\Gamma_2: |z-z_0| = \rho_2 < R_2 \quad (\rho_1 < \rho_2)$，两者均为逆时针方向，且使 z 点落在 $\rho_1 < |z-z_0| < \rho_2$ 内，如图 4-3 所示.

因为 $f(z)$ 在闭圆环域 $\rho_1 \leqslant |z-z_0| \leqslant \rho_2$ 内解析，其边界为 $\Gamma_2 + \Gamma_1^-$，所以由柯西积分公式有

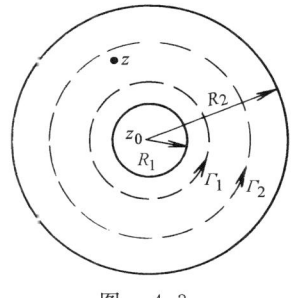

图 4-3

$$f(z) = \dfrac{1}{2\pi i} \int_{\Gamma_2 + \Gamma_1^-} \dfrac{f(\xi)}{\xi - z} d\xi$$

$$= \dfrac{1}{2\pi i} \oint_{\Gamma_2} \dfrac{f(\xi)}{\xi - z} d\xi - \dfrac{1}{2\pi i} \oint_{\Gamma_1} \dfrac{f(\xi)}{\xi - z} d\xi$$

$$= \dfrac{1}{2\pi i} \oint_{\Gamma_2} \dfrac{f(\xi)}{\xi - z} d\xi + \dfrac{1}{2\pi i} \oint_{\Gamma_1} \dfrac{f(\xi)}{z - \xi} d\xi.$$

按照定理 4-5 的推导方法,上式右端第一个积分可写成

$$\frac{1}{2\pi i}\oint_{\Gamma_2}\frac{f(\xi)}{\xi-z}\mathrm{d}\xi=\sum_{n=0}^{\infty}c_n(z-z_0)^n.$$

其中 $c_n=\dfrac{1}{2\pi i}\oint_{\Gamma_2}\dfrac{f(\xi)}{(\xi-z_0)^{n+1}}\mathrm{d}\xi\quad(n=0,1,2,\cdots).$

设实数 R,使 $\rho_1<R<\rho_2$,由复合闭路定理,其系数 c_n 也可表示为

$$c_n=\frac{1}{2\pi i}\oint_C\frac{f(\xi)}{(\xi-z_0)^{n+1}}\mathrm{d}\xi\quad(n=0,1,2,\cdots).$$

其中 $C:|z-z_0|=R$,沿逆时针方向.

上式右端第二个积分,因为 $\xi\in\Gamma_1$,所以 $|z-z_0|>|\xi-z_0|$,即 $\left|\dfrac{\xi-z_0}{z-z_0}\right|<1$,所以

$$\frac{1}{z-\xi}=\frac{1}{-(\xi-z_0)+(z-z_0)}=\frac{1}{z-z_0}\cdot\frac{1}{1-\dfrac{\xi-z_0}{z-z_0}}$$

$$=\sum_{n=0}^{\infty}\frac{(\xi-z_0)^n}{(z-z_0)^{n+1}}=\sum_{n=1}^{\infty}\frac{(\xi-z_0)^{n-1}}{(z-z_0)^n}.$$

因此

$$\frac{1}{2\pi i}\oint_{\Gamma_1}\frac{f(\xi)}{z-\xi}\mathrm{d}\xi=\sum_{n=1}^{\infty}\left[\frac{1}{2\pi i}\oint_{\Gamma_1}f(\xi)(\xi-z_0)^{n-1}\mathrm{d}\xi\right](z-z_0)^{-n}$$

$$=\sum_{n=-1}^{-\infty}\left[\frac{1}{2\pi i}\oint_{\Gamma_1}\frac{f(\xi)}{(\xi-z_0)^{n+1}}\mathrm{d}\xi\right](z-z_0)^n$$

$$=\sum_{n=-1}^{-\infty}c_n(z-z_0)^n.$$

其中 $c_n=\dfrac{1}{2\pi i}\oint_{\Gamma_1}\dfrac{f(\xi)}{(\xi-z_0)^{n+1}}\mathrm{d}\xi\quad(n=-1,-2,\cdots).$

由复合闭路定理,c_n 也可表示为

$$c_n=\frac{1}{2\pi i}\oint_C\frac{f(\xi)}{(\xi-z_0)^{n+1}}\mathrm{d}\xi\quad(n=-1,-2,\cdots).$$

其中 $C:|z-z_0|=R$,沿逆时针方向.

综上讨论,可得

$$f(z)=\sum_{n=-\infty}^{+\infty}c_n(z-z_0)^n,\quad R_1<|z-z_0|<R_2.$$

其中 $c_n=\dfrac{1}{2\pi i}\oint_C\dfrac{f(\xi)}{(\xi-z_0)^{n+1}}\mathrm{d}\xi\quad(R_1<R<R_2).$

唯一性证明略. 证毕

注 ① 由复合闭路定理可知, 定理中的 $C: |z-z_0|=R$ 可写成圆环域 $R_1<|z-z_0|<R_2$ 内绕 z_0 的任一正向简单闭曲线.

② 展开式称为解析函数 $f(z)$ 在圆环域 $R_1<|z-z_0|<R_2$ 内的**洛朗级数**或**洛朗展开式**.

③ 在上述定理中, 如果 $f(z)$ 在 z_0 处解析, 则当 $n \leqslant -1$ 时, $\dfrac{f(\xi)}{(\xi-z_0)^{n+1}}$ 在 $|z-z_0|<R_2$ 内解析, 所以在 $|z-z_0|<R$ 内解析, 由柯西积分公式可知 $c_n=0(n\leqslant -1)$, 此时洛朗级数就变成了泰勒级数. 由此可见, 泰勒级数是洛朗级数的特殊情况.

2. 展开方法

定理 4-6 本身提供了一种将在圆环域内解析的函数展开成洛朗级数的方法, 即求出 c_n 代入即可, 这种方法称为直接展开法. 但是当函数复杂时, 求 c_n 是一件十分麻烦的事, 由于在给定圆环域内的解析函数, 它的展开式是唯一的, 所以, 常常采用间断展开法, 即利用基本展开公式以及逐项求导、逐项积分、代换等将函数展开成洛朗级数的方法.

【例 4-10】 将函数 $f(z)=\dfrac{1}{(z-1)(z-2)}$ 在下列圆环域内展开成洛朗级数.

(1) $0<|z|<1$;　　(2) $1<|z|<2$;
(3) $2<|z|<+\infty$;　　(4) $0<|z-1|<1$.

解 (1) $f(z)=\dfrac{1}{z-2}-\dfrac{1}{z-1}=\dfrac{1}{1-z}-\dfrac{1}{2}\cdot\dfrac{1}{1-\frac{z}{2}}$, 由于 $|z|<1$, 从而 $\left|\dfrac{z}{2}\right|<1$, 利用

$$\frac{1}{1-z}=1+z+z^2+\cdots+z^n+\cdots,\ |z|<1.$$

可得

$$\frac{1}{2}\cdot\frac{1}{1-\frac{z}{2}}=\frac{1}{2}\left(1+\frac{z}{2}+\frac{z^2}{2^2}+\cdots+\frac{z^n}{2^n}+\cdots\right),\ \left|\frac{z}{2}\right|<1.$$

所以

$$f(z)=(1+z+z^2+\cdots)-\frac{1}{2}\left(1+\frac{z}{2}+\frac{z^2}{2^2}-\cdots\right)$$
$$=\frac{1}{2}+\frac{3}{4}z+\frac{7}{8}z^2+\cdots,\ 0<|z|<1.$$

结果中不含 z 的负幂项, 原因在于 $f(z)=\dfrac{1}{(z-1)(z-2)}$ 在 $|z|<1$ 内是解

析的.

(2) 由于 $1<|z|<2$, 从而 $\left|\dfrac{1}{z}\right|<1$, $\left|\dfrac{z}{2}\right|<1$, 所以

$$f(z)=\dfrac{1}{z-2}-\dfrac{1}{z-1}=-\dfrac{1}{2}\dfrac{1}{1-\dfrac{z}{2}}-\dfrac{1}{z}\dfrac{1}{1-\dfrac{1}{z}}$$

$$=-\dfrac{1}{2}\left(1+\dfrac{z}{2}+\dfrac{z^2}{2^2}+\cdots\right)-\dfrac{1}{z}\left(1+\dfrac{1}{z}+\dfrac{1}{z^2}+\cdots\right)$$

$$=\cdots-\dfrac{1}{z^n}-\dfrac{1}{z^{n-1}}-\cdots-\dfrac{1}{z}-\dfrac{1}{2}-\dfrac{z}{4}-\dfrac{z^2}{8}-\cdots,\ 1<|z|<2.$$

(3) 由于 $|z|>2$, 所以 $\left|\dfrac{2}{z}\right|<1$, $\left|\dfrac{1}{z}\right|<\left|\dfrac{2}{z}\right|<1$, 所以

$$f(z)=\dfrac{1}{z-2}-\dfrac{1}{z-1}=\dfrac{1}{z}\dfrac{1}{1-\dfrac{2}{z}}-\dfrac{1}{z}\dfrac{1}{1-\dfrac{1}{z}}$$

$$=\dfrac{1}{z}\left(1+\dfrac{2}{z}+\dfrac{2^2}{z^2}+\cdots\right)-\dfrac{1}{z}\left(1+\dfrac{1}{z}+\dfrac{1}{z^2}+\cdots\right)$$

$$=\dfrac{1}{z^2}+\dfrac{3}{z^3}+\dfrac{7}{z^4}+\cdots,\ |z|>2.$$

(4) 由 $0<|z-1|<1$ 可知, 展开的级数形式应为 $\sum\limits_{n=-\infty}^{+\infty}c_n(z-1)^n$, 所以

$$f(z)=\dfrac{1}{z-2}-\dfrac{1}{z-1}=-\dfrac{1}{1-(z-1)}-\dfrac{1}{z-1}$$

$$=-\sum\limits_{n=0}^{\infty}(z-1)^n-\dfrac{1}{z-1},\ 0<|z-1|<1.$$

【例 4-11】 将函数 $f(z)=\dfrac{1}{(z-2)(z-3)^2}$ 在 $0<|z-2|<1$ 内展开成洛朗级数.

解 因在 $0<|z-2|<1$ 内展开, 所以展开的级数形式应为 $\sum\limits_{n=-\infty}^{+\infty}c_n(z-2)^n$. 因为

$$\dfrac{1}{z-3}=\dfrac{1}{(z-2)-1}=-\dfrac{1}{1-(z-2)}$$

$$=-\sum\limits_{n=0}^{\infty}(z-2)^n,\ |z-2|<1.$$

而 $\dfrac{1}{(z-3)^2}=-\left(\dfrac{1}{z-3}\right)'=\left[\sum\limits_{n=0}^{\infty}(z-2)^n\right]'$

$$=1+2(z-2)+\cdots+n(z-2)^{n-1}+\cdots,\ |z-2|<1.$$

所以 $f(z) = \dfrac{1}{z-2} \dfrac{1}{(z-3)^2}$

$\qquad = \dfrac{1}{z-2} + 2 + 3(z-2) + \cdots + n(z-2)^{n-2} + \cdots$

$\qquad = \sum\limits_{n=1}^{+\infty} n(z-2)^{n-2}, \quad 0 < |z-2| < 1.$

【例 4-12】 将函数 $f(z) = \dfrac{1}{1-z} e^z$ 在下列区域内展开成洛朗级数.

(1) $|z| < 1$; (2) $0 < |z-1| < +\infty$.

解 (1) 在 $|z| < 1$ 内

$$\dfrac{1}{1-z} e^z = (1 + z + z^2 + \cdots)\left(1 + z + \dfrac{z^2}{2!} + \cdots\right)$$

$$= 1 + \left(1 + \dfrac{1}{1!}\right)z + \left(1 + \dfrac{1}{1!} + \dfrac{1}{2!}\right)z^2 + \cdots$$

$$+ \left(1 + \dfrac{1}{1!} + \dfrac{1}{2!} + \cdots + \dfrac{1}{n!}\right)z^n + \cdots.$$

(2) 在 $0 < |z-1| < +\infty$ 内

$$\dfrac{1}{1-z} e^z = \dfrac{-e}{z-1} e^{z-1}$$

$$= -e \dfrac{1}{z-1}\left[1 + (z-1) + \dfrac{(z-1)^2}{2!} + \cdots + \dfrac{(z-1)^n}{n!} + \cdots\right]$$

$$= -e\left[\dfrac{1}{z-1} + 1 + \dfrac{z-1}{2!} + \cdots + \dfrac{(z-1)^{n-1}}{n!} + \cdots\right].$$

应当注意,给定了函数 $f(z)$ 与复平面内一点 z_0 以后,由于这个函数可以在以 z_0 为中心的(由奇点隔开的)不同圆环域内解析,因而在各个不同的圆环域内有不同的洛朗展开式.我们不要把这种情形与洛朗展开式的唯一性混淆,我们知道,所谓洛朗展开式的唯一性是指函数在某一个给定的圆环域内的洛朗展开式是唯一的.

习　题

4-4 将下列函数在指定点展开成幂级数,并指出收敛域:

(1) $\dfrac{z-1}{z+1}$ 在 $z=1$ 处;　　(2) e^z 在 $z=1$ 处;

(3) $\dfrac{1}{z^2-2z+10}$ 在 $z=1$ 处;　　(4) $\sin z^2$ 在 $z=0$ 处;

(5) $\int_0^z e^{z^2} dz$ 在 $z=0$ 处;　　(6) $\dfrac{z-1}{(1+z)^2}$ 在 $z=0$ 处.

4-5 假设函数 $f(z) = e^{z^2}$,则 $f^{(2n)}(0) = \dfrac{(2n)!}{n!}$.试不用直接求导计算(提示:用泰勒展开式).

4-6 求下列函数在指定圆环域内的洛朗展开式：

(1) $\dfrac{1}{(z-2)(z-3)}$ 在 $2<|z|<3$ 内；

(2) $\dfrac{z-1}{z^2}$ 在 $|z-1|>1$ 内；

(3) $\sin\dfrac{z}{z+1}$ 在 $0<|z+1|<+\infty$ 内；

(4) $\mathrm{e}^{-\frac{1}{z^2}}$ 在 $0<|z|<+\infty$ 内；

(5) $\dfrac{1}{z(z^2+1)}$ 分别在 $0<|z|<1$ 与 $1<|z|<+\infty$ 内；

(6) $\dfrac{1}{z(z+2)^3}$ 在 $0<|z+2|<2$ 内.

本 章 小 结

1. 数列 $\alpha_n = a_n + \mathrm{i}b_n$ $(n=1,2,\cdots)$ 和级数 $\sum\limits_{n=1}^{\infty}\alpha_n$ 的收敛定义与实数域内数列和级数的收敛定义完全类似.

数列 $\alpha_n = a_n + \mathrm{i}b_n$ 收敛的充要条件是实数列 a_n 和 b_n 同时收敛.

级数 $\sum\limits_{n=1}^{\infty}\alpha_n$ 收敛的充要条件是实级数 $\sum\limits_{n=1}^{\infty}a_n$ 和 $\sum\limits_{n=1}^{\infty}b_n$ 同时收敛.

$\lim\limits_{n\to\infty}\alpha_n = 0$ 是级数 $\sum\limits_{n=1}^{\infty}\alpha_n$ 收敛的必要条件.

如果级数 $\sum\limits_{n=1}^{\infty}|\alpha_n| = \sum\limits_{n=1}^{\infty}\sqrt{a_n^2+b_n^2}$ 收敛，那么 $\sum\limits_{n=1}^{\infty}\alpha_n$ 必收敛，此时称级数 $\sum\limits_{n=1}^{\infty}\alpha_n$ 为绝对收敛；级数 $\sum\limits_{n=1}^{\infty}\alpha_n$ 绝对收敛的充要条件是 $\sum\limits_{n=1}^{\infty}a_n$ 和 $\sum\limits_{n=1}^{\infty}b_n$ 同时绝对收敛. 若级数 $\sum\limits_{n=1}^{\infty}\alpha_n$ 收敛，而 $\sum\limits_{n=1}^{\infty}|\alpha_n|$ 发散，则称级数 $\sum\limits_{n=1}^{\infty}\alpha_n$ 为条件收敛.

2. 函数项级数 $\sum\limits_{n=1}^{\infty}f_n(z)$ 中的各项如果是幂函数 $f_n(z) = c_{n-1}(z-z_0)^{n-1}$ 或 $f_n(z) = c_{n-1}z^{n-1}$，那么就得到幂级数 $\sum\limits_{n=0}^{\infty}c_n(z-z_0)^n$ 或 $\sum\limits_{n=0}^{\infty}c_nz^n$.

幂级数的收敛域为一圆域，其边界称为收敛圆. 在圆的内部级数绝对收敛；在圆的外部级数发散，在圆周上级数可能处处收敛，也可能处处发散，或在某些点收敛，在另一些点发散.

收敛圆的半径称为幂级数的收敛半径，求幂级数 $\sum\limits_{n=0}^{\infty}c_n(z-z_0)^n$ 或 $\sum\limits_{n=0}^{\infty}c_nz^n$ 的收敛半径的公式为

第4章 级　　数

$$R = \lim_{n \to \infty} \left| \frac{c_n}{c_{n+1}} \right|.$$

若 $R=0$，则幂级数仅在 $z=z_0$ 或 $z=0$ 处收敛；若 $R=+\infty$，则幂级数在全平面上处处收敛.

幂级数在收敛圆内的和函数是解析函数，且具有和实幂级数相类似的四则运算性质和分析运算性质（即逐项求导、逐项积分性质）．

3. 泰勒级数

形如 $\sum_{n=0}^{\infty} \frac{f^{(n)}(z_0)}{n!} (z-z_0)^n$ 的幂级数称为泰勒级数，若 $z_0=0$，则称为麦克劳林级数.

定理　若函数 $f(z)$ 在圆域 $|z-z_0|<R$ 内解析，则在此圆域内，$f(z)$ 可展开成泰勒级数

$$f(z) = \sum_{n=0}^{\infty} \frac{f^{(n)}(z_0)}{n!} (z-z_0)^n,$$

且展开式是唯一的．

4. 洛朗级数

形如 $\sum_{n=-\infty}^{+\infty} c_n (z-z_0)^n$ 的级数称为洛朗级数，它是一个双边级数.

定理　若函数 $f(z)$ 在圆环域 $R_1<|z-z_0|<R_2$ 内解析，则在此圆环域内，$f(z)$ 可展开成洛朗级数

$$f(z) = \sum_{n=-\infty}^{+\infty} c_n (z-z_0)^n,$$

其中 $c_n = \frac{1}{2\pi i} \oint_C \frac{f(z)}{(z-z_0)^{n+1}} dz, (n=0, \pm 1, \pm 2, \cdots)$，$C$ 为圆环域内绕 z_0 的任一正向简单闭曲线.

注　① 一个函数可能在几个圆环域内解析，在不同的圆环域内的洛朗展开式是不同的，但在同一圆环域内，不论用何种方法展开，所得的洛朗展开式是唯一的．

② 洛朗展开式中的 c_n 不能写成 $\frac{f^{(n)}(z_0)}{n!}$，这是因为若 z_0 是 $f(z)$ 的奇点时，$f^{(n)}(z_0)$ 就不存在，即使 z_0 不是奇点而 $f^{(n)}(z_0)$ 存在，但在圆域 $|z-z_0|<R_2$ 内可能有其他奇点，从而在 C 内有奇点.

5. 本章主要题型及方法提示

(1) 讨论复数列的敛散性

方法：通过讨论它的实部数列和虚部数列的敛散性而获得.

(2) 讨论复级数的敛散性

方法一：通过讨论它的实部级数和虚部级数的敛散性而获得；

方法二：对于有些级数，若 $a_n \not\to 0(n \to \infty)$，则级数发散；

方法三：通过讨论 $\sum\limits_{n=1}^{\infty} |a_n|$ 的敛散性来获得 $\sum\limits_{n=1}^{\infty} a_n$ 的敛散性.

(3) 求幂级数的收敛半径及在收敛域内的和函数

求幂级数 $\sum\limits_{n=0}^{\infty} c_n(z-z_0)^n$ 或 $\sum\limits_{n=0}^{\infty} c_n z^n$ 的收敛半径只需使用公式 $R = \lim\limits_{n \to \infty} \left| \dfrac{c_n}{c_{n+1}} \right|$.

若幂级数是其他形式(如缺项幂级数)，可先化为上述级数再用公式，或直接用正项级数的比值法来求.

求幂级数在收敛域内的和函数，通常要用代换或逐项求导或逐项积分等方法将原级数向已知和函数的级数转化. 其具体方法与实幂级数相类似.

(4) 将函数展开成幂级数

通常采用间接展开法. 为此须熟记一些基本展开式, 如 e^z, $\dfrac{1}{1+z}$, $\sin z$ 等函数的幂级数展开式.

(5) 将函数展开成洛朗级数

通常采用间接展开法. 这是本章的重点题型, 须熟练掌握. 具体展开方法可参看教材中的例题并从中总结规律性.

本章自测题

1. 判别正误, 并说明理由：

(1) 每一个幂级数在它的收敛圆周上处处收敛；

(2) 每一个幂级数在它的收敛圆内的和函数都是解析函数；

(3) 若幂级数 $\sum\limits_{n=0}^{\infty} c_n(z-2)^n$ 在 $z=0$ 处收敛, 则在 $z=3$ 处必发散；

(4) 在洛朗级数 $\sum\limits_{n=-\infty}^{+\infty} c_n(z-z_0)^n$ 中, 由于 $c_n = \dfrac{1}{2\pi i} \oint_C \dfrac{f(z)}{(z-z_0)^{n+1}} dz$, 由解析函数的高阶导数公式 $f^{(n)}(z_0) = \dfrac{n!}{2\pi i} \oint_C \dfrac{f(z)}{(z-z_0)^{n+1}} dz$ 可知 $c_n = \dfrac{f^{(n)}(z_0)}{n!}$.

2. 判别下列级数的敛散性, 若收敛, 指出是否是绝对收敛：

(1) $\sum_{n=1}^{\infty}\left(\frac{1}{n}+\frac{i}{2^n}\right)$；(2) $\sum_{n=1}^{\infty}\frac{(3+5i)^n}{n!}$．

3．求下列幂级数的收敛半径：

(1) $\sum_{n=1}^{\infty}\frac{(z-1)^n}{n}$；(2) $\sum_{n=0}^{\infty}\frac{z^n}{e^n}$；(3) $\sum_{n=1}^{\infty}\left(1-\frac{1}{n}\right)^n z^n$．

4．将下列函数展开成幂级数，并指出收敛域：

(1) $\frac{1}{(z-2)^2}$ 在 $z=1$ 处；

(2) $\frac{1}{z^2-3z+2}$ 在 $z=0$ 处；

(3) $\cos^2 z$ 在 $z=0$ 处．

5．将下列函数在指定圆环域内展开成洛朗级数：

(1) $\frac{1}{(z^2+1)(z-2)}$ 在 $1<|z|<2$ 内；

(2) $\frac{1}{(z-1)(z-2)}$ 分别在 $0<|z-1|<1$ 与 $1<|z-2|<+\infty$ 内；

(3) $\frac{1}{z(1-z)^2}$ 分别在 $0<|z|<1$ 与 $0<|z-1|<1$ 内；

(4) $\frac{\cos z}{z-\frac{\pi}{2}}$ 在 $0<\left|z-\frac{\pi}{2}\right|<+\infty$ 内．

中国探月工程

第 5 章

留　　数

留数是复变函数中一个重要的概念,也是一个重要的数学工具,在其他学科中有着广泛的应用.

在本章中,我们首先以洛朗级数为工具对解析函数的孤立奇点进行分类,然后在此基础上引入留数的概念,建立留数的计算方法及留数定理,最后介绍留数定理的一些应用.

5.1　孤立奇点及其分类

5.1.1　孤立奇点的定义

我们知道,函数不解析的点称为函数的奇点. 如 $z=0$ 是 $f(z)=\dfrac{1}{z}$,$g(z)=\dfrac{1}{\sin\dfrac{1}{z}}$ 的奇点,但细心的读者会发现,这两个函数的奇点具有如下不同的特征:对 $f(z)=\dfrac{1}{z}$ 来说,除了 $z=0$ 这个奇点外,在它的周围任一去心邻域 $0<|z|<R$ 内, $f(z)$ 处处解析,不再有别的奇点;而对于 $g(z)$ 来说,无论取 $z=0$ 的多么小的去心邻域 $0<|z|<\delta$,在其内仍存在 $g(z)$ 的奇点. 事实上, $z_n=\dfrac{1}{n\pi}(n=1,2,\cdots)$ 是 $g(z)$ 的奇点,且 $n\to\infty$ 时 $z_n\to 0$,即 z_n 可存在于 $z=0$ 的无论多么小的去心邻域之中,换句话说, $z=0$ 不是 $g(z)$ 的孤立奇点. 一般地,我们有如下定义.

定义 5-1　若函数 $f(z)$ 在 z_0 处不解析,但在 z_0 的某一去心邻域内处处解析，则称 z_0 为 $f(z)$ 的**孤立奇点**.

容易知道，$z=0$ 是函数 $\dfrac{\sin z}{z}$、$e^{\frac{1}{z}}$ 的孤立奇点，函数 $f(z)=\dfrac{1}{(z-i)(z+1)}$ 有 $z_1=i$ 和 $z_2=-1$ 两个孤立奇点，而 $z=0$ 是函数 $\dfrac{1}{\sin\dfrac{1}{z}}$ 的奇点，但不是孤立奇点.

可以看出，孤立奇点是奇点中一种最简单的情形，但却是重要的．联系我们上一章介绍的洛朗展开式，就会发现将函数在圆环域内展开成洛朗级数，实际上都是在孤立奇点处展开的，而且有些展开式中不含负幂项，有些仅含有限个负幂项，有些含有无穷多个负幂项．因此，我们就可以利用洛朗展开式的不同情况对孤立奇点作如下的分类．

5.1.2 孤立奇点的分类

设 z_0 为函数 $f(z)$ 的孤立奇点，那么，必存在 z_0 的一个去心邻域 $0<|z-z_0|<\delta$，使得 $f(z)$ 在 $0<|z-z_0|<\delta$ 内处处解析，于是 $f(z)$ 在 $0<|z-z_0|<\delta$ 内可展开成洛朗级数

$$f(z)=\sum_{n=-\infty}^{+\infty}c_n(z-z_0)^n$$
$$=\sum_{n=0}^{\infty}c_n(z-z_0)^n+\sum_{n=1}^{\infty}c_{-n}(z-z_0)^{-n} \qquad(5\text{-}1)$$

1. 可去奇点

当洛朗展开式(5-1)中不含负幂项，即 $c_{-n}=0$（$n=1,2,\cdots$），则称孤立奇点 z_0 为 $f(z)$ 的**可去奇点**.

例如 $\dfrac{\sin z}{z}=\dfrac{1}{z}\left(z-\dfrac{z^3}{3!}+\dfrac{z^5}{5!}-\cdots\right)=1-\dfrac{z^2}{3!}+\dfrac{z^4}{5!}-\cdots$，$0<|z|<\delta$，因为展开式中不含负幂项，故点 $z=0$ 是 $\dfrac{\sin z}{z}$ 的可去奇点. 如果我们补充 $\dfrac{\sin z}{z}$ 在 $z=0$ 处的值为 1（即 c_0），那么 $\dfrac{\sin z}{z}$ 在 $z=0$ 处就成为解析的了，也正是由于这个原因，所以这类奇点称为可去奇点.

2. 极点

当洛朗展开式（5-1）中只含有限个负幂项，即存在正整数 m，使 $c_{-m}\neq 0$ 且当 $n>m$ 时 $c_{-n}=0$，则称点 z_0 为 $f(z)$ 的**极点**. 更确切地讲，点 z_0 称为 $f(z)$ 的 **m 阶极点**. 此时 $f(z)$ 可表示为 $f(z)=\dfrac{1}{(z-z_0)^m}g(z)$，其中

$$g(z)=c_{-m}+c_{-m+1}(z-z_0)+c_{-m+2}(z-z_0)^2+\cdots$$

当 $m=1$ 时称点 z_0 为**一阶极点**或**单极点**.

例如 $z=0$ 是函数 $f(z)=\dfrac{e^z}{z^2}$ 的二阶极点，因为

$$f(z)=\dfrac{e^z}{z^2}=\dfrac{1}{z^2}\left(1+z+\dfrac{z^2}{2!}+\dfrac{z^3}{3!}+\cdots\right)=z^{-2}+z^{-1}+\dfrac{1}{2!}+\dfrac{z}{3!}+\dfrac{z^2}{4!}+\cdots$$

中含有限个（两个）负幂项，且 z^{-1} 的最高次幂是 2.

又如 $z=0$ 是 $f(z)=\dfrac{e^z-1}{z^2}$ 的一阶极点，因为

$$f(z)=\dfrac{1}{z^2}(e^z-1)=\dfrac{1}{z^2}\left(z+\dfrac{z^2}{2!}+\dfrac{z^3}{3!}+\cdots\right)$$

$$=z^{-1}+\dfrac{1}{2!}+\dfrac{z}{3!}+\cdots$$

中含有限个（1 个）负幂项，且 z^{-1} 的最高次幂是 1.

顺便指出，我们把使解析函数 $f(z)$ 等于零的点称为 $f(z)$ 的**零点**，而且，若 $f(z)$ 能表示成

$$f(z)=(z-z_0)^m g(z).$$

其中 $g(z)$ 在 z_0 处解析且 $g(z_0)\neq 0$，m 为某一正整数，则 z_0 称为 $f(z)$ 的 m 阶零点. 不难发现，零点与极点具有如下关系：

点 z_0 为 $f(z)$ 的 m 阶极点的充要条件是 z_0 为 $\dfrac{1}{f(z)}$ 的 m 阶零点.

用此结论也可求函数的极点及判定极点的阶数.

3. 本性奇点

当洛朗展开式(5-1)中含有无穷多个负幂项时，则称孤立奇点 z_0 为 $f(z)$ 的**本性奇点**.

例如 $z=0$ 是函数 $f(z)=e^{\frac{1}{z}}$ 的本性奇点，因为

$$e^{\frac{1}{z}}=1+z^{-1}+\dfrac{1}{2!}z^{-2}+\cdots+\dfrac{1}{n!}z^{-n}+\cdots$$

中含有无穷多个负幂项.

5.1.3 孤立奇点类型的极限判别法

将函数展开成洛朗级数，进而判定孤立奇点的类型是比较麻烦的. 下面我们研究孤立奇点类型的极限特征，从而建立一种极限判别法.

若 z_0 为 $f(z)$ 的可去奇点，则洛朗展开式中不含负幂项，即

$$f(z)=c_0+c_1(z-z_0)+c_2(z-z_0)^2+\cdots$$

显然

$$\lim_{z\to z_0}f(z)=c_0 \quad （有限值）.$$

若 z_0 为 $f(z)$ 的 m 阶极点，则洛朗展开式中只含有限个负幂项，且最高负幂

项的系数 $c_{-m} \neq 0$，即
$$f(z) = c_{-m}(z-z_0)^{-m} + c_{-m+1}(z-z_0)^{-m+1} + \cdots$$
$$+ c_{-1}(z-z_0)^{-1} + c_0 + c_1(z-z_0) + c_2(z-z_0)^2 + \cdots$$
$$= \frac{1}{(z-z_0)^m} g(z).$$

其中 $g(z) = c_{-m} + c_{-m+1}(z-z_0) + \cdots$ 在 $|z-z_0| < \delta$ 内解析，且 $g(z_0) = c_{-m} \neq 0$。显然
$$\lim_{z \to z_0} f(z) = \infty,$$
$$\lim_{z \to z_0}(z-z_0)^m f(z) = c_{-m} \neq 0.$$

由于 $f(z)$ 当 $z \to z_0$ 时的极限只可能是存在、不存在但为 ∞，或不存在且不为 ∞ 中的某一种，所以本性奇点的极限特征必为
$$\lim_{z \to z_0} f(z) \text{ 不存在且不为 } \infty.$$

以上结论反过来也成立（读者自证），于是有如下判别法。

定理 5-1 设 z_0 为函数 $f(z)$ 的孤立奇点，

(1) 若 $\lim\limits_{z \to z_0} f(z) = l$（有限值），则 z_0 为 $f(z)$ 的可去奇点；

(2) 若 $\lim\limits_{z \to z_0} f(z) = \infty$，则 z_0 为 $f(z)$ 的极点，进一步，若 $\lim\limits_{z \to z_0}(z-z_0)^m f(z) = l$（有限值且不为 0），则 z_0 为 $f(z)$ 的 m 阶极点；

(3) 若 $\lim\limits_{z \to z_0} f(z)$ 不存在且不为 ∞，则 z_0 为 $f(z)$ 的本性奇点。

【**例 5-1**】 $z = 0$ 是下列函数的哪一类孤立奇点？

(1) $\dfrac{1-\cos z}{z^2}$；(2) $\dfrac{e^z - 1}{z^2}$；(3) $\sin \dfrac{1}{z}$。

解 (1) 因为 $\lim\limits_{z \to 0} \dfrac{1-\cos z}{z^2} = \dfrac{1}{2}$，所以 $z = 0$ 为 $\dfrac{1-\cos z}{z^2}$ 的可去奇点。

(2) 因为 $\lim\limits_{z \to 0} \dfrac{e^z - 1}{z^2} = \infty$，又 $\lim\limits_{z \to 0} z \dfrac{e^z - 1}{z^2} = 1$，所以 $z = 0$ 为 $\dfrac{e^z - 1}{z^2}$ 的一阶极点。

(3) 因为 $\lim\limits_{z \to 0} \sin \dfrac{1}{z}$ 不存在也不为 ∞，所以 $z = 0$ 为 $\sin \dfrac{1}{z}$ 的本性奇点。

【**例 5-2**】 求出 $f(z) = \dfrac{z-2}{(z^2+1)(z-1)^3}$ 的孤立奇点，并指出类型。

解 使分母为 0 的点为 $f(z)$ 的奇点，易知奇点有 3 个：$z_1 = 1$，$z_2 = i$，$z_3 = -i$。

因为 $\lim\limits_{z \to 1} f(z) = \infty$，又 $\lim\limits_{z \to 1}(z-1)^3 f(z) = -\dfrac{1}{2}$，所以 $z = 1$ 为 $f(z)$ 的三阶极点；$\lim\limits_{z \to i} f(z) = \infty$，又 $\lim\limits_{z \to i}(z-i)f(z) = \dfrac{i-2}{2i(i-1)^3}$，所以 $z = i$ 是 $f(z)$ 的一阶极点；

同样地，$z=-i$ 也是一阶极点.

*5.1.4　无穷远点为孤立奇点的定义及其分类

我们知道，当 $t=0$ 为 $g(t)$ 的孤立奇点时，$g(t)$ 在环形域 $0<|t|<r$ 内可展开成洛朗级数

$$g(t)=\sum_{n=-\infty}^{+\infty}c_n t^n=\sum_{n=1}^{\infty}c_{-n}t^{-n}+c_0+\sum_{n=1}^{\infty}c_n t^n.$$

令 $t=\dfrac{1}{z}$ 时，$t=0$ 映射到 z 平面的无穷远点 $z=\infty$，则

$$g(t)=g\left(\dfrac{1}{z}\right)\triangleq f(z),\quad \dfrac{1}{r}<|z|<+\infty.$$

从而 $f(z)$ 的洛朗展开式为

$$f(z)=\sum_{n=1}^{+\infty}c_{-n}z^n+c_0+\sum_{n=1}^{\infty}c_n z^{-n}.$$

这相当于把 $g(t)$ 的展开式中正、负幂项对调所得. 因此，我们可以仿照有限点的情形给出无穷远点为孤立奇点的定义及分类方法.

若函数 $f(z)$ 在无穷远点 $z=\infty$ 的去心邻域 $R<|z|<+\infty$ 内解析，则点 ∞ 称为 $f(z)$ 的孤立奇点.

与有限孤立奇点的分类相对应（洛朗展开式中正、负幂项对调），我们可对孤立奇点 ∞ 作如下分类：

若函数 $f(z)$ 在解析域 $R<|z|<+\infty$ 内的洛朗展开式中

(1) 不含正幂项（此时 $g(t)$ 的展开式中不含负幂项，因而 $t=0$ 为 $g(t)$ 的可去奇点），则 ∞ 称为 $f(z)$ 的可去奇点；

(2) 含有限个正幂项，且 z^m 为最高正幂（此时，$t=0$ 为 $g(t)$ 的 m 阶极点），则 ∞ 称为 $f(z)$ 的 m 阶极点；

(3) 含有无穷多个正幂项（此时，$t=0$ 为 $g(t)$ 的本性奇点），则 ∞ 称为 $f(z)$ 的本性奇点.

点 ∞ 为孤立奇点时，其类型也可用如下极限判别法判定：

(1) 当 $\lim\limits_{z\to\infty}f(z)=c_0$（有限值）时，则点 ∞ 为 $f(z)$ 的可去奇点；

(2) 当 $\lim\limits_{z\to\infty}f(z)=\infty$ 时，则点 ∞ 为 $f(z)$ 的极点；

(3) 当 $\lim\limits_{z\to\infty}f(z)$ 不存在也不为 ∞ 时，则点 ∞ 为 $f(z)$ 的本性奇点.

例如 $z=\infty$ 是 $\dfrac{z}{1+z}$ 的可去奇点，因为 $\lim\limits_{z\to\infty}\dfrac{z}{1+z}=1$；$z=\infty$ 是 $z+\dfrac{1}{z}$ 的极点，因为 $\lim\limits_{z\to\infty}\left(z+\dfrac{1}{z}\right)=\infty$；$z=\infty$ 是 $\sin z$ 的本性奇点，因为 $\lim\limits_{z\to\infty}\sin z$ 不存在也不为 ∞.

第5章 留 数

习 题

5-1 指出下列函数的孤立奇点类型，若有极点，写出阶数：

(1) $\dfrac{1}{z(z^2+1)^2}$；　(2) $\dfrac{1}{z^4-1}$；　(3) $\dfrac{1}{\sin z}$；

(4) $z\cos\dfrac{1}{z}$；　(5) $e^{\frac{1}{z-1}}$；　(6) $\dfrac{e^z-1}{z^3}$；

(7) $\dfrac{1}{z^2(e^z-1)}$；　(8) $\dfrac{\ln(1+z)}{z}$；　(9) $\dfrac{1}{z^3-z^2-z+1}$.

*5-2 判定 $z=\infty$ 是下列函数的什么奇点？

(1) $e^{\frac{1}{z^2}}$；(2) $\cos z - \sin z$；(3) $\dfrac{2z}{3+z^2}$.

5.2 留数

5.2.1 留数的概念

我们知道，若函数 $f(z)$ 在 z_0 的去心邻域 $0<|z-z_0|<R$ 内解析，则在此邻域内，$f(z)$ 可展开成洛朗级数

$$f(z) = \cdots + c_{-n}(z-z_0)^{-n} + \cdots + c_{-2}(z-z_0)^{-2} + c_{-1}(z-z_0)^{-1}$$
$$+ c_0 + c_1(z-z_0) + \cdots + c_n(z-z_0)^n + \cdots.$$

现在 $0<|z-z_0|<R$ 内任取一条绕 z_0 的正向简单闭曲线 C，对上式两边在 C 上作积分，并利用积分公式

$$\oint_C \frac{1}{(z-z_0)^{n+1}} dz = \begin{cases} 2\pi i, & n=0, \\ 0, & n \neq 0. \end{cases}$$

可知，右端各项的积分除 $c_{-1}(z-z_0)^{-1}$ 的一项等于 $2\pi i c_{-1}$ 外，其余各项的积分都等于 0，所以

$$\oint_C f(z) dz = 2\pi i c_{-1}.$$

我们把(留下的)这个积分值除以 $2\pi i$ 后所得的数，称为 $f(z)$ 在 z_0 处的**留数**，记作 $\text{Res}[f(z), z_0]$，即

$$\text{Res}[f(z), z_0] = \frac{1}{2\pi i} \oint_C f(z) dz = c_{-1}.$$

留数定义本身提供了计算留数的两个方法：一是将 $f(z)$ 在 $0<|z-z_0|<R$ 内展开成洛朗级数，取其负一次幂项的系数 c_{-1} 的值即可；二是计算 $\dfrac{1}{2\pi i}\oint_C f(z) dz$.

【**例 5-3**】 求函数 $f(z) = ze^{\frac{1}{z}}$ 在孤立奇点 $z=0$ 处的留数.

解 由于在 $0<|z|<R$ 内有

$$ze^{\frac{1}{z}}=z+1+\frac{1}{2!}z^{-1}+\frac{1}{3!}z^{-2}+\cdots$$

所以 $\text{Res}[f(z),0]=c_{-1}=\frac{1}{2}$.

【例 5-4】 求 $\text{Res}\left[\dfrac{e^{\frac{1}{z}}}{z^2-z},1\right]$.

解 此题若用寻找 $\dfrac{e^{\frac{1}{z}}}{z^2-z}$ 在 $0<|z-1|<R$ 内的洛朗展开式的方法计算 c_{-1},则运算较为复杂,因而可考虑用计算积分的方法.

$$\text{Res}\left[\frac{e^{\frac{1}{z}}}{z^2-z},1\right]=\frac{1}{2\pi i}\oint_C\frac{e^{\frac{1}{z}}}{z^2-z}dz=\frac{1}{2\pi i}\oint_C\frac{\frac{e^{\frac{1}{z}}}{z}}{z-1}dz$$

$$=\frac{1}{2\pi i}\cdot 2\pi i\left(\frac{e^{\frac{1}{z}}}{z}\right)\bigg|_{z=1}=e \quad \text{(使用了柯西积分公式)}$$

其中 C 为内部不含点 O 且不经过点 1 但包含点 1 在其内部的闭曲线.

当函数比较复杂时,用留数定义计算留数较为困难,因此,我们需要建立计算留数的其他方法.

5.2.2 留数的计算方法

(1) 若 z_0 为 $f(z)$ 的可去奇点,则 $f(z)$ 在 $0<|z-z_0|<R$ 内的洛朗展开式中不含负幂项,从而 $c_{-1}=0$,故当 z_0 为 $f(z)$ 的可去奇点时,$\text{Res}[f(z),z_0]=0$.

(2) 若 z_0 为 $f(z)$ 的一阶极点,则 $f(z)$ 在 $0<|z-z_0|<R$ 内的洛朗展开式为

$$f(z)=c_{-1}(z-z_0)^{-1}+c_0+c_1(z-z_0)+\cdots$$

显然 $c_{-1}=\lim\limits_{z\to z_0}(z-z_0)f(z)$,故当 z_0 为 $f(z)$ 的一阶极点时,$\text{Res}[f(z),z_0]=\lim\limits_{z\to z_0}(z-z_0)f(z)$.

(3) 若 z_0 为 $f(z)=\dfrac{P(z)}{Q(z)}$ 的一阶极点,且 $Q'(z_0)\neq 0$,则 $\text{Res}[f(z),z_0]=\dfrac{P(z_0)}{Q'(z_0)}$.

事实上,因为 z_0 为 $f(z)$ 的一阶极点,所以 $P(z_0)\neq 0$,$Q(z_0)=0$,$Q'(z_0)\neq 0$.且由上述方法知

$$\text{Res}[f(z),z_0]=\lim_{z\to z_0}(z-z_0)f(z)$$

$$=\lim_{z\to z_0}\frac{P(z)}{\frac{Q(z)-Q(z_0)}{z-z_0}}=\frac{P(z_0)}{Q'(z_0)}.$$

(4) 若 z_0 为 $f(z)$ 的 m 阶极点，则
$$\text{Res}[f(z),z_0]=\frac{1}{(m-1)!}\lim_{z\to z_0}\frac{\mathrm{d}^{m-1}}{\mathrm{d}z^{m-1}}[(z-z_0)^m f(z)].$$

事实上，因为 z_0 是 $f(z)$ 的 m 阶极点，所以有
$$f(z)=c_{-m}(z-z_0)^{-m}+c_{-m+1}(z-z_0)^{-m+1}+\cdots+$$
$$c_{-1}(z-z_0)^{-1}+c_0+c_1(z-z_0)+\cdots \quad (c_{-m}\neq 0)$$

从而
$$(z-z_0)^m f(z)=c_{-m}+c_{-m+1}(z-z_0)+\cdots+$$
$$c_{-1}(z-z_0)^{m-1}+c_0(z-z_0)^m+\cdots$$

上式两边求 $(m-1)$ 阶导数，得
$$\frac{\mathrm{d}^{m-1}}{\mathrm{d}z^{m-1}}[(z-z_0)^m f(z)]=(m-1)!\,c_{-1}+\{\text{含有}(z-z_0)\text{的正幂项}\}$$

两边取 $z\to z_0$ 时的极限，可得
$$c_{-1}=\frac{1}{(m-1)!}\lim_{z\to z_0}\frac{\mathrm{d}^{m-1}}{\mathrm{d}z^{m-1}}[(z-z_0)^m f(z)]$$

即 $\text{Res}[f(z),z_0]=\dfrac{1}{(m-1)!}\lim\limits_{z\to z_0}\dfrac{\mathrm{d}^{m-1}}{\mathrm{d}z^{m-1}}[(z-z_0)^m f(z)].$

显然 $m=1$ 时，即为方法(2)的公式．

当 z_0 为 $f(z)$ 的本性奇点时，几乎没有什么简捷方法，因此，对于**本性奇点处的留数，我们就只能利用洛朗展开式的方法或计算积分的方法来求解**．

【例 5-5】 求 $\text{Res}\left[\dfrac{z\mathrm{e}^z}{z^2-1},1\right]$.

解 容易知道 $z=1$ 是 $f(z)=\dfrac{z\mathrm{e}^z}{z^2-1}$ 的一阶极点，所以
$$\text{Res}[f(z),1]=\lim_{z\to 1}(z-1)\frac{z\mathrm{e}^z}{z^2-1}=\lim_{z\to 1}\frac{z\mathrm{e}^z}{z+1}=\frac{\mathrm{e}}{2}.$$

此题也可用方法(3)．设 $f(z)=\dfrac{P(z)}{Q(z)}$，取 $P(z)=z\mathrm{e}^z,Q(z)=z^2-1$，显然 $P(z),Q(z)$ 满足方法(3)的条件，所以
$$\text{Res}\left[\frac{z\mathrm{e}^z}{z^2-1},1\right]=\frac{P(1)}{Q'(1)}=\frac{\mathrm{e}}{2}.$$

【例 5-6】 求 $\text{Res}\left[\dfrac{1}{(z^2+1)^3},\mathrm{i}\right]$.

解 因为 $\dfrac{1}{(z^2+1)^3}=\dfrac{1}{(z-\mathrm{i})^3(z+\mathrm{i})^3}$，所以 $z=\mathrm{i}$ 是 $\dfrac{1}{(z^2+1)^3}$ 的三阶极点．由方法(4)，有

$$\operatorname{Res}\left[\frac{1}{(z^2+1)^3}, i\right] = \frac{1}{(3-1)!}\lim_{z\to i}\frac{d^2}{dz^2}\left[(z-i)^3 \times \frac{1}{(z-i)^3(z+i)^3}\right]$$
$$= \frac{1}{2}\lim_{z\to i}[(-3)(-4)(z+i)^{-5}] = -\frac{3i}{16}.$$

应当指出,并不是所有满足方法(2)~(4)条件的函数,求留数时用它们都方便,请看下例.

【例 5-7】 求 $\operatorname{Res}\left[\dfrac{z-\sin z}{z^6}, 0\right]$.

分析 可以判断出 $z=0$ 是 $f(z)=\dfrac{z-\sin z}{z^6}$ 的三阶极点,应用方法 4,得

$$\operatorname{Res}[f(z), 0] = \frac{1}{(3-1)!}\lim_{z\to 0}\frac{d^2}{dz^2}\left[z^3 \cdot \frac{z-\sin z}{z^6}\right]$$
$$= \frac{1}{2!}\lim_{z\to 0}\frac{d^2}{dz^2}\left(\frac{z-\sin z}{z^3}\right).$$

往下的运算既要先对一个分式函数求二阶导数,然后又要对求导结果求极限,这就十分繁杂. 如果利用洛朗展开式求 c_{-1} 就比较方便.

解 因为

$$\frac{z-\sin z}{z^6} = \frac{1}{z^6}\left[z-\left(z-\frac{1}{3!}z^3+\frac{1}{5!}z^5-\cdots\right)\right]$$
$$= \frac{1}{3!}z^{-3} - \frac{1}{5!}z^{-1}+\cdots$$

所以 $\operatorname{Res}[f(z), 0] = c_{-1} = -\dfrac{1}{5!}$.

可见,解题的关键在于根据具体问题灵活选择方法,不要拘泥于套用公式.

5.2.3 留数定理及其应用

关于留数,我们有下面的重要结论.

定理 5-2 (留数定理) 设函数 $f(z)$ 在区域 D 内除有限个孤立奇点 $z_k(k=1, 2, \cdots, n)$ 外处处解析,C 为 D 内包围各奇点的一条正向简单闭曲线,则

$$\oint_C f(z)dz = 2\pi i\sum_{k=1}^{n}\operatorname{Res}[f(z), z_k].$$

证 把 C 内的孤立奇点 $z_k(k=1, 2, \cdots, n)$ 用互不相交且互不包含的正向简单闭曲线 C_k 围绕起来(见图 5-1),则由复合闭路定理,得

$$\oint_C f(z)dz = \sum_{k=1}^{n}\oint_{C_k} f(z)dz,$$

根据留数定义,得

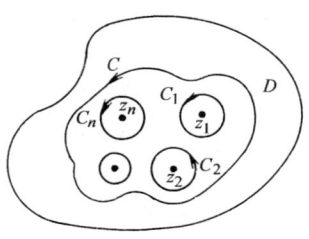

图 5-1

$$\oint_{C_k} f(z)\mathrm{d}z = 2\pi \mathrm{i} \operatorname{Res}[f(z), z_k].$$

从而有

$$\oint_C f(z)\mathrm{d}z = 2\pi \mathrm{i} \sum_{k=1}^n \operatorname{Res}[f(z), z_k].$$

留数定理的重要作用之一,就是把计算封闭路经 C 上的积分转化为求被积函数在 C 内各孤立奇点处的留数.

【例 5-8】 计算积分 $\oint_C \dfrac{z\mathrm{e}^z}{z^2-1} \mathrm{d}z,\ C: |z|=2.$

解 由于 $f(z)=\dfrac{z\mathrm{e}^z}{z^2-1}$ 有两个一阶极点 $1, -1$,而这两个极点都在圆周 C 内,所以

$$\oint_C f(z)\mathrm{d}z = 2\pi \mathrm{i} \{\operatorname{Res}[f(z), 1] + \operatorname{Res}[f(z), -1]\}$$

而

$$\operatorname{Res}[f(z), 1] = \lim_{z\to 1}(z-1)\dfrac{z\mathrm{e}^z}{z^2-1} = \dfrac{\mathrm{e}}{2};$$

$$\operatorname{Res}[f(z), -1] = \lim_{z\to -1}(z+1)\dfrac{z\mathrm{e}^z}{z^2-1} = \dfrac{\mathrm{e}^{-1}}{2}.$$

故 $\oint_C \dfrac{z\mathrm{e}^z}{z^2-1} \mathrm{d}z = 2\pi \mathrm{i}\left(\dfrac{\mathrm{e}}{2} + \dfrac{\mathrm{e}^{-1}}{2}\right) = 2\pi \mathrm{i}\mathrm{chl}.$

【例 5-9】 计算积分 $\oint_{|z|=1} \dfrac{z\sin z}{(1-\mathrm{e}^z)^3} \mathrm{d}z.$

解 被积函数 $f(z)=\dfrac{z\sin z}{(1-\mathrm{e}^z)^3}$ 有一个一阶极点 $z=0$,且在圆周 $|z|=1$ 内,所以

$$\oint_{|z|=1} \dfrac{z\sin z}{(1-\mathrm{e}^z)^3} \mathrm{d}z = 2\pi \mathrm{i} \operatorname{Res}[f(z), 0]$$

$$= 2\pi \mathrm{i} \lim_{z\to 0} z \dfrac{z\sin z}{(1-\mathrm{e}^z)^3} = -2\pi \mathrm{i}.$$

【例 5-10】 计算积分 $\oint_C \dfrac{z}{z^4-1} \mathrm{d}z,\ C: |z|=2.$

解 被积函数 $f(z)=\dfrac{z}{z^4-1}$ 有四个一阶极点 $\pm 1, \pm \mathrm{i}$,且都在圆周 C 内,所以

$$\oint_C \dfrac{z}{z^4-1} \mathrm{d}z = 2\pi \mathrm{i}\{\operatorname{Res}[f(z), 1] + \operatorname{Res}[f(z), -1]$$

$$+ \operatorname{Res}[f(z), \mathrm{i}] + \operatorname{Res}[f(z), -\mathrm{i}]\}$$

由方法(3)知 $\dfrac{P(z)}{Q'(z)} = \dfrac{z}{4z^3} = \dfrac{1}{4z^2}$,故

$$\oint_C \frac{z}{z^4-1}dz = 2\pi i\left(\frac{1}{4}+\frac{1}{4}-\frac{1}{4}-\frac{1}{4}\right)=0.$$

【例 5-11】 计算积分 $\oint_{|z|=2}\frac{e^z}{z(z-1)^2}dz$.

解 $z=0$ 为被积函数 $f(z)=\dfrac{e^z}{z(z-1)^2}$ 的一阶极点, $z=1$ 为二阶极点, 且都在圆周 $|z|=2$ 内, 所以

$$\oint_{|z|=2}\frac{e^z}{z(z-1)^2}dz = 2\pi i\{\operatorname{Res}[f(z),0]+\operatorname{Res}[f(z),1]\}$$

而

$$\operatorname{Res}[f(z),0]=\lim_{z\to 0}z\frac{e^z}{z(z-1)^2}=\lim_{z\to 0}\frac{e^z}{(z-1)^2}=1$$

$$\operatorname{Res}[f(z),1]=\frac{1}{(2-1)!}\lim_{z\to 1}\frac{d}{dz}\left[(z-1)^2\frac{e^z}{z(z-1)^2}\right]$$

$$=\lim_{z\to 1}\frac{d}{dz}\left(\frac{e^z}{z}\right)=\lim_{z\to 1}\frac{e^z(z-1)}{z^2}=0,$$

故 $\oint_{|z|=2}\dfrac{e^z}{z(z-1)^2}dz=2\pi i(1+0)=2\pi i$.

*5.2.4 无穷远点的留数

1. 无穷远点的留数的定义

设函数 $f(z)$ 在环形域 $R<|z|<+\infty$ 内解析, 则称

$$\frac{1}{2\pi i}\oint_{C^-}f(z)dz$$

为 $f(z)$ 在无穷远点的留数, 记作 $\operatorname{Res}[f(z),\infty]$, 即

$$\operatorname{Res}[f(z),\infty]=\frac{1}{2\pi i}\oint_{C^-}f(z)dz.$$

其中 C^- 为环形域 $R<|z|<+\infty$ 内绕原点的一条负向简单闭曲线.

2. 无穷远点的留数与洛朗级数的关系

设函数 $f(z)$ 在 $R<|z|<+\infty$ 内解析, 则

$$f(z)=\sum_{n=-\infty}^{+\infty}c_n z^n,\ R<|z|<+\infty$$

两边在 C^- 上积分, 可得:

$$\oint_{C^-}f(z)dz=\oint_{C^-}\sum_{n=-\infty}^{+\infty}c_n z^n dz=-\oint_C\sum_{n=-\infty}^{+\infty}c_n z^n dz$$

$$=-c_{-1}\oint_C\frac{1}{z}dz=-2\pi i c_{-1}$$

故 $\operatorname{Res}[f(z),\infty]=\dfrac{1}{2\pi i}\oint_{C^-}f(z)dz=-c_{-1}.$

3. 无穷远点留数的两个结论

定理 5-3 $\mathrm{Res}[f(z),\infty]=-\mathrm{Res}\left[f\left(\dfrac{1}{z}\right)\cdot\dfrac{1}{z^2},0\right].$

证 在无穷远点留数的定义中,取 C 为半径足够大的正向圆周 $C_R: |z|=R$. 作变换 $z=\dfrac{1}{\xi}$,并设 $z=Re^{i\theta}$,$\xi=\rho e^{i\varphi}$,则 $\rho=\dfrac{1}{R}$,$\theta=-\varphi$,当 z 沿 C_R^-(顺时针)转一圈时,ξ 沿 $C_\rho: |\xi|=\dfrac{1}{R}=\rho$ 的逆时针方向绕一圈,于是有

$$\mathrm{Res}[f(z),\infty]=\dfrac{1}{2\pi i}\oint_{C_R^-}f(z)\mathrm{d}z\xlongequal{z=\frac{1}{\xi}}\dfrac{1}{2\pi i}\oint_{C_\rho}f\left(\dfrac{1}{\xi}\right)\left(-\dfrac{1}{\xi^2}\right)\mathrm{d}\xi$$

$$=-\dfrac{1}{2\pi i}\oint_{C_\rho}f\left(\dfrac{1}{\xi}\right)\dfrac{1}{\xi^2}\mathrm{d}\xi.$$

因为 $f(z)$ 在 $R<|z|<+\infty$ 内解析,所以 $f\left(\dfrac{1}{\xi}\right)$ 在 $0<|\xi|<\dfrac{1}{R}=\rho$ 内解析,$\dfrac{f\left(\dfrac{1}{\xi}\right)}{\xi^2}$ 在 $|\xi|<\rho$ 内只有孤立奇点 $\xi=0$,由留数定理知

$$\mathrm{Res}[f(z),\infty]=-\dfrac{1}{2\pi i}\oint_{C_\rho}f\left(\dfrac{1}{\xi}\right)\dfrac{1}{\xi^2}\mathrm{d}\xi=-\mathrm{Res}\left[f\left(\dfrac{1}{z}\right)\dfrac{1}{z^2},0\right].$$

证毕

此定理提供了一种将无穷远点的留数转化为有限点($z=0$)处留数的方法.

定理 5-4 如果函数 $f(z)$ 在扩充的复平面上只有有限个孤立奇点(包括 ∞ 点在内),设为 $z_1,z_2,\cdots,z_n,\infty$,则 $f(z)$ 在所有孤立奇点处的留数之和等于零.

证 作以原点为中心,充分大的 R 为半径的圆周 C,使 $z_1,z_2,\cdots,z_n$ 全包含于 C 的内部,则由留数定理及无穷远点留数的定义有

$$\mathrm{Res}[f(z),\infty]+\sum_{k=1}^{n}\mathrm{Res}[f(z),z_k]$$

$$=\dfrac{1}{2\pi i}\oint_{C^-}f(z)\mathrm{d}z+\dfrac{1}{2\pi i}\oint_{C}f(z)\mathrm{d}z=0.$$

通过以上的讨论,我们可以总结出求无穷远点留数的方法.

方法一 定义法,即 $\mathrm{Res}[f(z),\infty]=\dfrac{1}{2\pi i}\oint_{C^-}f(z)\mathrm{d}z.$

【例 5-12】 求 $\mathrm{Res}\left[\dfrac{1}{z},\infty\right].$

解 $\mathrm{Res}\left[\dfrac{1}{z},\infty\right]=\dfrac{1}{2\pi i}\oint_{C^-}\dfrac{1}{z}\mathrm{d}z=-\dfrac{1}{2\pi i}\oint_{C}\dfrac{1}{z}\mathrm{d}z$

$$=-\dfrac{1}{2\pi i}\times 2\pi i=-1.$$

注 可以看出 ∞ 是 $\frac{1}{z}$ 的可去奇点，但 $\frac{1}{z}$ 在该点 $(z=\infty)$ 的留数并非为 0，这是与"有限可去奇点处留数恒等于 0"的一个不同之处．即无穷远点为可去奇点时，该点的留数并不一定为 0．

方法二 利用洛朗展开式，即 $\mathrm{Res}[f(z),\infty]=-c_{-1}$．

【**例 5-13**】 求 $\mathrm{Res}\left[\mathrm{e}^{\frac{1}{z}},\infty\right]$．

解 将 $\mathrm{e}^{\frac{1}{z}}$ 在 $0<|z|<+\infty$ 内展开成洛朗级数

$$\mathrm{e}^{\frac{1}{z}}=1+z^{-1}+\frac{1}{2!}z^{-2}+\cdots$$

可以看出 $c_{-1}=1$，所以 $\mathrm{Res}\left[\mathrm{e}^{\frac{1}{z}},\infty\right]=-1$．

方法三 利用定理 5-3，即 $\mathrm{Res}[f(z),\infty]=-\mathrm{Res}\left[f\left(\frac{1}{z}\right)\frac{1}{z^2},0\right]$．

【**例 5-14**】 求 $\mathrm{Res}\left[\dfrac{z}{z^4-1},\infty\right]$．

解
$$\mathrm{Res}\left[\frac{z}{z^4-1},\infty\right]=-\mathrm{Res}\left[\frac{\frac{1}{z}}{\frac{1}{z^4}-1}\frac{1}{z^2},0\right]$$
$$=-\mathrm{Res}\left[\frac{z}{1-z^4},0\right]=0$$

方法四 利用定理 5-4，即 $\mathrm{Res}[f(z),\infty]=-\sum\limits_{k=1}^{n}\mathrm{Res}[f(z),z_k]$．

注 此方法虽给出了一种求 $\mathrm{Res}[f(z),\infty]$ 的方法，但当 $f(z)$ 含多个孤立奇点或含有高阶极点时，求 $\sum\limits_{k=1}^{n}\mathrm{Res}[f(z),z_k]$ 较繁，因此，我们通常不用它求 $\mathrm{Res}[f(z),\infty]$，而是将此公式反过来使用，即利用 $\mathrm{Res}[f(z),\infty]$ 来求 $\sum\limits_{k=1}^{n}\mathrm{Res}[f(z),z_k]$．这一点可通过求某些闭路上的积分体现出来，请看下例．

【**例 5-15**】 计算积分 $\oint_C \dfrac{z}{z^4-1}\mathrm{d}z$，$C:|z|=2$．

解 此题在前边曾计算过（例 5-10），现用定理 5-4 的方法．

除 ∞ 点外，被积函数 $f(z)=\dfrac{z}{z^4-1}$ 的孤立奇点是 $z_1=1$，$z_2=-1$，$z_3=\mathrm{i}$，$z_4=-\mathrm{i}$ 均在 C 的内部，由留数定理及定理 5-4，有

$$\oint_C \frac{z}{z^4-1}\mathrm{d}z=2\pi\mathrm{i}\sum_{k=1}^{4}\mathrm{Res}[f(z),z_k]$$
$$=-2\pi\mathrm{i}\mathrm{Res}[f(z),\infty]=0 \quad \text{（由例 5-14）}$$

【例 5-16】 计算积分 $\oint_C \dfrac{1}{(z-3)(z^5-2)}dz$，$C: |z|=2$.

解 被积函数 $f(z)=\dfrac{1}{(z-3)(z^5-2)}$ 在 $|z|=2$ 内的奇点是 $z^5=2$ 的五个根 $z_k(k=1,2,3,4,5)$，在外部的奇点为 3 和 ∞. 由留数定理及定理 5-4，有

$$\oint_C \frac{1}{(z-3)(z^5-2)}dz = 2\pi i\sum_{k=1}^{5}\mathrm{Res}[f(z),z_k]$$
$$= -2\pi i\{\mathrm{Res}[f(z),3]+\mathrm{Res}[f(z),\infty]\}$$

而

$$\mathrm{Res}[f(z),3]=\lim_{z\to 3}(z-3)f(z)=\frac{1}{241}$$

$$\mathrm{Res}[f(z),\infty]=-\mathrm{Res}\left[f\left(\frac{1}{z}\right)\frac{1}{z^2},0\right]$$
$$=-\mathrm{Res}\left[\frac{z^4}{(1-3z)(1-2z^5)},0\right]=0$$

所以 $\oint_C \dfrac{1}{(z-3)(z^5-2)}dz = -2\pi i\left(\dfrac{1}{241}+0\right)=-\dfrac{2\pi i}{241}$.

从以上两例可以看出，在计算闭路 C 上的积分时，如果被积函数在 C 内奇点较多或含有高阶极点，此时用无穷远点的留数计算积分较为方便.

习　题

5-3　求下列函数在有限奇点处的留数：

(1) $\dfrac{1-e^{2z}}{z^4}$；　(2) $\dfrac{1+z^4}{(z^2+1)^3}$；　(3) $\cos\dfrac{1}{1-z}$；

(4) $z^2\sin\dfrac{1}{z}$；　(5) $z^2 e^{\frac{1}{z-1}}$；　(6) $\dfrac{e^{z^2}-1}{z^2}$.

5-4　利用留数计算下列积分：

(1) $\oint_C \dfrac{\sin z}{z}dz$，$C: |z|=\dfrac{3}{2}$；

(2) $\oint_C \dfrac{e^{2z}}{(z-1)^2}dz$，$C: |z|=2$；

(3) $\oint_C \dfrac{z}{(z-1)(z-2)^2}dz$，$C: |z-2|=\dfrac{1}{2}$；

(4) $\oint_C \dfrac{z}{z^2+2z+5}dz$，$C: |z|=1$；

(5) $\oint_C \dfrac{5z-2}{z(z-1)}dz$，$C: |z|=2$；

(6) $\oint_C \dfrac{1}{e^z-1}dz$，$C: |z|=1$.

*5-5　求下列函数在 ∞ 点的留数：

(1) $e^{z^{\frac{1}{2}}}$; (2) $\cos z - \sin z$; (3) $\dfrac{2z}{z^2+3}$;

(4) $\dfrac{1}{z(z+1)^4(z-4)}$; (5) $e^{\frac{1}{z-1}}$; (6) $\dfrac{(z-1)^3}{z^4}$.

*5-6 求下列积分:

(1) $\oint_{|z|=3} \dfrac{(z-1)^3}{z(z+2)^3} dz$;

(2) $\oint_{|z|=5} \dfrac{z^{15}}{(z^2+1)^2(z^4+2)^3} dz$;

(3) $\oint_{|z|=r>1} \dfrac{z^{2n}}{1+z^n} dz$.

5.3 留数在实变量积分计算中的应用

我们知道,有些实变量积分利用微积分中的积分方法很难或不可能得到其积分值,原因在于被积函数的原函数往往不能用初等函数的有限形式表示,因而就不能用牛顿—莱布尼兹公式进行计算.如 $\int_0^{+\infty} \dfrac{\sin x}{x} dx$,$\int_0^{+\infty} \sin x^2 dx$,$\int_0^{2\pi} \dfrac{\cos 2\theta d\theta}{1+a^2-2a\cos\theta}$ 等,然而这些积分在实际中却非常有用.本节将介绍利用留数计算几类常用积分的方法.

5.3.1 $\int_0^{2\pi} R(\cos\theta, \sin\theta) d\theta$ 型积分

这是一个实变量的积分,要用留数计算,我们需要做两方面的工作:第一,先将此积分化为复变量的围线(封闭路径)积分;第二,利用留数定理将复变量的围线积分转化为留数问题,计算留数可得原积分值.下面就按这样的思路来进行讨论.

在 $\int_0^{2\pi} R(\cos\theta, \sin\theta) d\theta$ 中,$R(\cos\theta, \sin\theta)$ 表示 $\cos\theta, \sin\theta$ 的有理函数,且在 $[0, 2\pi]$ 上连续.若令 $z = e^{i\theta}$,则

$$\cos\theta = \dfrac{e^{i\theta}+e^{-i\theta}}{2} = \dfrac{z^2+1}{2z};$$

$$\sin\theta = \dfrac{e^{i\theta}-e^{-i\theta}}{2i} = \dfrac{z^2-1}{2iz};$$

$$dz = ie^{i\theta} d\theta = iz d\theta.$$

并且从变换 $z=e^{i\theta}$ 知,当 θ 从 0 变到 2π 时,z 恰好沿单位圆周 $C:|z|=1$ 的正向绕一周,所以有

$$\int_0^{2\pi} R(\cos\theta, \sin\theta) d\theta = \oint_C R\left(\dfrac{z^2+1}{2z}, \dfrac{z^2-1}{2iz}\right) \dfrac{1}{iz} dz$$

第 5 章 留　　数

当有理函数 $f(z)=R\left(\dfrac{z^2+1}{2z},\dfrac{z^2-1}{2\mathrm{i}z}\right)\dfrac{1}{\mathrm{i}z}$ 在 $C:|z|=1$ 的内部有 n 个孤立奇点 $z_k(k=1,2,\cdots,n)$ 时，则由留数定理有

$$\int_0^{2\pi} R(\cos\theta,\sin\theta)\mathrm{d}\theta = 2\pi\mathrm{i}\sum_{k=1}^n \mathrm{Res}[f(z),z_k].$$

注 有理函数的孤立奇点均为极点．

【例 5-17】 求 $I=\displaystyle\int_0^{2\pi}\dfrac{\mathrm{d}\theta}{2+\cos\theta}$ 的值．

解 令 $z=\mathrm{e}^{\mathrm{i}\theta}$，则

$$I=\oint_{|z|=1}\dfrac{1}{2+\dfrac{z^2+1}{2z}}\dfrac{\mathrm{d}z}{\mathrm{i}z}=\dfrac{2}{\mathrm{i}}\cdot\oint_{|z|=1}\dfrac{1}{z^2+4z+1}\mathrm{d}z$$

被积函数 $f(z)=\dfrac{1}{z^2+4z+1}$ 在 $|z|=1$ 内只有单极点 $z=-2+\sqrt{3}$，故

$$\begin{aligned}
I&=\dfrac{2}{\mathrm{i}}\times 2\pi\mathrm{i}\mathrm{Res}[f(z),-2+\sqrt{3}]\\
&=4\pi\lim_{z\to -2+\sqrt{3}}\left\{[z-(-2+\sqrt{3})]\cdot\dfrac{1}{z^2+4z+1}\right\}\\
&=\dfrac{2\pi}{\sqrt{3}}.
\end{aligned}$$

【例 5-18】 求 $I=\displaystyle\int_0^{2\pi}\dfrac{\cos 2\theta\,\mathrm{d}\theta}{1-2p\cos\theta+p^2}\quad(0<p<1)$ 的值．

解 令 $z=\mathrm{e}^{\mathrm{i}\theta}$，由于 $\cos 2\theta=\dfrac{1}{2}(\mathrm{e}^{2\mathrm{i}\theta}+\mathrm{e}^{-2\mathrm{i}\theta})=\dfrac{1}{2}(z^2+z^{-2})$，因此

$$\begin{aligned}
I&=\oint_{|z|=1}\dfrac{z^2+z^{-2}}{2}\dfrac{1}{1-2p\cdot\dfrac{z+z^{-1}}{2}+p^2}\dfrac{\mathrm{d}z}{\mathrm{i}z}\\
&=\oint_{|z|=1}\dfrac{1+z^4}{2\mathrm{i}z^2(1-pz)(z-p)}\mathrm{d}z\\
&=\oint_{|z|=1}f(z)\mathrm{d}z
\end{aligned}$$

在 $|z|=1$ 内被积函数 $f(z)$ 有两个极点 $z=0,z=p$，其中 $z=0$ 为二阶极点，$z=p$ 为一阶极点，而

$$\begin{aligned}
\mathrm{Res}[f(z),0]&=\lim_{z\to 0}\dfrac{\mathrm{d}}{\mathrm{d}z}[z^2 f(z)]\\
&=\lim_{z\to 0}\dfrac{(z-pz^2-p+p^2 z)\cdot 4z^3-(1+z^4)(1-2pz+p^2)}{2\mathrm{i}(z-pz^2-p+p^2 z)^2}\\
&=-\dfrac{1+p^2}{2\mathrm{i}p}
\end{aligned}$$

$$\text{Res}[f(z),p] = \lim_{z \to p}[(z-p)f(z)] = \frac{1+p^4}{2\mathrm{i}p^2(1-p^2)},$$

因此
$$I = 2\pi\mathrm{i}\{\text{Res}[f(z),0] + \text{Res}[f(z),p]\}$$
$$= 2\pi\mathrm{i}\left[-\frac{1+p^2}{2\mathrm{i}p^2} + \frac{1+p^4}{2\mathrm{i}p^2(1-p^2)}\right]$$
$$= \frac{2\pi p^2}{1-p^2}.$$

5.3.2 $\int_{-\infty}^{+\infty} \dfrac{P(x)}{Q(x)} \mathrm{d}x$ 型积分

假设 $P(x), Q(x)$ 为互质的关于 x 的多项式，分母 $Q(x)$ 的次数高于分子 $P(x)$ 的次数二次以上，且 $Q(x)$ 在实轴上没有零点.

这是一个有理函数的无穷积分. 现在来说明利用留数计算这类积分的方法.

选取积分路线 C 为上半圆周 $C_R: |z|=R$, $\text{Im}(z) \geqslant 0$ 与实轴上线段 $-R \leqslant x \leqslant R$, $\text{Im}(z)=0$ 围成的闭曲线（见图 5-2），而被积函数取为 $f(z) = \dfrac{P(z)}{Q(z)}$. 取 R 充分大，使 C 所围区域包含

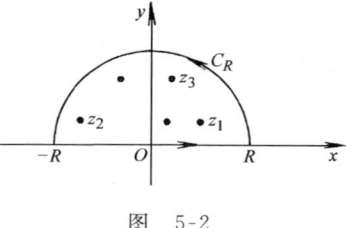

图 5-2

$f(z)$ 在上半平面内的一切孤立奇点 $z_k(k=1, 2, \cdots, n)$. 由留数定理知
$$\oint_C f(z)\mathrm{d}z = 2\pi\mathrm{i}\sum_{k=1}^{n}\text{Res}[f(z),z_k]$$

即
$$\int_{-R}^{R} \frac{p(x)}{Q(x)}\mathrm{d}x + \int_{C_R} f(z)\mathrm{d}z = 2\pi\mathrm{i}\sum_{k=1}^{n}\text{Res}[f(z),z_k].$$

如果我们可以证出当 $R \to +\infty$ 时，$\int_{C_R} f(z)\mathrm{d}z \to 0$，那么便可以得到 $\int_{-\infty}^{+\infty} \dfrac{P(x)}{Q(x)}\mathrm{d}x$ 的计算公式.

事实上，对于积分 $\int_{C_R} f(z)\mathrm{d}z$，令 $z = R\mathrm{e}^{\mathrm{i}\theta}(0 \leqslant \theta \leqslant \pi)$，则 $\mathrm{d}z = R\mathrm{i}\mathrm{e}^{\mathrm{i}\theta}\mathrm{d}\theta$，于是
$$\int_{C_R} f(z)\mathrm{d}z = \int_0^\pi f(R\mathrm{e}^{\mathrm{i}\theta})R\mathrm{i}\mathrm{e}^{\mathrm{i}\theta}\mathrm{d}\theta$$

因为 $Q(z)$ 的次数比 $P(z)$ 的次数高两次，所以
$$\lim_{z \to +\infty} zf(z) = \lim_{z \to +\infty} \frac{zP(z)}{Q(z)} = 0.$$

因此，对于任给的 $\varepsilon > 0$，当 $|z| = R$ 充分大时，有

第 5 章 留 数

$$|zf(z)| = |f(Re^{i\theta})Re^{i\theta}| < \varepsilon$$

从而

$$\left|\int_{C_R} f(z)\mathrm{d}z\right| \leqslant \int_0^\pi |f(Re^{i\theta})Rie^{i\theta}|\mathrm{d}\theta < \pi\varepsilon$$

即

$$\lim_{|z|=R\to+\infty}\int_{C_R} f(z)\mathrm{d}z = 0$$

故

$$\int_{-\infty}^{+\infty} \frac{P(x)}{Q(x)}\mathrm{d}x = 2\pi i \sum_{k=1}^n \mathrm{Res}\left[\frac{P(z)}{Q(z)}, z_k\right].$$

若 $f(x) = \dfrac{P(x)}{Q(x)}$ 为偶函数，则

$$\int_0^{+\infty} \frac{P(x)}{Q(x)}\mathrm{d}x = \pi i \sum_{k=1}^n \mathrm{Res}[f(z), z_k].$$

【例 5-19】 计算 $I = \displaystyle\int_{-\infty}^{+\infty} \frac{x^2}{(x^2+a^2)(x^2+b^2)}\mathrm{d}x \quad (a > 0, b > 0)$ 的值.

解 $f(z) = \dfrac{z^2}{(z^2+a^2)(z^2+b^2)}$ 的分母多项式次数高于分子多项式次数两次，它在上半平面内有两个单极点 $z_1 = ai, z_2 = bi$，所以

$$I = 2\pi i\{\mathrm{Res}[f(z), ai] + \mathrm{Res}[f(z), bi]\}$$

$$= 2\pi i\left[\frac{a}{2i(a^2-b^2)} + \frac{b}{2i(b^2-a^2)}\right]$$

$$= \frac{\pi}{a+b}.$$

【例 5-20】 计算 $I = \displaystyle\int_0^{+\infty} \frac{1}{x^4+1}\mathrm{d}x$ 的值.

解 $f(z) = \dfrac{1}{z^4+1}$ 的分母多项式次数高于分子多项式次数四次，且为偶函数，它在上半平面内有两个单极点 $z_1 = e^{\frac{\pi}{4}i}, z_2 = e^{\frac{3\pi}{4}i}$，所以

$$I = \pi i\{\mathrm{Res}[f(z), e^{\frac{\pi}{4}i}] + \mathrm{Res}[f(z), e^{\frac{3\pi}{4}i}]\}$$

$$= \pi i\left(\frac{1}{4e^{\frac{3\pi}{4}i}} + \frac{1}{4e^{\frac{9\pi}{4}i}}\right) = \frac{\pi}{4}i(e^{-\frac{3\pi}{4}i} + e^{-\frac{\pi}{4}i})$$

$$= \frac{\sqrt{2}}{4}\pi.$$

顺便指出，第一类积分可化为第二类积分，即

$$\int_0^{2\pi} R(\cos\theta, \sin\theta)\mathrm{d}\theta = \int_{-\pi}^{\pi} R(\cos\theta, \sin\theta)\mathrm{d}\theta$$

$$\xrightarrow{\diamondsuit \tan\frac{\theta}{2}=t} \int_{-\infty}^{+\infty} R\left(\frac{1-t^2}{1+t^2}, \frac{2t}{1+t^2}\right)\frac{2}{1+t^2}\mathrm{d}t.$$

5.3.3 $\int_{-\infty}^{+\infty} f(x) e^{iax} dx$ $(a>0)$ 型积分

设 $f(x)$ 为有理分式函数,分母的次数至少比分子的次数高一次,且分母在实轴上没有零点.

为了给出这类积分的计算方法,我们先介绍一个引理(证明略):

引理 (若尔当引理)设 C 为 $|z|=R$ 的上半圆周,函数 $f(z)$ 在 C 上连续且 $\lim\limits_{z\to\infty} f(z) = 0$,则

$$\lim_{|z|=R\to\infty}\int_C f(z) e^{iaz} dz = 0 \quad (a>0).$$

下面我们来说明利用留数计算这类积分的方法.

与 5.3.2 节中方法相类似,选取积分路线 C 为上半圆周 $C_R: |z|=R$,$\mathrm{Im}(z)\geqslant 0$ 与实轴上的线段 $-R\leqslant x\leqslant R$,$\mathrm{Im}(z)=0$ 围成的闭曲线,而被积函数取为 $f(z)e^{iaz}$.取 R 充分大,使 C 所围区域包含 $f(z)e^{iaz}$ 在上半平面内的所有孤立奇点 $z_k(k=1,2,\cdots,n)$.由留数定理知

$$\oint_C f(z) e^{iaz} dz = 2\pi i \sum_{k=1}^n \mathrm{Res}[f(z)e^{iaz}, z_k]$$

即

$$\int_{-R}^R f(x) e^{iax} dx + \int_{C_R} f(z) e^{iaz} dz = 2\pi i \sum_{k=1}^n \mathrm{Res}[f(z)e^{iaz}, z_k].$$

因为 $f(x)$ 的分母多项式次数至少比分子多项式次数高一次,所以,$\lim\limits_{z\to\infty} f(z) = 0$,由若尔当引理知

$$\lim_{|z|=R\to\infty}\int_{C_R} f(z) e^{iaz} dz = 0,$$

故

$$\int_{-\infty}^{+\infty} f(x) e^{iax} dx = 2\pi i \sum_{k=1}^n \mathrm{Res}[f(z)e^{iaz}, z_k].$$

又因为 $e^{iax} = \cos ax + i \sin ax$,所以

$$\int_{-\infty}^{+\infty} f(x) e^{iax} dx = \int_{-\infty}^{+\infty} f(x) \cos ax\, dx + i \int_{-\infty}^{+\infty} f(x) \sin ax\, dx.$$

因此要计算积分

$$\int_{-\infty}^{+\infty} f(x) \cos ax\, dx \ \text{或} \int_{-\infty}^{+\infty} f(x) \sin ax\, dx$$

只要求出积分 $\int_{-\infty}^{+\infty} f(x) e^{iax} dx$ 的实部或虚部即可.

【例 5-21】 计算 $I = \int_0^{+\infty} \dfrac{\cos x}{x^2 + a^2} dx \quad (a>0)$ 的值.

第 5 章 留 数

解 因为被积函数为偶函数,所以

$$2I = \int_{-\infty}^{+\infty} \frac{\cos x}{x^2 + a^2} \mathrm{d}x.$$

先来计算 $J = \int_{-\infty}^{+\infty} \frac{1}{x^2 + a^2} \mathrm{e}^{\mathrm{i}x} \mathrm{d}x$ 的值. 由于 $\frac{\mathrm{e}^{\mathrm{i}z}}{z^2 + a^2}$ 在上半平面内有一阶极点 $a\mathrm{i}$,所以

$$J = 2\pi\mathrm{i}\,\mathrm{Res}\left[\frac{\mathrm{e}^{\mathrm{i}z}}{z^2 + a^2}, a\mathrm{i}\right] = 2\pi\mathrm{i}\,\frac{\mathrm{e}^{-a}}{2a\mathrm{i}} = \frac{\pi}{a}\mathrm{e}^{-a},$$

从而

$$2I = \int_{-\infty}^{+\infty} \frac{\cos x}{x^2 + a^2} \mathrm{d}x = \mathrm{Re}(J) = \frac{\pi}{a}\mathrm{e}^{-a},$$

故 $I = \frac{\pi}{2a}\mathrm{e}^{-a}$.

【**例 5-22**】 计算 $I = \int_{-\infty}^{+\infty} \frac{x\sin x}{x^2 - 2x + 10} \mathrm{d}x$ 的值.

解 先来计算 $J = \int_{-\infty}^{+\infty} \frac{x}{x^2 - 2x + 10} \mathrm{e}^{\mathrm{i}x} \mathrm{d}x$ 的值. 因为 $\frac{z}{z^2 - 2z + 10}$ 在上半平面内有一个一阶极点 $z = 1 + 3\mathrm{i}$,所以

$$\begin{aligned}
J &= 2\pi\mathrm{i}\,\mathrm{Res}\left[\frac{z}{z^2 - 2z + 10} \cdot \mathrm{e}^{\mathrm{i}z}, 1 + 3\mathrm{i}\right] \\
&= 2\pi\mathrm{i} \cdot \frac{1 + 3\mathrm{i}}{6\mathrm{i}} \mathrm{e}^{\mathrm{i}(1+3\mathrm{i})} \\
&= \frac{\pi}{3}\mathrm{e}^{-3}[(\cos 1 - 3\sin 1) + \mathrm{i}(3\cos 1 + \sin 1)]
\end{aligned}$$

故

$$I = \mathrm{Im}(J) = \frac{\pi}{3}\mathrm{e}^{-3}(3\cos 1 + \sin 1).$$

*5.3.4 其他类型积分计算举例

在上面所介绍的 5.3.2 节、5.3.3 节的两类积分中,都要求被积函数的分母在实轴上没有零点,但在实际中,常常会遇到分母在实轴上有零点的情形,怎样计算这类积分呢? 下面通过具体例子来说明方法.

【**例 5-23**】 计算 $I = \int_{0}^{+\infty} \frac{\sin x}{x} \mathrm{d}x$ 的值.

解 因为 $\frac{\sin x}{x}$ 是偶函数,所以

$$2I = \int_{-\infty}^{+\infty} \frac{\sin x}{x} \mathrm{d}x \triangleq J.$$

积分 J 与例 5-22 积分相类似，属于 $\int_{-\infty}^{+\infty} f(x)\sin ax\,\mathrm{d}x$ 型，故计算 J 时，可取被积函数为 $\dfrac{\mathrm{e}^{\mathrm{i}z}}{z}$，但由于 $z=0$ 是 $\dfrac{\mathrm{e}^{\mathrm{i}z}}{z}$ 的一阶极点，它在实轴上，为了使积分路线不过奇点，我们取如图 5-3 所示的路线 $C = C_1 + C_r + C_2 + C_R$.

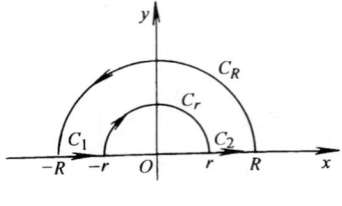

图 5-3

因为 $\dfrac{\mathrm{e}^{\mathrm{i}z}}{z}$ 在 C 所围区域内解析，所以

$$\oint_C \frac{\mathrm{e}^{\mathrm{i}z}}{z}\mathrm{d}z = 0$$

即

$$\int_{-R}^{-r}\frac{\mathrm{e}^{\mathrm{i}x}}{x}\mathrm{d}x + \int_{C_r}\frac{\mathrm{e}^{\mathrm{i}z}}{z}\mathrm{d}z + \int_{r}^{R}\frac{\mathrm{e}^{\mathrm{i}x}}{x}\mathrm{d}x + \int_{C_R}\frac{\mathrm{e}^{\mathrm{i}z}}{z}\mathrm{d}z = 0 \tag{5-2}$$

又因为

$$\frac{\mathrm{e}^{\mathrm{i}z}}{z} = \frac{1}{z} + \mathrm{i} - \frac{z}{2!} + \cdots + \frac{\mathrm{i}^n z^{n-1}}{n!} + \cdots = \frac{1}{z} + \varphi(z)$$

其中 $\varphi(z) = \mathrm{i} - \dfrac{z}{2!} + \cdots + \dfrac{\mathrm{i}^n z^{n-1}}{n!} + \cdots$，所以

$$\int_{C_r}\frac{\mathrm{e}^{\mathrm{i}z}}{z}\mathrm{d}z = \int_{C_r}\frac{\mathrm{d}z}{z} + \int_{C_r}\varphi(z)\mathrm{d}z.$$

而 $\int_{C_r}\dfrac{\mathrm{d}z}{z} = \int_{\pi}^{0}\dfrac{\mathrm{i}r\mathrm{e}^{\mathrm{i}\theta}}{r\mathrm{e}^{\mathrm{i}\theta}}\mathrm{d}\theta = -\mathrm{i}\pi$. 又 $\varphi(z)$ 在 $z=0$ 处解析，且 $\varphi(0) = \mathrm{i}$，因而当 $|z|$ 充分小时，可使 $|\varphi(z)| \leqslant 2$，于是

$$\left|\int_{C_r}\varphi(z)\mathrm{d}z\right| \leqslant \int_{C_r}|\varphi(z)|\,\mathrm{d}s \leqslant 2\int_{C_r}\mathrm{d}s = 2\pi r.$$

从而有 $\lim\limits_{r\to 0}\int_{C_r}\varphi(z)\mathrm{d}z = 0$，因此

$$\lim_{r\to 0}\int_{C_r}\frac{\mathrm{e}^{\mathrm{i}z}}{z}\mathrm{d}z = -\mathrm{i}\pi.$$

又由若尔当引理知 $\lim\limits_{R\to +\infty}\int_{C_R}\dfrac{\mathrm{e}^{\mathrm{i}z}}{z}\mathrm{d}z = 0$. 式(5-2) 取 $r\to 0$，$R\to +\infty$ 时的极限，则有

$$\int_{-\infty}^{0}\frac{\mathrm{e}^{\mathrm{i}x}}{x}\mathrm{d}x - \pi\mathrm{i} + \int_{0}^{+\infty}\frac{\mathrm{e}^{\mathrm{i}x}}{x}\mathrm{d}x + 0 = 0$$

即 $\int_{-\infty}^{+\infty}\dfrac{\mathrm{e}^{\mathrm{i}x}}{x}\mathrm{d}x = \pi\mathrm{i}$. 从而

$$J = \int_{-\infty}^{+\infty}\frac{\sin x}{x}\mathrm{d}x = \mathrm{Im}\left(\int_{-\infty}^{+\infty}\frac{\mathrm{e}^{\mathrm{i}x}}{x}\mathrm{d}x\right) = \pi$$

故

$$I = \int_0^{+\infty} \frac{\sin x}{x} \mathrm{d}x = \frac{\pi}{2}.$$

此积分通常称狄里克雷积分，在研究阻尼振动中有用.

【例 5-24】 计算 $I = \int_{-\infty}^{+\infty} \frac{\mathrm{e}^{ax}}{1+\mathrm{e}^x} \mathrm{d}x$ （$0 < a < 1$）的值.

解 取被积函数为 $\frac{\mathrm{e}^{az}}{1+\mathrm{e}^z}$，可以看出，此函数仅有一个一阶极点 $z = \pi\mathrm{i}$，且在虚轴上. 取如图 5-4 所示的积分路线 $C = C_1 + C_2 + C_3 + C_4$.

由留数定理知

$$\oint_C \frac{\mathrm{e}^{az}}{1+\mathrm{e}^z} \mathrm{d}z = 2\pi\mathrm{i} \frac{\mathrm{e}^{az}}{(1+\mathrm{e}^z)'}\bigg|_{z=\pi\mathrm{i}}$$
$$= 2\pi\mathrm{i} \cdot \frac{\mathrm{e}^{a\pi\mathrm{i}}}{\mathrm{e}^{\pi\mathrm{i}}}$$
$$= -2\pi\mathrm{i}\mathrm{e}^{\pi a\mathrm{i}}.$$

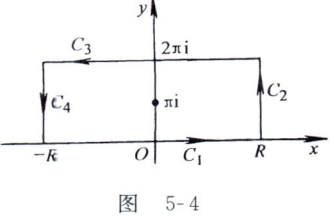

图 5-4

而

$$\oint_C \frac{\mathrm{e}^{az}}{1+\mathrm{e}^z} \mathrm{d}z = \int_{C_1} \frac{\mathrm{e}^{az}}{1+\mathrm{e}^z} \mathrm{d}z + \int_{C_2} \frac{\mathrm{e}^{az}}{1+\mathrm{e}^z} \mathrm{d}z$$
$$+ \int_{C_3} \frac{\mathrm{e}^{az}}{1+\mathrm{e}^z} \mathrm{d}z + \int_{C_4} \frac{\mathrm{e}^{az}}{1+\mathrm{e}^z} \mathrm{d}z$$
$$= \int_{-R}^{R} \frac{\mathrm{e}^{ax}}{1+\mathrm{e}^x} \mathrm{d}x + \int_0^{2\pi} \frac{\mathrm{e}^{a(R+\mathrm{i}y)}}{1+\mathrm{e}^{R+\mathrm{i}y}} \mathrm{i}\mathrm{d}y$$
$$+ \int_R^{-R} \frac{\mathrm{e}^{a(x+2\pi\mathrm{i})}}{1+\mathrm{e}^{x+2\pi\mathrm{i}}} \mathrm{d}x + \int_{2\pi}^0 \frac{\mathrm{e}^{a(-R+\mathrm{i}y)}}{1+\mathrm{e}^{-R+\mathrm{i}y}} \mathrm{i}\mathrm{d}y$$
$$= (1 - \mathrm{e}^{2\pi a\mathrm{i}}) \int_{-R}^{R} \frac{\mathrm{e}^{ax}}{1+\mathrm{e}^x} \mathrm{d}x$$
$$+ \int_0^{2\pi} \frac{\mathrm{e}^{a(R+\mathrm{i}y)}}{1+\mathrm{e}^{R+\mathrm{i}y}} \mathrm{i}\mathrm{d}y + \int_{2\pi}^0 \frac{\mathrm{e}^{a(-R+\mathrm{i}y)}}{1+\mathrm{e}^{-R+\mathrm{i}y}} \mathrm{i}\mathrm{d}y$$

由于

$$\left| \int_0^{2\pi} \frac{\mathrm{e}^{a(R+\mathrm{i}y)}}{1+\mathrm{e}^{R+\mathrm{i}y}} \mathrm{i}\mathrm{d}y \right| \leqslant \int_0^{2\pi} \left| \frac{\mathrm{e}^{a(R+\mathrm{i}y)}}{1+\mathrm{e}^{R+\mathrm{i}y}} \right| \mathrm{d}y \leqslant \int_0^{2\pi} \frac{\mathrm{e}^{aR}}{\mathrm{e}^R - 1} \mathrm{d}y$$
$$= 2\pi \frac{\mathrm{e}^{aR}}{\mathrm{e}^R - 1} = 2\pi \frac{\mathrm{e}^{(a-1)R}}{1 - \mathrm{e}^{-R}}$$

当 $0 < a < 1$ 时

$$\lim_{R \to +\infty} \frac{\mathrm{e}^{(a-1)R}}{1 - \mathrm{e}^{-R}} = 0$$

从而，当 $R \to +\infty$ 时

$$\mathrm{i}\int_0^{2\pi} \frac{\mathrm{e}^{a(R+\mathrm{i}y)}}{1+\mathrm{e}^{R+\mathrm{i}y}} \mathrm{d}y \to 0$$

又
$$\left|\int_{2\pi}^{0}\frac{e^{a(-R+iy)}}{1+e^{-R+iy}}idy\right|=\left|\int_{0}^{2\pi}\frac{e^{-aR+aiy}}{1+e^{-R+iy}}idy\right|\leqslant 2\pi\frac{e^{-aR}}{1-e^{-R}},$$

由于 $\lim\limits_{R\to+\infty}\dfrac{e^{-aR}}{1-e^{-R}}=0$,从而,当 $R\to+\infty$ 时

$$i\int_{2\pi}^{0}\frac{e^{a(-R+iy)}}{1+e^{-R+iy}}dy\to 0$$

因此
$$(1-e^{2\pi ai})\int_{-\infty}^{+\infty}\frac{e^{ax}}{1+e^{x}}dx=-2\pi i e^{\pi ai}$$

故
$$I=\int_{-\infty}^{+\infty}\frac{e^{ax}}{1+e^{x}}dx=\frac{-2\pi i e^{\pi ai}}{1-e^{2\pi ai}}=\frac{\pi}{\sin\pi a}.$$

【例 5-25】 已知泊松积分公式 $\int_{0}^{+\infty}e^{-t^2}dt=\dfrac{\sqrt{\pi}}{2}$,计算积分 $\int_{0}^{+\infty}\sin x^2 dx$,$\int_{0}^{+\infty}\cos x^2 dx$ 的值.

解 因 $\cos x^2+i\sin x^2=e^{ix^2}$,故只需求出积分 $\int_{0}^{+\infty}e^{ix^2}dx$ 的值,并取实部和虚部,即得所求积分的值.

取被积函数为 e^{iz^2},积分路线 C 为一半径为 R 的 $\dfrac{\pi}{4}$ 扇形的边界,如图 5-5 所示.由于 e^{iz^2} 在 C 所围区域内解析,所以

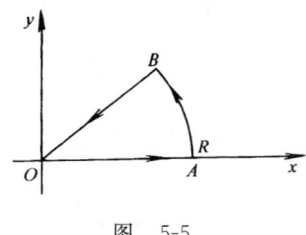

图 5-5

$$\oint_{C}e^{iz^2}dz=0$$

即
$$\int_{\overline{OA}}e^{iz^2}dz+\int_{\widehat{AB}}e^{iz^2}dz+\int_{\overline{BO}}e^{iz^2}dz=0.$$

在 $\overline{OA}$ 上,x 从 O 到 R;在 $\widehat{AB}$ 上,$z=Re^{i\theta}$,θ 从 0 到 $\dfrac{\pi}{4}$;在 BO 上,$z=re^{i\frac{\pi}{4}}$,r 从 R 到 0.因此,上式化为

$$\int_{0}^{R}e^{ix^2}dx+\int_{0}^{\frac{\pi}{4}}e^{iR^2 e^{2i\theta}}\cdot Rie^{i\theta}d\theta+\int_{R}^{0}e^{ir^2 e^{\frac{\pi}{2}i}}\cdot e^{\frac{\pi}{4}i}dr=0.$$

或
$$\int_{0}^{R}(\cos x^2+i\sin 2x^2)dx=e^{\frac{\pi}{4}i}\int_{0}^{R}e^{-r^2}dr-\int_{0}^{\frac{\pi}{4}}e^{iR^2\cos 2\theta-R^2\sin 2\theta}\cdot iRe^{i\theta}d\theta.$$

当 $R\to+\infty$ 时,上式右端的第一个积分为

$$e^{\frac{\pi}{4}i}\int_0^{+\infty}e^{-r^2}dr = \frac{\sqrt{\pi}}{2}e^{\frac{\pi}{4}i} = \frac{1}{2}\sqrt{\frac{\pi}{2}} + \frac{i}{2}\sqrt{\frac{\pi}{2}}$$

而第二个积分的绝对值

$$\left|\int_0^{\frac{\pi}{4}}e^{iR^2\cos2\theta - R^2\sin2\theta}\cdot iRe^{i\theta}d\theta\right| \leqslant R\int_0^{\frac{\pi}{4}}e^{-R^2\sin2\theta}d\theta$$

$$\leqslant R\int_0^{\frac{\pi}{4}}e^{-\frac{4}{\pi}R^2\theta}d\theta^{\ominus} = \frac{\pi}{4R}(1-e^{R^2}).$$

由此可知，当 $R \to +\infty$ 时，第二个积分趋于 0，从而有

$$\int_0^{+\infty}(\cos x^2 + i\sin x^2)dx = \frac{1}{2}\sqrt{\frac{\pi}{2}} + i\cdot\frac{1}{2}\sqrt{\frac{\pi}{2}}.$$

故

$$\int_0^{+\infty}\cos x^2 dx = \int_0^{+\infty}\sin x^2 dx = \frac{1}{2}\sqrt{\frac{\pi}{2}}.$$

这两个积分称为菲涅耳积分，常应用于光学的研究中.

习 题

5-7 求下列积分：

(1) $\int_0^{2\pi}\frac{1}{5+3\sin\theta}d\theta$；

(2) $\int_0^{2\pi}\frac{\sin^2\theta}{a+b\cos\theta}d\theta$，$(a > b > 0)$；

(3) $\int_{-\infty}^{+\infty}\frac{1}{(1+x^2)^2}dx$；

(4) $\int_0^{+\infty}\frac{x^2}{1+x^4}dx$；

(5) $\int_{-\infty}^{+\infty}\frac{\cos x}{x^2+4x+5}dx$；

(6) $\int_{-\infty}^{+\infty}\frac{x\sin x}{1+x^2}dx$.

㊀ 可以证明：当 $0 \leqslant \theta \leqslant \frac{\pi}{2}$ 时，$\sin\theta \geqslant \frac{2\theta}{\pi}$. 这一点也可以从下图很清楚地看出.

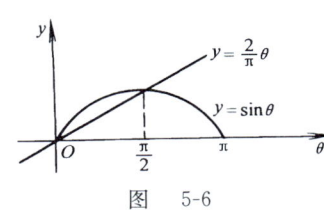

图 5-6

*5.4 对数留数与辐角原理

本节介绍留数理论在其他方面的应用,即借助对数留数来推导一个重要的原理——辐角原理.应用辐角原理,可以研究在一个区域内解析的函数零点及极点的个数问题,即代数学中方程根的个数问题.同时,辐角原理对于解析函数的几何理论、电子技术中的稳定理论都有重要作用.

5.4.1 对数留数

实际应用中常常需要知道 $[\ln f(z)]' = \dfrac{f'(z)}{f(z)}$ 的留数,所以称下面形式的积分

$$\frac{1}{2\pi i}\oint_C \frac{f'(z)}{f(z)}dz$$

为 $f(z)$ 关于曲线 C 的**对数留数**.

为了说明函数 $f(z)$ 的零点和极点与其对数留数的关系,我们先给出如下引理.

引理 1 若 z_0 为 $f(z)$ 的 n 阶零点,则 z_0 必为函数 $\dfrac{f'(z)}{f(z)}$ 的一阶极点,且 $\mathrm{Res}\left[\dfrac{f'(z)}{f(z)}, z_0\right] = n$.

证 因为 z_0 为 $f(z)$ 的 n 阶零点,所以在点 z_0 的邻域内有

$$f(z) = (z-z_0)^n g(z).$$

其中 $g(z)$ 在 z_0 的邻域内解析,且 $g(z_0) \neq 0$,于是

$$f'(z) = n(z-z_0)^{n-1} g(z) + (z-z_0)^n g'(z)$$

$$\frac{f'(z)}{f(z)} = \frac{n}{z-z_0} + \frac{g'(z)}{g(z)}.$$

又

$$\lim_{z \to z_0}(z-z_0)\frac{f'(z)}{f(z)} = \lim_{z \to z_0}\left[n + (z-z_0)\frac{g'(z)}{g(z)}\right] = n,$$

由极点的极限判别法及求一阶极点处留数的法则知,z_0 为 $\dfrac{f'(z)}{f(z)}$ 的一阶极点,且 $\mathrm{Res}\left[\dfrac{f'(z)}{f(z)}, z_0\right] = n$. 证毕

引理 2 若 z_0 为 $f(z)$ 的 m 阶极点,则 z_0 必为 $\dfrac{f'(z)}{f(z)}$ 的一阶极点,且

$$\text{Res}\left[\frac{f'(z)}{f(z)}, z_0\right] = -m.$$

证 因为 z_0 为 $f(z)$ 的 m 阶极点，所以在 z_0 的去心邻域内有
$$f(z) = \frac{1}{(z-z_0)^m} g(z).$$
其中 $g(z)$ 在 z_0 点的邻域内解析，且 $g(z_0) \neq 0$，由此易得
$$\frac{f'(z)}{f(z)} = \frac{-m}{z-z_0} + \frac{g'(z)}{g(z)}$$
又
$$\lim_{z \to z_0}(z-z_0)\frac{f'(z)}{f(z)} = -m$$
故 z_0 为 $\frac{f'(z)}{f(z)}$ 的一阶极点，且 $\text{Res}\left[\frac{f'(z)}{f(z)}, z_0\right] = -m$. 证毕

关于对数留数有如下重要结论.

定理 5-5 （对数留数定理） 设 C 为一闭曲线，若函数 $f(z)$ 满足：
(1) $f(z)$ 在 C 所围区域内除有限个极点外处处解析；
(2) $f(z)$ 在 C 上解析且不为零，
则有 $f(z)$ 的对数留数为
$$\frac{1}{2\pi i}\oint_C \frac{f'(z)}{f(z)} dz = N - P.$$
其中 N 与 P 分别表示 $f(z)$ 在 C 所围区域内的零点与极点的个数（一个 m 阶零点或极点算作 m 个零点或极点）.

证 设 $a_k(k=1, 2, \cdots, p)$ 为 $f(z)$ 在 C 内部的不同零点，其阶相应地为 n_k；$b_j(j=1, 2, \cdots, q)$ 为 $f(z)$ 在 C 内部的不同极点，其阶相应地为 m_j. 由引理知 $a_k(k=1, 2, \cdots, p)$，$b_j(j=1, 2, \cdots, q)$ 均为 $\frac{f'(z)}{f(z)}$ 的一阶极点，且除这些点外，函数 $\frac{f'(z)}{f(z)}$ 在 C 内及 C 上处处解析，由留数定理及引理有

$$\frac{1}{2\pi i}\oint_C \frac{f'(z)}{f(z)} dz = \sum_{k=1}^{p} \text{Res}\left[\frac{f'(z)}{f(z)}, a_k\right] + \sum_{j=1}^{q} \text{Res}\left[\frac{f'(z)}{f(z)}, b_j\right]$$
$$= \sum_{k=1}^{p} n_k + \sum_{j=1}^{q}(-m_j) = N - P.$$

此定理揭示了函数 $f(z)$ 关于曲线 C 的对数留数与 $f(z)$ 在 C 内零点个数和极

点个数的关系. 同时, 也为计算对数留数提供了一种简便方法. 证毕

【例 5-26】 计算 $\dfrac{1}{2\pi i}\oint_{|z|=6}\dfrac{f'(z)}{f(z)}dz$, 其中 $f(z)=\dfrac{z^5(z-5)}{(z-1)^2[z-(2+i)]^3}$

解 $f(z)$ 在 $|z|=6$ 内零点个数 $N=5+1=6$, 极点个数 $P=2+3=5$, 故

$$\frac{1}{2\pi i}\oint_{|z|=6}\frac{f'(z)}{f(z)}dz=N-P=6-5=1.$$

【例 5-27】 计算 $\dfrac{1}{2\pi i}\oint_{|z|=5}\dfrac{f'(z)}{f(z)}dz$, 其中 $f(z)=\dfrac{\sin z(z-1)^2}{(1-e^z)^5\cdot z^2}$

解 $f(z)$ 在 $|z|=5$ 内零点个数 $N=1+2=3$, 极点个数 $P=5+2=7$, 故

$$\frac{1}{2\pi i}\oint_{|z|=5}\frac{f'(z)}{f(z)}dz=N-P=3-7=-4.$$

5.4.2 辐角原理

辐角原理实际上是对数留数的几何解释, 或者说它是对数留数定理的另一种形式, 因此在给出辐角原理之前, 我们先来阐述对数留数的几何意义.

设 $w=f(z)$, C 为简单闭曲线, 当 z 沿 Z 平面上的简单闭曲线 C 绕行一周时, 通过映射 $w=f(z)$ 变成了 W 平面上的一条闭曲线 Γ (它不一定是简单闭曲线), 如图 5-7 所示. 因为 $f(z)\neq 0, z\in C$, 所以 Γ 不过原点.

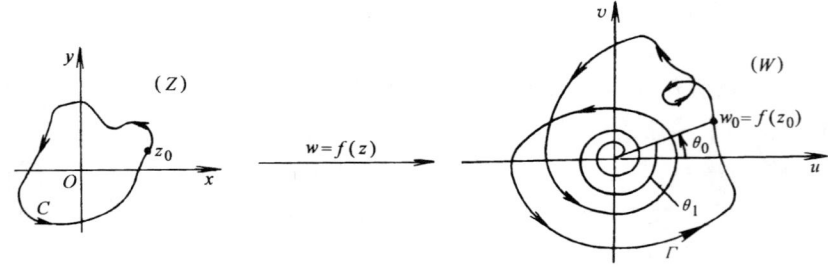

图 5-7

将对数留数写成

$$\frac{1}{2\pi i}\oint_C\frac{f'(z)}{f(z)}dz=\frac{1}{2\pi i}\oint_C d(\ln f(z))$$

$$=\frac{1}{2\pi i}\left[\oint_C d(\ln|f(z)|)+i\oint_C d(\arg f(z))\right].$$

由于 $\ln|f(z)|$ 的单值性, 当点 z_0 沿闭曲线 C 由 z_0 起绕一周时, 在映射 $w=f(z)$ 下, 其对应点 $w_0=f(z_0)$ 沿曲线 Γ 由 w_0 开始又回到 w_0 的位置, 或者说

$\ln|f(z)| = \ln|w|$ 沿曲线 Γ 从 $\ln|w_0|$ 起又回到 $\ln|w_0|$，即值 $\ln|f(z)|$ 没有改变，所以积分

$$\oint_C \mathrm{d}\ln|f(z)| = \ln|f(z_0)| - \ln|f(z_0)| = 0.$$

但 $\ln f(z)$ 的虚部 $\arg f(z) = \arg w$ 从 $\arg w_0 = \theta_0$ 起转到 θ_1 时比原先增加了 $2k\pi$，即 $\theta_1 = 2k\pi + \theta_0$，也就是辐角有增量 $2k\pi$，其中 k 为整数，k 实际上表示了 w 绕原点所转的圈数，逆时针转时，k 取正整数；顺时针转时，k 取负整数，不绕原点时 k 取 0. 若记增量为 $\Delta_C \arg f(z)$ 或 $\Delta_\Gamma \arg w$，则积分

$$\oint_C \mathrm{d}[\arg f(z)] = \Delta_C \arg f(z) = \Delta_\Gamma \arg w = 2k\pi \quad (k = 0, \pm 1, \pm 2, \cdots).$$

从而

$$\frac{1}{2\pi \mathrm{i}} \oint_C \frac{f'(z)}{f(z)} \mathrm{d}z = \frac{1}{2\pi \mathrm{i}} (0 + \mathrm{i} \cdot 2k\pi) = k.$$

由此可见，对数留数在几何上表示曲线 C 的映射曲线 Γ 绕原点所转的圈数 k，且当 k 为正整数时，表示 w 逆时针绕原点所转的圈数；当 k 为负整数时，表示 w 顺时针绕原点所转的圈数；当 $k = 0$ 时，表示 w 没有绕原点转动.

根据上述讨论并结合留数定理，可得如下结论.

定理 5-6 （辐角原理） 设 C 为一闭曲线，若函数 $f(z)$ 满足：

(1) $f(z)$ 在 C 所围区域内除有限个极点外处处解析；

(2) $f(z)$ 在 C 上解析且不为 0，

则有

$$N - P = \frac{\Delta_C \arg f(z)}{2\pi} = k.$$

其中 $\Delta_C \arg f(z)$ 表示函数辐角的改变量.

注 ① 若 $f(z)$ 在 C 所围区域内处处解析，即不含极点时，则定理中 $P = 0$；

② 若 $f(z)$ 在 C 所围区域内不含零点仅含有限个极点时，则定理中 $N = 0$.

作为辐角原理的应用，我们来证明零点个数比较定理(路西定理)和代数基本定理.

定理 5-7 （路西定理） 设 C 为一闭曲线，若函数 $f(z)$ 和 $g(z)$ 满足：

(1) $f(z)$ 和 $g(z)$ 在 C 所围区域内及 C 上均解析；

(2) 在 C 上有 $|f(z)| > |g(z)|$ 成立，

则函数 $f(z)$ 与 $f(z) + g(z)$ 在 C 所围区域内的零点个数相同.

证 由条件(2)知

$$|f(z)| > |g(z)| \geq 0$$

从而
$$|f(z)+g(z)| \geqslant |f(z)| - |g(z)| > 0$$
即在 C 上，$f(z) \neq 0$，$f(z)+g(z) \neq 0$，所以函数 $f(z)$ 和 $f(z)+g(z)$ 均满足辐角原理的条件，故在 C 所围区域内零点个数分别为
$$\frac{\Delta_C \arg f(z)}{2\pi} \text{ 与 } \frac{\Delta_C \arg [f(z)+g(z)]}{2\pi}.$$
只需证得 $\Delta_C \arg f(z) = \Delta_C \arg [f(z)+g(z)]$ 即可．因为在 C 上，$f(z) \neq 0$，所以
$$f(z)+g(z) = f(z)\left[1+\frac{g(z)}{f(z)}\right].$$
由辐角性质知
$$\Delta_C \arg [f(z)+g(z)] = \Delta_C \arg \left\{f(z)\left[1+\frac{g(z)}{f(z)}\right]\right\}$$
$$= \Delta_C \arg f(z) + \Delta_C \arg \left[1+\frac{g(z)}{f(z)}\right].$$
令 $w = 1 + \dfrac{g(z)}{f(z)}$，则
$$|w-1| = \left|\frac{g(z)}{f(z)}\right| < 1 \quad (\text{由条件}(2))$$
即点 w 落在以 1 为中心的单位圆内，也就是说，当 z 沿 C 变动时，点 $w = 1 + \dfrac{g(z)}{f(z)}$ 不会绕 $w = 0$（W 平面上的坐标原点）点变动，故
$$\Delta_C \arg \left[1+\frac{g(z)}{f(z)}\right] = 0,$$
从而有
$$\Delta_C \arg [f(z)+g(z)] = \Delta_C \arg f(z).$$
证毕

此定理对于判断函数零点的个数及零点的位置非常有用．

【例 5-28】 证明多项式 $4z^5 - 2z + 1$ 在单位圆 $|z| = 1$ 内有五个零点．

证 令 $f(z) = 4z^5$，易知 $z = 0$ 是 $f(z)$ 的五阶零点，即五个零点，且都在单位圆 $|z| = 1$ 内．又令 $g(z) = -2z + 1$，则在单位圆 $|z| = 1$ 上有以下不等式
$$|f(z)| = |4z^5| = 4 > 3 = |-2z| + 1 \geqslant |-2z+1| = |g(z)|$$
满足路西定理的条件，故 $f(z) + g(z) = 4z^5 - 2z + 1$ 与 $f(z)$ 在 $|z| < 1$ 内的零点个数相同．因而 $4z^5 - 2z + 1$ 在单位圆 $|z| = 1$ 内有五个零点．证毕

第 5 章 留 数

【例 5-29】 求多项式 $z^7-5z^4+z^2-2$ 在单位圆 $|z|=1$ 内零点的个数.

解 设 $f(z)=z^7, g(z)=-5z^4+z^2-2$,则在 $|z|=1$ 上有
$$|f(z)|=|z^7|=1, |g(z)|=|-5z^4+z^2-2|\leqslant 8.$$
从而,在 $|z|=1$ 上,$|f(z)|>|g(z)|$ 不成立,即不满足定理 5-7 的条件,故在 $|z|<1$ 内不可能有 7 个根.

另设 $f(z)=-5z^4, g(z)=z^7+z^2-2$,在 $|z|=1$ 上有
$$|g(z)|=|z^7+z^2-2|\leqslant |z^7|+|z^2|+|-2|=4$$
$$<5=|-5z^4|=|f(z)|.$$
故 $f(z)+g(z)=z^7-5z^4+z^2-2$ 与 $f(z)=-5z^4$ 在 $|z|<1$ 内的零点个数相同,而 $f(z)=-5z^4$ 在 $|z|<1$ 内有四个零点,所以 $z^7-5z^4+z^2-2$ 在 $|z|<1$ 内有四个零点.

【例 5-30】 试证方程 $a_0z^n+a_1z^{n-1}+\cdots+a_{n-1}z+a_n=0$ ($a_0\neq 0$)必有 n 个根.

分析 令 $f(z)=a_0z^n, g(z)=a_1z^{n-1}+\cdots+a_{n-1}z+a_n$,由于 $f(z)$ 有 n 个零点 ($z=0$ 为 $f(z)$ 的 n 阶零点),所以,我们只需找到一条包含 $z=0$ 在内的闭曲线 C,使得 $f(z), g(z)$ 在 C 上及 C 内满足路西定理的条件即可得证.因此,寻找这样的闭曲线 C 成为证明问题的关键.

作圆周 $C_R: |z|=R(R>1)$,在 C_R 上有
$$|f(z)|=|a_0|R^n$$
$$|g(z)|\leqslant |a_1|R^{n-1}+\cdots+|a_{n-1}|R+|a_n|$$
$$<(|a_1|+|a_2|+\cdots+|a_n|)R^{n-1}$$
要使 $|f(z)|>|g(z)|$,只需
$$\left|\frac{g(z)}{f(z)}\right|=\left|\frac{a_1z^{n-1}+\cdots+a_{n-1}z+a_n}{a_0z^n}\right|$$
$$\leqslant \frac{(|a_1|+|a_2|+\cdots+|a_n|)R^{n-1}}{|a_0|\cdot R^n}$$
$$=\frac{|a_1|+|a_2|+\cdots+|a_n|}{|a_0|R}<1$$
即
$$\frac{|a_1|+|a_2|+\cdots+|a_n|}{|a_0|}<R.$$

证 令 $f(z)=a_0z^n, g(z)=a_1z^{n-1}+\cdots+a_{n-1}z+a_n$,作以 $z=0$ 为中心,$R\left(\text{使}R>\dfrac{|a_1|+|a_2|+\cdots+|a_n|}{|a_0|}\right)$ 为半径的圆周 $C: |z|=R$,可知 $f(z), g(z)$ 在 C 内及 C 上满足路西定理的条件(验证过程见分析中),故 $f(z)$ 与 $f(z)+g(z)$ 在 C 所围区域内的零点个数相同.因为 $f(z)$ 在 $|z|<R$ 内有 n 个零点,所以 $f(z)+g(z)$ 在 $|z|<R$ 内有 n 个零点.又因为当 $|z|\geqslant R$ 时,$|f(z)|>|g(z)|$,因此在

$|z|\geq R$ 上 $f(z)+g(z)\neq 0$,否则,若存在 $z_0\in\{z\mid|z|\geq R\}$,使得 $f(z_0)+g(z_0)=0$,即 $f(z_0)=-g(z_0)$ 或 $|f(z_0)|=|g(z_0)|$,这与在 $|z|\geq R$ 上 $|f(z)|>|g(z)|$ 矛盾. 故在全平面上 $f(z)+g(z)$ 有 n 个零点,即方程 $a_0z^n+a_1z^{n-1}+\cdots+a_{n-1}z+a_n=0$ 有 n 个根. 证毕

*习　题

5-8　利用对数留数定理计算下列积分:

(1) $\dfrac{1}{2\pi i}\oint_{|z|=\pi}\dfrac{f'(z)}{f(z)}dz, f(z)=\dfrac{1+z^2}{1-\cos 2\pi z}$;

(2) $\oint_{|z|=3}\tan z\, dz$.

5-9　求下列方程在 $|z|<1$ 内根的个数:

(1) $z^5-5z^2-2=0$;(2) $e^{z-\lambda}=z,(\lambda>1)$.

5-10　求方程 $z^4-8z+10=0$ 分别在 $|z|<1$,$1<|z|<3$ 内根的个数.

本　章　小　结

1. 孤立奇点的概念及其分类

若函数 $f(z)$ 在 z_0 处不解析,但在 z_0 的某一去心邻域 $0<|z-z_0|<\delta$ 内处处解析,则 z_0 称为 $f(z)$ 的一个孤立奇点.

孤立奇点 z_0 可按函数 $f(z)$ 在解析域 $0<|z-z_0|<\delta$ 内的洛朗展开式中是否含有$(z-z_0)$的负幂项及含有负幂项的多少分为三类. 如果展开式中不含、只含有限项、含无穷多个$(z-z_0)$的负幂项,则 z_0 分别称为 $f(z)$ 的可去奇点、极点、本性奇点.

孤立奇点类型的极限判别法:

(1) 若 $\lim\limits_{z\to z_0}f(z)=l$(有限值),则 z_0 为 $f(z)$ 的可去奇点;

(2) 若 $\lim\limits_{z\to z_0}f(z)=\infty$,则 z_0 为 $f(z)$ 的极点,进一步,若

$$\lim\limits_{z\to z_0}(z-z_0)^m f(z)=A(\text{有限值且不为}0)$$

则 z_0 为 $f(z)$ 的 m 阶极点;

(3) 若 $\lim\limits_{z\to z_0}f(z)$ 不存在也不为 ∞,则 z_0 为 $f(z)$ 的本性奇点.

2. 留数的定义、计算方法及留数定理

留数的定义:设 z_0 为函数 $f(z)$ 的孤立奇点,那么 $f(z)$ 在 z_0 处的留数

$$\text{Res}[f(z),z_0]=c_{-1}=\dfrac{1}{2\pi i}\oint_C f(z)dz$$

其中 C 为去心邻域 $0<|z-z_0|<R$ 内任意一条绕 z_0 的正向简单闭曲线.

留数的计算方法：

(1) 用定义计算留数，即求出洛朗展开式中负幂项 $(z-z_0)^{-1}$ 的系数或计算积分 $\dfrac{1}{2\pi i}\oint_C f(z)\mathrm{d}z$. 这是求留数的基本方法；

(2) 若 z_0 为函数 $f(z)$ 的可去奇点，则 $\mathrm{Res}[f(z),z_0]=0$；

(3) 若 z_0 为 $f(z)$ 的一阶极点，则
$$\mathrm{Res}[f(z),z_0]=\lim_{z\to z_0}(z-z_0)f(z);$$

(4) 若 z_0 为 $f(z)=\dfrac{P(z)}{Q(z)}$ 的一阶极点，且 $Q'(z)\neq 0$，则
$$\mathrm{Res}[f(z),z_0]=\dfrac{p(z_0)}{Q'(z_0)};$$

(5) 若 z_0 为 $f(z)$ 的 m 阶极点，则
$$\mathrm{Res}[f(z),z_0]=\dfrac{1}{(m-1)!}\lim_{z\to z_0}\dfrac{\mathrm{d}^{m-1}}{\mathrm{d}z^{m-1}}[(z-z_0)^m f(z)].$$

注 当 z_0 为 $f(z)$ 的本性奇点时，用洛朗展开式求留数.

留数定理 设函数 $f(z)$ 在区域 D 内除有限个孤立奇点 $z_1,z_2,\cdots,z_n$ 外处处解析，C 为 D 内包围诸奇点的一条正向简单闭曲线，则
$$\oint_C f(z)\mathrm{d}z=2\pi i\sum_{k=1}^n \mathrm{Res}[f(z),z_k].$$

此定理把求封闭曲线 C 上的积分，转化为求被积函数在 C 中各孤立奇点处的留数.

3. 留数定理的应用

(1) 计算 $\oint_C f(z)\mathrm{d}z$.

(2) 计算三种类型的实变量积分：

① $\displaystyle\int_0^{2\pi} R(\cos\theta,\sin\theta)\mathrm{d}\theta$；

② $\displaystyle\int_{-\infty}^{+\infty} \dfrac{P(x)}{Q(x)}\mathrm{d}x$；

③ $\displaystyle\int_{-\infty}^{+\infty} f(x)\mathrm{e}^{aix}\mathrm{d}x \quad (a>0)$.

计算这三类实变量积分的总体思想都是先将其化为复变量的围线积分，然后利用留数定理转化为留数计算问题. 其关键问题是选好复变量积分的被积函数和积分围线.

4. 本章主要题型

(1) 求函数的孤立奇点，并判别其类型；

(2) 求函数在孤立奇点处的留数;

(3) 利用留数定理计算 $\oint_C f(z)\mathrm{d}z$;

(4) 利用留数定理计算三类实变量积分.

以上(2)、(3)为本章重点题型.

本章自测题

1. 求下列函数的孤立奇点,并指出类型:

(1) $\dfrac{e^{z^2}-1}{z^2}$; (2) $\cos\dfrac{1}{1-z}$; (3) $\dfrac{\sin z}{z^3}$.

2. 求下列函数在孤立奇点处的留数:

(1) $\dfrac{z+1}{z^2-2z}$; (2) $\dfrac{\ln(1+z)}{z}$; (3) $\sin\dfrac{z}{z+1}$.

3. 利用留数计算下列积分:

(1) $\oint_C \dfrac{1}{z^3(z-i)}\mathrm{d}z$, $C:|z|=2$;

(2) $\oint_C \dfrac{1-\cos z}{z^2}\mathrm{d}z$, $C:|z|=1$;

(3) $\oint_C \dfrac{z}{z^2-1}\mathrm{d}z$, $C:|z|=2$.

4. 利用留数计算下列实变量积分:

(1) $\displaystyle\int_0^{2\pi} \dfrac{\cos\theta}{3-2\cos\theta}\mathrm{d}\theta$;

(2) $\displaystyle\int_0^{+\infty} \dfrac{x^3\sin x}{1+x^4}\mathrm{d}x$.

第 6 章

保 角 映 射

中国探月工程

在研究许多实际问题中,常常会遇到区域的复杂性,给问题的研究带来困难. 在第一章中,我们已经指出,复函数 $w=f(z)$ 在几何上实际上是从 z 平面到 w 平面的一个映射,或者说,通过映射 $w=f(z)$,将 z 平面上的区域变成了 w 平面上的另一个区域. 因此,我们就可以考虑利用复变函数(特别是解析函数)所构成的映射来实现复杂区域的简单化,这将给实际问题的研究带来很大的方便.

本章首先给出保角映射的概念,提出研究保角映射的两个基本问题,然后着重讨论分式线性映射和几个初等函数所构成的映射,最后介绍保角映射在实际中的一些应用.

6.1 保角映射的概念

我们先来讨论解析函数导数的几何意义,并由此引出保角映射这一重要概念.

6.1.1 解析函数导数的几何意义

假设函数 $w=f(z)$ 在区域 D 内解析,z_0 为 D 内任意一点,$f'(z_0)$ 存在且 $f'(z_0)\neq 0$. 考察 $f'(z_0)$ 的几何意义可以从它的模及辐角的几何意义着手.

设 C 为 z 平面上一条过 z_0 的连续曲线,其参数方程为 $z=z(t)$,$\alpha \leqslant t \leqslant \beta$,且 $z_0=z(t_0)$. 如果 $z'(t_0)\neq 0(\alpha<t_0<\beta)$,则曲线 C 在点 z_0 的切线存在且其倾角为 $\varphi=\arg z'(t_0)$,经过 $w=f(z)$ 映射后,曲线 C 的像曲线为 w 平面上的过 $w_0=f(z_0)$ 的连续曲线 Γ(见图 6-1),其方程为 $w=f(z)=f(z(t))=w(t)(\alpha \leqslant t \leqslant \beta)$,且 $w_0=w(t_0)$. 由于 $w'(t_0)=f'(z_0)\cdot z'(t_0)\neq 0$,因此曲线 Γ 在 w_0 处有确定的切线,其倾角为

$$\phi = \arg w'(t_0) = \arg[f'(z_0) \cdot z'(t_0)] = \arg f'(z_0) + \arg z'(t_0)$$
$$= \arg f'(z_0) + \varphi \text{ (见图 6-1)}$$

于是 $\arg f'(z_0) = \phi - \varphi$.

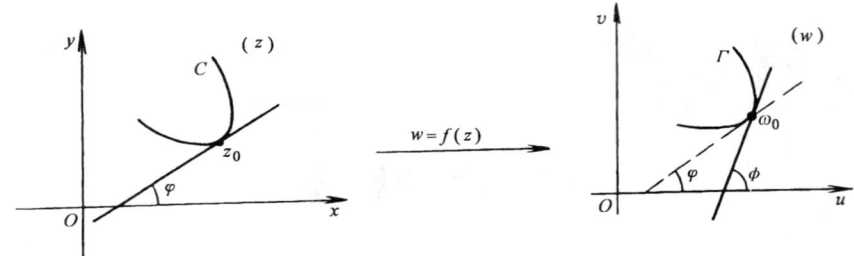

图 6-1

上式表明，像曲线 Γ 在 w_0 的切线方向可由曲线 C 在 z_0 处的切线方向旋转一个角度 $\arg f'(z_0)$ 得出. 我们称 $\arg f'(z_0)$ 为函数 $w = f(z)$ 在点 z_0 处的**旋转角**，这就是导数辐角的几何意义. 而且 $\arg f'(z_0)$ 只与 z_0 有关，与过 z_0 的曲线 C 的形状无关，这一性质称为**旋转角的不变性**.

既然映射 $w = f(z)$ 使得所有通过 z_0 的曲线都旋转同一个角度，那么，交于 z_0 的任意两条曲线 C_1 和 C_2 的夹角，其大小和方向都等于映射后的像曲线 Γ_1 和 Γ_2 的夹角（见图 6-2），这一性质称为**保角性**.

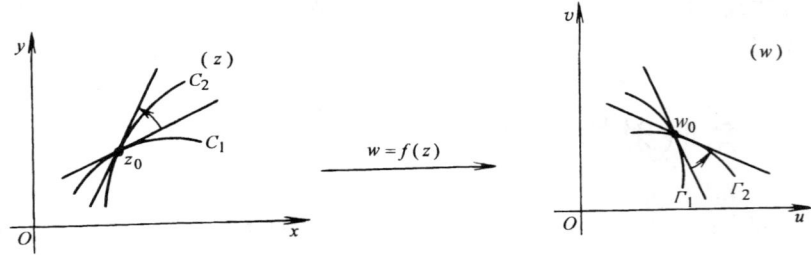

图 6-2

下面说明 $|f'(z_0)|$ 的几何意义.

由于 $f'(z_0) = \lim\limits_{\Delta z \to 0} \dfrac{\Delta w}{\Delta z}$，所以

$$|f'(z_0)| = \lim_{\Delta z \to 0} \left| \frac{\Delta w}{\Delta z} \right| = \lim_{\Delta z \to 0} \frac{\Delta \sigma}{\Delta s} = \frac{d\sigma}{ds}.$$

其中 $\Delta \sigma, \Delta s$ 分别表示曲线 Γ 上从 w_0 到 $w_0 + \Delta w$ 的一段弧长及曲线 C 上从 z_0 到 $z_0 + \Delta z$ 的一段弧长.

上式说明，像曲线 Γ 上过 w_0 的无穷小的弧长与原曲线 C 上过 z_0 的无穷小的

弧长之比的极限是一个定值$|f'(z_0)|=\dfrac{\mathrm{d}\sigma}{\mathrm{d}s}$. 它反映了在映射$w=f(z)$下，$Z$平面上$C$曲线在$z_0$处弧长的**伸缩率**，这就是导数模的几何意义. 并且伸缩率$|f'(z_0)|$只与z_0有关，而与过z_0的曲线C的形状无关，这一性质称为**伸缩率的不变性**.

6.1.2 保角映射的概念

凡具有保角性（角度相同，旋转方向相同）与伸缩率不变性的映射称为**第一类保角映射**.

凡具有保角性（角度相同但旋转方向相反）与伸缩率不变性的映射称为**第二类保角映射**.

第一类保角映射与第二类保角映射统称为保角映射.

根据前面的讨论，我们有下面的结论.

定理 6-1 若函数$w=f(z)$在区域D内解析，且对任意的$z_0\in D$，有$f'(z_0)\neq 0$，那么$w=f(z)$必是区域D内的一个保角映射.

【例 6-1】 证明函数$w=z^n(n\geqslant 2,n\in N)$在$z\neq 0$的$z$平面上都是保角映射.

证 因为$w'=nz^{n-1}$，所以当$z\neq 0$时，$w'\neq 0$，根据定理 6-1 可知，$w=z^n$在$z\neq 0$的z平面上都是保角映射. 证毕

【例 6-2】 证明函数$w=\bar{z}$在全平面上都是第二类保角映射.

证 由于$w=\bar{z}$把z平面上的任何曲线都映射成关于实轴对称的曲线，因此，它保持两条曲线间的夹角不变而方向相反，如图 6-3 所示（为便于比较，在图中，我们把z平面与w平面重合在一起），同时映射后的曲线不改变形状，因此映射具有伸缩率不变性. 所以$w=\bar{z}$是第二类保角映射. 证毕

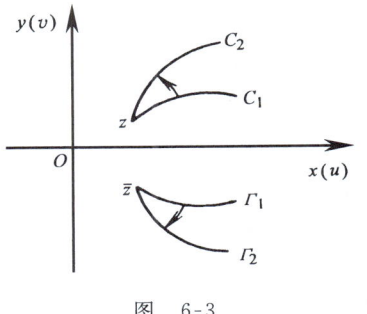

图 6-3

【例 6-3】 试求在映射$w=z^2$下，z平面上的直线$y=x$及$x=1$的像曲线. 在这两条曲线的交点处$w=z^2$是否保角？旋转角、伸缩率各是多少？

解 令$w=u+vi,z=x+yi$，则映射$w=z^2$变为
$$u+vi=(x+yi)^2=x^2-y^2+2xyi$$
即$\begin{cases}u=x^2-y^2,\\v=2xy.\end{cases}$

（1）z平面上的直线$C_1:y=x$在w平面上的像曲线是$\Gamma_1:\begin{cases}u=0,\\v=2y^2.\end{cases}$它是$w$平

面上的正半虚轴;z 平面上的直线 $C_2:x=1$ 在 w 平面上的像曲线是 Γ_2:
$\begin{cases}u=1-y^2,\\v=2y.\end{cases}$ 或 $v^2=4(1-u)$,它是 w 平面上的一条抛物线(见图 6-4).

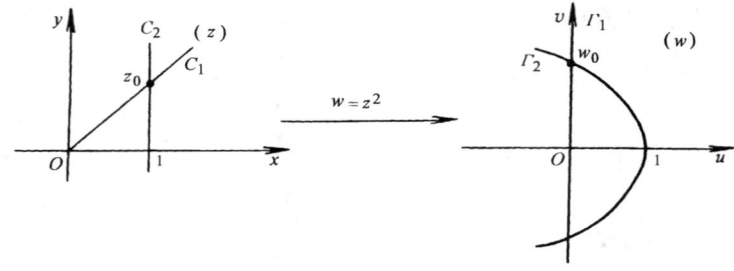

图 6-4

(2)$y=x$ 与 $x=1$ 的交点为 $z_0=1+\mathrm{i}$,因为
$$\left.\frac{\mathrm{d}w}{\mathrm{d}z}\right|_{z_0=1+\mathrm{i}}=2z|_{z_0=1+\mathrm{i}}=2(1+\mathrm{i})=2\sqrt{2}\mathrm{e}^{\frac{\pi}{4}\mathrm{i}}\neq 0.$$

所以映射 $w=z^2$ 在交点 $z_0=1+\mathrm{i}$ 处是保角的,且旋转角为 $\dfrac{\pi}{4}$,伸缩率为 $2\sqrt{2}$,z_0 的像为 $w_0=2\mathrm{i}$.

6.1.3 保角映射的两个基本问题

关于保角映射,我们需要研究下面两个基本问题:

(1)已知保角映射 $w=f(z)$ 及 z 平面上的区域,求(画)出 w 平面上相应的区域 D^*.

(2)求一保角映射,使它将 z 平面上一个已知区域 D 映射成 w 平面上一个指定区域 D^*.

解决这两个基本问题的方法是:

当给出映射 $w=f(z)$,只要求出 D 的边界曲线 C(取正向)的像曲线 Γ,即可确定出 Γ 所围成的区域 D^*,总使 Γ 与 D^* 按正向(即当 w 沿 Γ 移动时,使 D^* 总在左侧)联系;当已知 D 及 D^* 时,可找出 D 与 D^* 的正向边界的对应法则,即可找到两个区域的变换关系(映射).

【例 6-4】 在变换 $w=z^3$ 下,求出区域 $D:0<\arg z<\dfrac{\pi}{6}$ 的像区域 D^*.

解 由于 $f'(z)=(z^3)'=3z^2\neq 0$,$z\in D$,且 $z\neq 0$,故 $w=f(z)=z^3$. 当 $z\neq 0$ 时是保角映射. 注意:在 $z=0$ 时,$w=z^3$ 不具有保角性. D 的边界 $C_1:\arg z=0$

第 6 章 保 角 映 射

及 C_2：$\arg z = \dfrac{\pi}{6}$，由 $z = re^{i\theta}$ 及 $w = z^3$ 可得 $\arg w = 3\arg z$，故 C_1 的像为 Γ_1：$\arg w = 0$，C_2 的像 Γ_2：$\arg w = \dfrac{\pi}{2}$。为确定区域 D^*，在 D 的边界上取三点 $z_1 = e^{\frac{\pi}{6}i}$，$z_2 = 0$，$z_3 = 1$，它们对应的像点 $w_1 = e^{3\times\frac{\pi}{6}i} = i$，$w_2 = 0$，$w_3 = 1$，由于区域 D 落在边界依 z_1，z_2，z_3 绕向的左侧，因而像区域 D^* 也应落在边界依 w_1，w_2，w_3 绕向的左侧（见图 6-5），故所求像区域 D^* 为

$$0 < \arg w < \dfrac{\pi}{2}.$$

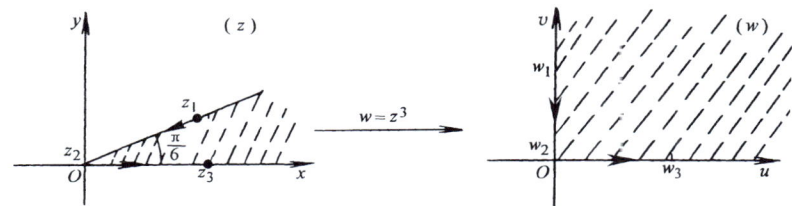

图 6-5

习 题

6-1 求映射 $w = (z+1)^2$ 在 $z = i$ 处的旋转角及伸缩率。

6-2 在映射 $w = iz$ 下，下列区域映射成什么图形？

(1) 以 $z_1 = i$，$z_2 = -1$，$z_3 = 1$ 为顶点的三角形；

(2) $\text{Im}(z) > 0$。

6-3 求在映射 $w = z^2$ 下，上半平面 $\text{Im}(z) > 0$ 的像区域。

6-4 求出下列变换 $w = f(z)$ 并不保角的 Z 平面上的点：

(1) $f(z) = z^2 + z + 1$； (2) $f(z) = e^z$。

6-5 证明映射 $w = z + \dfrac{1}{z}$ 把圆周 $|z| = r\,(r \neq 1)$ 映射成椭圆

$$\begin{cases} u = \left(r + \dfrac{1}{r}\right)\cos\theta, \\ v = \left(r - \dfrac{1}{r}\right)\sin\theta. \end{cases}$$

6.2 分式线性映射

在保角映射中，有一类简单的但却非常重要的映射——分式线性映射，本节专门讨论这种十分有用的映射。

6.2.1 分式线性映射的概念

 形如

$$w = \frac{az+b}{cz+d}, \quad ad - bc \neq 0$$

的映射称为**分式线性映射**,其中 a, b, c, d 均为复常数.

它是德国数学家默比乌斯(Möbius,1790~1868 年)首先研究的,所以也称为默比乌斯映射. 同时,由于分式线性映射的逆映射 $z = \frac{-dw+b}{cw-a}$,$(-a)(-d) - bc \neq 0$ 也是分式线性映射,因此,我们通常也把分式线性映射称为双线性映射.

由于分式线性映射的导数

$$\frac{\mathrm{d}w}{\mathrm{d}z} = \frac{ad-bc}{(cz+d)^2} \neq 0$$

因而,分式线性映射是保角映射.

容易知道,两个分式线性映射的复合仍是一个分式线性映射. 事实上,设 $w = \frac{\alpha \xi + \beta}{\gamma \xi + \delta}(\alpha\delta - \beta\gamma \neq 0)$,$\xi = \frac{\alpha' z + \beta'}{\gamma' z + \delta'}(\alpha'\delta' - \beta'\gamma' \neq 0)$,把后一式代入前一式,得

$$w = \frac{az+b}{cz+d}.$$

式中 $ad - bc = (\alpha\delta - \beta\gamma)(\alpha'\delta' - \beta'\gamma') \neq 0$. 即两个分式线性映射的复合仍是分式线性映射.

我们也可以把一个一般形式的分式线性映射看成是一些简单映射的复合. 设 $w = \frac{\alpha \xi + \beta}{\gamma \xi + \delta}$,用除法可以把它化为

$$w = \left(\beta - \frac{\alpha \delta}{\gamma}\right) \frac{1}{\gamma \xi + \delta} + \frac{\alpha}{\gamma}.$$

令 $\xi_1 = \gamma \xi + \delta, \xi_2 = \frac{1}{\xi_1}$,那么

$$w = A\xi_2 + B(A, B \text{ 为常数}).$$

由此可见,一个一般形式的分式线性映射是由下列两种特殊映射复合而成:
(1) $w = kz + h$;(2) $w = \frac{1}{z}$.

为了能很好地分析分式线性映射的特点,我们先来讨论这两种特殊的映射.

6.2.2 两种特殊的映射

1. 映射 $w = kz + h\ (k \neq 0)$ 称为整式线性映射

(1) 当 $k = 1$ 时,$w = z + h$,此映射称为平移映射.

因为复数可用向量表示,所以平移映射可用平行四边形法则得到(见图 6-6).

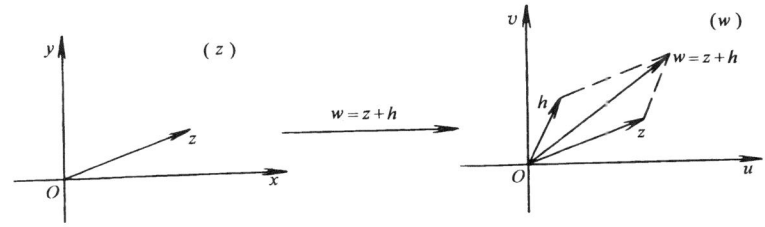

图 6-6

(2) 当 $h = 0$ 时,$w = kz$,此映射称为旋转伸缩映射.

设 $k = re^{i\alpha}$,$z = |z|e^{i\theta}$,则 $w = r|z|e^{i(\theta+\alpha)}$,所以映射 $w = kz$ 可看成是先将 z 旋转角度 α,再将 $|z|$ 伸长(或缩短)r 倍所得(见图 6-7).

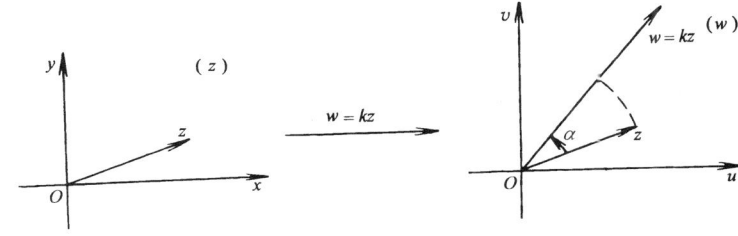

图 6-7

因此,映射 $w = kz + h\ (k \neq 0)$ 就是先将 z 旋转 α,再将 $|z|$ 伸长(或缩短)r 倍,最后平移一个向量 h.例如,对于 z 平面上的三角形,在映射 $w = kz + h$ 下可得 w 平面上的另一三角形,其映射过程如图 6-8 所示.

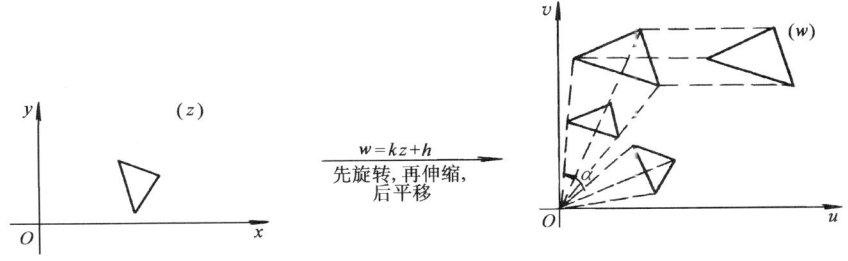

图 6-8

可以看出，整式线性映射是不改变图形形状的相似变换，它在整个复平面上处处是保角的、一一对应的，因而该映射能把 z 平面上的圆周映射成 w 平面上的圆周. 这一性质称为整式线性映射具有**保圆性**.

2. 映射 $w=\dfrac{1}{z}$ 称为倒数映射（或反演映射）

为了用几何方法由 z 作出 $w=\dfrac{1}{z}$，我们先介绍一下关于圆周对称点的概念.

设 C 为以原点为中心，R 为半径的圆周，若圆内点 A 及圆外点 B 与圆心 O 在同一直线上，且 $|OA|\cdot|OB|=R^2$，则称这两点 A,B 为**关于圆周的对称点**.

显然，圆周 C 上的点的对应点就在圆周上，例如，图 6-9 中 P 关于圆周的对称点为 P'.

对称点的作法：

当点 B 在圆周外时，连接 OB，由点 B 作圆的切线（切点为 N），再由 N 作 OB 的垂线 NA，则垂足 A（此时，由 $\triangle ONA\sim\triangle OBN$ 易证 $|OA|\cdot|OB|=R^2$）即为点 B 关于圆周的对称点.

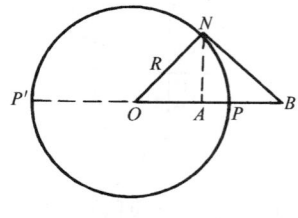

图 6-9

当点 B 在圆周内时，由定义也可作出其对称点 A，请读者自行练习.

现在来讨论映射 $w=\dfrac{1}{z}$ 的几何意义.

为了便于分析，可将映射 $w=\dfrac{1}{z}$ 分解为下面两个映射：

(1) $w=\overline{w_1}$；(2) $w_1=\dfrac{1}{\bar{z}}$.

如果设 $z=re^{i\theta}$，则

$$w_1=\dfrac{1}{\bar{z}}=\dfrac{1}{re^{-i\theta}}=\dfrac{1}{r}e^{i\theta}.$$

由于 $|z|\cdot|w_1|=r\cdot\dfrac{1}{r}=1$，所以 z 与 w_1 是关于单位圆周 $|z|=1$ 的一对对称点；而 w 与 w_1 又是关于实轴互相对称的. 因此，要由点 z 作出点 $w=\dfrac{1}{z}$，只要先作出 z 关于单位圆周 $|z|=1$ 的对称点 w_1，然后再作出点 w_1 关于实轴的对称点 w 即可（见图 6-10）.

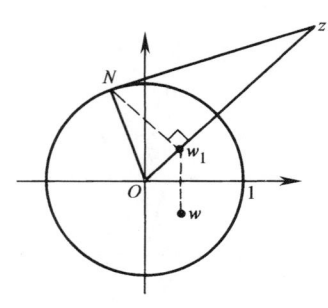

图 6-10

容易知道，倒数映射 $w=\dfrac{1}{z}$ 具有下列特征：

(1) 映射 $w=\dfrac{1}{z}$ 在除去 $z=0$ 和 $z=\infty$ 的复平面上处处是保角的、一一对应的映射. 这是因为当 $z\neq 0, z\neq \infty$ 时, $w'=-\dfrac{1}{z^2}\neq 0$.

由于映射 $w=\dfrac{1}{z}$ 可将圆周 $|z|=R$ 外的一点 z_0 映射为圆周 $|w|=\dfrac{1}{R}$ 内的一点 w_0, 因此, 如果再规定 $z=\infty$ 与 $z=0$, $w=0$ 与 $w=\infty$ 是两对对称点的话, 那么倒数映射 $w=\dfrac{1}{z}$ 在整个扩充复平面上处处是保角的.

(2) 倒数映射 $w=\dfrac{1}{z}$ 也可将圆周映射成圆周.

事实上, 设 Z 平面上的圆周 C 的方程为
$$A(x^2+y^2)+Bx+Cy+D=0.$$
其中 A, B, C, D, x, y 均为实数.

由于 $x=\dfrac{1}{2}(z+\bar{z})$, $y=\dfrac{1}{2\mathrm{i}}(z-\bar{z})$, 将其代入上式, 整理后便得到圆周 C 的复数形式的方程
$$A'z\bar{z}+\bar{\beta}z+\beta\bar{z}+D'=0.$$
其中 A', D' 仍为实数, $\beta=\dfrac{1}{2}(B+C\mathrm{i})$. 当 $A'=0$ 时, 上式表示一条直线 (它可理解为半径为无穷大的圆, 也称为广义圆).

在映射 $w=\dfrac{1}{z}$ 下, 上面圆的复数形式的方程可变为
$$A'+\bar{\beta}\bar{w}+\beta w+D'w\bar{w}=0.$$
它表示 w 平面上的圆周 C' (注: 当 $D'=0$ 时, 它表示直线, 即广义圆).

总之, 映射 $w=kz+h$ 和映射 $w=\dfrac{1}{z}$ 在整个扩充复平面上是处处保角的、一一对应的、把圆周映射成圆周的映射.

6.2.3 分式线性映射的性质

由于一般形式的分式线性映射是由整式线性映射和倒数映射复合而成, 因此, 由以上讨论容易得知下面的定理是成立的.

定理 6-2 分式线性映射 $w=\dfrac{az+b}{cz+d}$ 是两个扩充复平面之间的一一对应的保角映射. 即**分式线性映射具有保角性**.

定理 6-3 分式线性映射 $w=\dfrac{az+b}{cz+d}$ 将 z 平面上的圆周 (或直线) 一一对应地、保角地映射成 w 平面上的圆周 (或直线). 即**分式线性映射具有保圆性**.

由定理 6-3 可得下面两个推论:

推论 1 在分式线性映射下,如果给定的圆周(或直线)上所有点都不映射为无穷远点,那么该圆周(或直线)将被映射成半径为有限值的圆周;如果其上有一个点映射成无穷远点,则该圆周(或直线)必映射成一条直线.

推论 2 在分式线性映射下,

(1) 当两圆弧上没有点映射成无穷远点时,这两圆弧所围成的区域 G 映射为两圆弧所围成的区域 D(见图 6-11a);

(2) 当两圆弧中有一弧上某点映射成无穷远点时,这两圆弧所围成的区域 G 映射成一圆弧和一直线所围区域 D(见图 6-11b);

(3) 当两圆弧中的一个交点映射为无穷远点时,这两圆弧所围成的区域 G 映射成角形域 D(见图 6-11c).

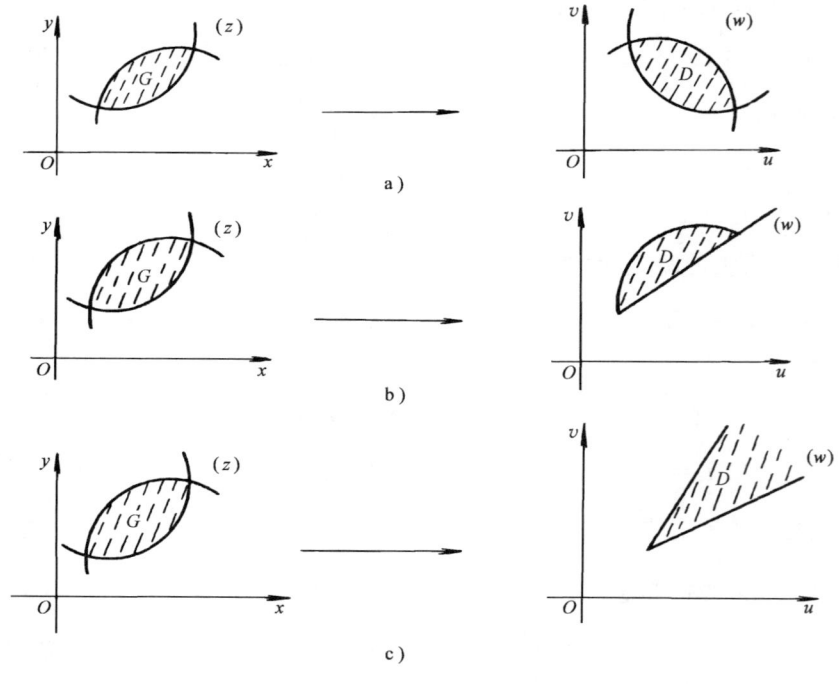

图 6-11

定理 6-4 分式线性映射 $w = \dfrac{az+b}{cz+d}$ 如果将 z 平面上的圆周 C 映射为 w 平面上的圆周 Γ,则它将 z 平面上关于圆周 C 对称的点 z_1 和 z_2 映射成 w 平面上关于圆周 Γ 对称的点 w_1 和 w_2(证明略).

该定理表明分式线性映射具有保持对称点不变的性质,简称**保对称性**.

第 6 章　保　角　映　射

6.2.4　分式线性映射的确定及其应用

1. 分式线性映射的确定

在分式线性映射 $w=\dfrac{az+b}{cz+d}(ad-bc\neq 0)$ 中，a,c 至少有一个不为 0，以这个不为 0 的常数遍除分子、分母，可将分式中的四个常数化为三个常数，即 $w=k\dfrac{z-\alpha}{z-\beta}$（其中 α,β,k 为常数），所以分式线性映射式中只有三个独立的常数.欲唯一确定这三个待定常数，必须要三个代数方程.因此，若知三个对应点 $z_1\leftrightarrow w_1,z_2\leftrightarrow w_2$, $z_3\leftrightarrow w_3$，必可唯一确定一个分式线性映射，即如下定理.

定理 6-5　在 z 平面和 w 平面上各任意给定三个相异的点 z_1,z_2,z_3，和 w_1,w_2,w_3，则存在唯一的分式线性映射，将 $z_k(k=1,2,3)$ 依次映射为 $w_k(k=1,2,3)$.

证　设 $w=\dfrac{az+b}{cz+d}(ad-bc\neq 0)$ 将 $z_k(k=1,2,3)$ 依次映射成 $w_k(k=1,2,3)$，即

$$w_k=\dfrac{az_k+b}{cz_k+d}\quad (k=1,2,3)$$

于是

$$w-w_k=\dfrac{az+b}{cz+d}-\dfrac{az_k+b}{cz_k+d}=\dfrac{(z-z_k)(ad-bc)}{(cz+d)(cz_k+d)}\quad (k=1,2);$$

$$w_3-w_k=\dfrac{az_3+b}{cz_3+d}-\dfrac{az_k+b}{cz_k+d}=\dfrac{(z_3-z_k)(ad-bc)}{(cz_3+d)(cz_k+d)}\quad (k=1,2).$$

由此可得

$$\dfrac{w-w_1}{w-w_2}\cdot\dfrac{w_3-w_2}{w_3-w_1}=\dfrac{z-z_1}{z-z_2}\cdot\dfrac{z_3-z_2}{z_3-z_1}.$$

解出 w，便是所求的分式线性映射，同时也证明了它的唯一性.

上述定理说明，把三个相异点映射成另外三个相异点的分式线性映射是唯一存在的，其证明过程也给出了确定分式线性映射的公式.所以，在两个已知圆周（或广义圆周）C 和 C_1 上，分别取定三个不同的点，必能找到一个分式线性映射，将 C 映射成 C_1，但是，还有一个问题，那就是这个映射会把 C 的内部映射到何处呢？

容易证明：在分式线性映射下，C 的内部不是映射成 C_1 的内部就是映射成 C_1 的外部，它不可能将 C 的内部中的一部分映射成 C_1 内部的一部分，而另一部分映射成 C_1 外部的一部分.

事实上，假设 z_1,z_2 为 C 内的任意两点，用直线段把这两点连接起来，如果线段 z_1z_2 的像为圆弧 $\widehat{w_1w_2}$（或直线段），且 w_1 在 C_1 之外，w_2 在 C_1 之内，那么弧

$\widehat{w_1 w_2}$ 必与 C_1 交于一点 Q,由于 Q 在 $\widehat{w_1 w_2}$ 上,所以它的原像必在线段 $z_1 z_2$ 上,同时由于 Q 在 C_1 上,所以它的原像又在圆周 C 上,即有两个不同的点(一个在圆周 C 上,一个在线段 $z_1 z_2$ 上)被映射为同一点 Q. 这与分式线性映射的一一对应性相矛盾. 故上述论断是正确的.

在上述论断下,我们可以得到确定以圆周(或直线)为边界的区域经过分式线性映射后所对应区域的方法:

第一种方法:在分式线性映射下,如果在 C 的内部任取一点 z,而点 z 的像 w 也在 C_1 的内部,那么 C 的内部就映射成 C_1 的内部,C 的外部就映射成 C_1 的外部;如果 C 内一点 z,其像 w 在 C_1 的外部,那么 C 的内部就映射成 C_1 的外部,而 C 的外部就映射成 C_1 的内部.

第二种方法:在圆周 C 上取定三点 z_1, z_2, z_3,它们在圆周 C_1 上的像分别为 w_1, w_2, w_3. 如果 C 依照 $z_1 \to z_2 \to z_3$ 的绕向与 C_1 依照 $w_1 \to w_2 \to w_3$ 的绕向相同,那么 C 的内部就映射成 C_1 的内部;如果绕向相反,那么 C 的内部就映射成 C_1 的外部. 通俗来说,当人沿 $z_1 \to z_2 \to z_3$ 的绕向行走及沿 $w_1 \to w_2 \to w_3$ 的绕向行走,C 所围区域 G 与其映射后的区域 D 始终在人的同一侧.

当 C 或 C_1 为直线时,方法类似.

例如,在图 6-12a 中,当人沿 $z_1 \to z_2 \to z_3$ 绕向行走时,G 始终在人的左侧,由第二种方法可知,人沿 $w_1 \to w_2 \to w_3$ 绕向行走时,人的左侧区域应为 G 经映射后

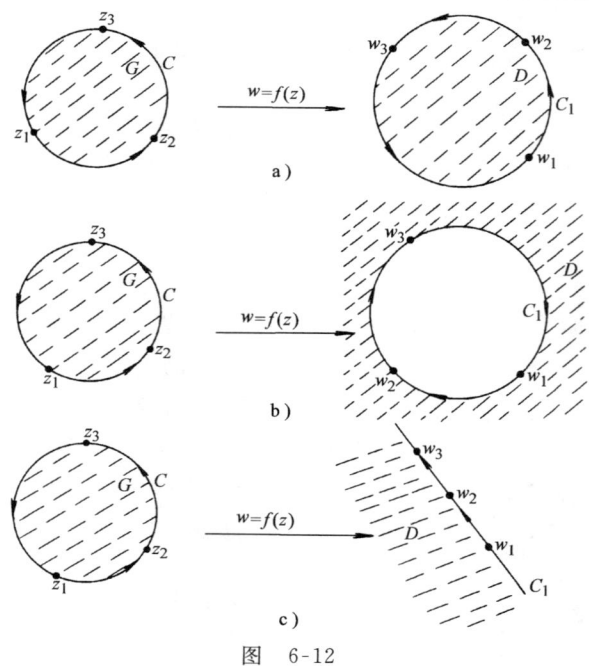

图 6-12

的区域 D，即 C 的内部映射成 C_1 的内部；对于图 6-12b，人沿 $w_1 \to w_2 \to w_3$ 绕向行走时，人的左侧区域是 C_1 的外部，故 C 的内部映射成 C_1 的外部；对于图 6-12c，人沿 $w_1 \to w_2 \to w_3$ 绕向行走时，人的左侧区域是 C_1 的左下方区域 D，故 C 的内部映射成直线 C_1 的左下方区域 D.

2. 三类典型的分式线性映射

在前面讨论的基础上，我们介绍在保角映射中经常使用的三类典型的分式线性映射，它们在处理以圆弧或直线为边界的区域时起着重要的作用，要求大家把它们当作公式记住.

(1) 把上半平面映射成上半平面的分式线性映射　设分式线性映射 $w=\dfrac{az+b}{cz+d}$ 把上半平面映射成上半平面，则它必把 z 平面的实轴映射成 w 平面的实轴，且保持同向(见图 6-13)，于是，a,b,c,d 必为实数.

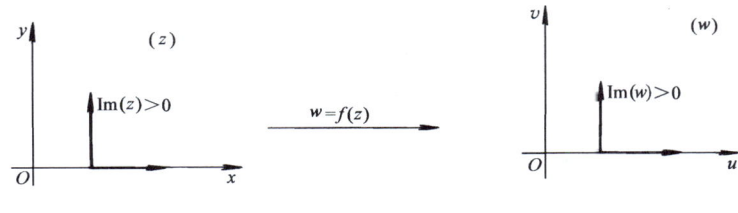

图　6-13

由此可知，w 在 $z=x$ 处的旋转角为零，即 $\arg w'=0$，所以 $\dfrac{\mathrm{d}w}{\mathrm{d}z}=\dfrac{ad-bc}{(cz+d)^2}>0$，从而 $ad-bc>0$.

反之，对任意一个分式线性映射 $w=\dfrac{az+b}{cz+d}$，只要 a,b,c,d 为实数，且 $ad-bc>0$，它必把上半平面映射成上半平面.

(2) 把上半平面映射成单位圆内部的分式线性映射　如果我们把上半平面看成是半径为无穷大的圆域，那么实轴就相当于圆域的边界圆周(广义圆). 因为分式线性映射具有保圆性，因此，它必能将上半平面 $\mathrm{Im}(z)>0$ 映射成单位圆域 $|w|<1$. 又由分式线性映射的保对称性，z 平面上的一对对称点 a 和 $\bar{a}$ 可以映射成 w 平面上的一对对称点 $w=0$ 和 $w=\infty$，因此这个映射具有如下形式：

$$w=k\frac{z-a}{z-\bar{a}}.$$

下面确定常数 k. 为此，取 $z=0$，其像 $w=k\dfrac{a}{\bar{a}}$，由于

$$1=|w|=|k|\cdot\left|\frac{a}{\bar{a}}\right|=|k|$$

所以 $k=e^{\mathrm{i}\theta}$ (θ 为实数)，于是所求映射为

$$w = e^{i\theta}\frac{z-a}{z-\bar{a}} \quad (\text{Im}(a) > 0).$$

当然，我们也可以在 x 轴上与在单位圆周 $|w|=1$ 上取三对不同的对应点来求所作的映射 $w=f(z)$. 例如，在 x 轴上任取三点：$z_1=-1, z_2=0, z_3=1$，使它们依次对应于 $|w|=1$ 上的三点：$w_1=1, w_2=i, w_3=-1$，由于 $z_1 \to z_2 \to z_3$ 与 $w_1 \to w_2 \to w_3$ 的绕向相同，故由定理 6-5 可知，所求的分式线性映射为

$$\frac{w-1}{w-i} \cdot \frac{-1-i}{-1-1} = \frac{z+1}{z-0} \cdot \frac{1-0}{1+1},$$

即

$$w = \frac{z-i}{iz-1}.$$

请读者思考下面两个问题：

(1) 在求分式线性映射时，选取的三对点不同，所得的分式线性映射也不相同. 即把上半平面映射成单位圆域的分式线性映射不唯一，这与唯一确定分式线性映射的定理(定理 6-5)是否矛盾？

(2) 以上我们求出了把上半平面映射成单位圆内部的分式线性映射 $w = e^{i\theta}\frac{z-a}{z-\bar{a}}(\text{Im}(a)>0)$，那么把单位圆内部映射成上半平面的分式线性映射是什么呢？

(3) 把单位圆内部映射成单位圆内部的分式线性映射. 如果一分式线性映射可将 z 平面上的单位圆内部映射成 w 平面上的单位圆内部，那么，它必将 z 平面上的单位圆周 $|z|=1$ 映射成 w 平面上的单位圆周 $|w|=1$. 根据分式线性映射的保对称性可知，Z 平面上关于单位圆周 $|z|=1$ 的一对对称点 $z=a(a\neq 0)$ 和 $z=\frac{1}{\bar{a}}$ 可以被映射成 w 平面上的关于单位圆周 $|w|=1$ 的一对对称点 $w=0$ 和 $w=\infty$，于是所求映射应为

$$w = k\frac{z-a}{z-\frac{1}{\bar{a}}} \quad \text{或} \quad w = k_1\frac{z-a}{1-\bar{a}z}.$$

为确定系数 k_1，可取 $z=1$，使它的像为 $|w|=1$ 上的点，于是

$$1 = |w| = |k_1| \cdot \left|\frac{1-a}{1-\bar{a}}\right| = |k_1|,$$

故 $k_1 = e^{i\theta}$，从而所求映射为

$$w = e^{i\theta}\frac{z-a}{1-\bar{a}z}(\theta \text{ 为实数}, |a|<1).$$

当然我们也可以用取三对点的方法来求所作的映射. 但不难知道，取三对点的方法得到的映射均为映射 $w = e^{i\theta}\frac{z-a}{1-\bar{a}z}$ 的特殊形式(即 a, θ 取特殊值时的情形).

【例 6-5】 求出将 $z_1=1, z_2=0, z_3=i$ 分别映射为点 $w_1=-1, w_2=\infty, w_3=-i$ 的分式线性映射.

解 将已知的三对点代入定理 6-5 中的公式,可得

$$\frac{w+1}{w-\infty} \cdot \frac{-\mathrm{i}-\infty}{-\mathrm{i}+1} = \frac{z-1}{z-0} \cdot \frac{\mathrm{i}-0}{\mathrm{i}-1},$$

故

$$w = \frac{\mathrm{i}}{z} - (1+\mathrm{i}).$$

【例 6-6】 在映射 $w = \dfrac{z+1}{z-1}$ 下,由区域 $|z+\mathrm{i}| > \sqrt{2}$,$|z-\mathrm{i}| < \sqrt{2}$ 构成的月牙形区域映射成怎样的区域?

解 如图 6-14 所示,两圆 C_1,C_2 交于 $z_1 = -1$,$z_2 = 1$.由几何知识知,在 $z_1 = -1$ 处两圆的切线夹角为 $\dfrac{\pi}{2}$,而且 $z=1$ 时 $w=\infty$;$z=-1$ 时 $w=0$,由于两圆交点中有一个交点映射成无穷远点,所以映射 $w = \dfrac{z+1}{z-1}$ 把 z 平面上的月牙形区域映射成角形域,且顶点在原点,张角为 $\dfrac{\pi}{2}$.下面确定角形域的具体位置.

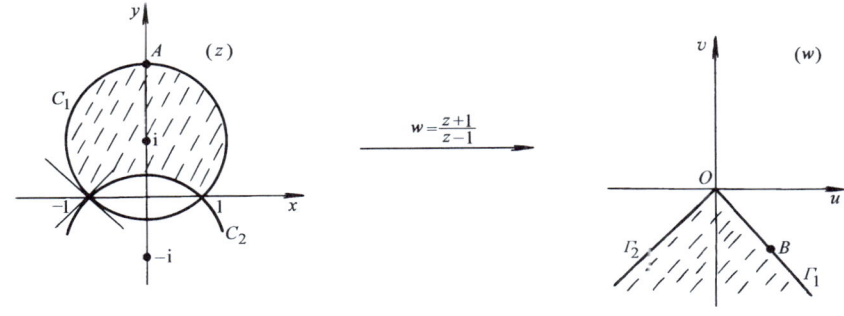

图 6-14

在 C_1 弧段上取点 $A(0,(\sqrt{2}+1)\mathrm{i})$,即 $z=(\sqrt{2}+1)\mathrm{i}$,则其像点

$$w = \frac{(\sqrt{2}+1) - (\sqrt{2}+1)\mathrm{i}}{2+\sqrt{2}}$$

在第四象限的角平分线上.这表明 C_1 弧段经映射后变为 w 平面上第四象限的角平分线 Γ_1,又当人沿 C_1 弧段从 -1 行走到 A 点时月牙形区域始终在人的右侧,故当人沿 Γ_1 从 O 行走到 B 点时映射后的区域也应在人的右侧,即 Γ_1 的左下方.根据保角性,C_2 弧段被映射成 w 平面上第三象限的角平分线 Γ_2.这样就确定了角形域的具体位置(见图 6-14).

【例 6-7】 求将上半平面 $\mathrm{Im}(z) > 0$ 映射成单位圆域 $|w| < 1$ 且满足条件 $w(2\mathrm{i}) = 0$,$\arg w'(2\mathrm{i}) = 0$ 的分式线性映射.

解 我们知道,将上半平面映射成单位圆内部的分式线性映射为

$$w = e^{i\theta}\frac{z-a}{z-\bar{a}}.$$

只需根据题设条件确定出 θ 及 a 即可.

将 $z=2i, w=0$ 代入上式,可得 $a=2i$,从而映射变为

$$w = e^{i\theta}\frac{z-2i}{z+2i}.$$

因为 $w'(z) = e^{i\theta}\dfrac{4i}{(z+2i)^2}$,所以 $w'(2i) = e^{i\theta}\left(-\dfrac{i}{4}\right)$

$$\arg w'(2i) = \arg e^{i\theta} + \arg\left(-\frac{i}{4}\right) = \theta + \left(-\frac{\pi}{2}\right) = 0.$$

即 $\theta = \dfrac{\pi}{2}$,故所求映射为

$$w = i\left(\frac{z-2i}{z+2i}\right).$$

【例 6-8】 求将单位圆域 $|z|<1$ 映射成单位圆域 $|w|<1$ 且满足 $w\left(\dfrac{1}{2}\right)=0$, $w'\left(\dfrac{1}{2}\right)>0$ 的分式线性映射.

解 将单位圆域 $|z|<1$ 映射成单位圆域 $|w|<1$ 的分式线性映射为

$$w = e^{i\theta}\frac{z-a}{1-\bar{a}z} \quad (|a|<1).$$

将 $z=\dfrac{1}{2}, w=0$ 代入上式,可得 $a=\dfrac{1}{2}$,从而映射变为

$$w = e^{i\theta}\frac{z-\dfrac{1}{2}}{1-\dfrac{1}{2}z}.$$

因为 $w'\left(\dfrac{1}{2}\right) = e^{i\theta}\dfrac{\left(1-\dfrac{1}{2}z\right)+\left(z-\dfrac{1}{2}\right)\cdot\dfrac{1}{2}}{\left(1-\dfrac{1}{2}z\right)^2}\bigg|_{z=\frac{1}{2}} = e^{i\theta}\cdot\dfrac{4}{3}$,又 $w'\left(\dfrac{1}{2}\right)>0$,所以 $w'\left(\dfrac{1}{2}\right)$ 为正实数,从而 $\arg w'\left(\dfrac{1}{2}\right)=0$,即 $\theta=0$. 故所求映射为

$$w = \frac{z-\dfrac{1}{2}}{1-\dfrac{1}{2}z} = \frac{2z-1}{2-z}.$$

【例 6-9】 求将上半平面 $\text{Im}(z)>0$ 映射成 $|w-2i|<2$ 且满足条件 $w(2i)=2i$, $\arg w'(2i) = -\dfrac{\pi}{2}$ 的分式线性映射.

解 容易看出，映射 $\xi = \dfrac{w-2i}{2}$ 将 $|w-2i|<2$ 映射成 $|\xi|<1$，而将 $\mathrm{Im}(z)>0$ 映射成 $|\xi|<1$ 的分式线性映射为

$$\xi = e^{i\theta}\dfrac{z-a}{z-\bar{a}}.$$

由 $z=2i$ 时 $w=2i$ 可知，当 $z=2i$ 时 $\xi=0$，将其代入上式，可得 $a=2i$，从而上述映射变为

$$\xi = e^{i\theta}\dfrac{z-2i}{z+2i}.$$

故有 $\dfrac{w-2i}{2} = e^{i\theta}\dfrac{z-2i}{z+2i}$，由此可得

$$w'(2i) = 2e^{i\theta}\dfrac{1}{4i};$$

$$\arg w'(2i) = \arg(2e^{i\theta}) + \arg\left(\dfrac{1}{4i}\right) = \theta - \dfrac{\pi}{2} = -\dfrac{\pi}{2}.$$

从而有 $\theta = 0$. 故所求映射为

$$\dfrac{w-2i}{2} = \dfrac{z-2i}{z+2i} \quad \text{或} \quad w = 2(1+i)\dfrac{z-2}{z+2i}.$$

【例 6-10】 如果分式线性映射 $w = \dfrac{az+b}{cz+d}$ 将 z 平面上的圆周 $|z|=1$ 映射成 w 平面上的直线，问 a,b,c,d 应满足什么条件？

解 由 $w = \dfrac{az+b}{cz+d}$ 解得 $z = \dfrac{b-dw}{cw-a}$. 当 $|z|=1$ 时，$|b-dw| = |cw-a|$，故

$$(dw-b)(\bar{d}\bar{w}-\bar{b}) = (cw-a)(\bar{c}\bar{w}-\bar{a}).$$

即

$$(|d|^2-|c|^2)|w|^2 + (\bar{a}c-\bar{b}d)w + (a\bar{c}-b\bar{d})\bar{w} + |b|^2 - |a|^2 = 0.$$

要使上述方程表示 w 平面上的直线，只需 $|d|^2-|c|^2 = 0$. 故分式线性映射 $w = \dfrac{az+b}{cz+d}$ 将圆周映射成直线的充分必要条件是 $|c|=|d|$.

习 题

6-6 下列区域在指定映射下映射成什么图形？

(1) $\mathrm{Re}(z)>0$，$w = iz+i$；

(2) $\mathrm{Im}(z)>0$，$w = (1+i)z$；

(3) $0<\mathrm{Im}(z)<\dfrac{1}{2}$，$w = \dfrac{1}{z}$；

(4) $\mathrm{Re}(z)>1$，$\mathrm{Im}(z)>0$，$w = \dfrac{1}{z}$；

(5) $|z| \leqslant 1$, $w = \dfrac{z}{z-1}$.

6-7 求分式线性映射,它将 z_1, z_2, z_3 分别映射成 w_1, w_2, w_3:
(1) $z_1 = -1, z_2 = i, z_3 = 1+i$; $w_1 = 0, w_2 = 2i, w_3 = 1-i$;
(2) $z_1 = -1, z_2 = \infty, z_3 = i$; $w_1 = i, w_2 = 1, w_3 = 1+i$.

6-8 如果分式线性映射 $w = \dfrac{az+b}{cz+d}$ 将上半平面 $\mathrm{Im}(z) > 0$ 映射成下半平面 $\mathrm{Im}(w) < 0$,那么 a, b, c, d 应满足什么条件?

6-9 求将左半面 $\mathrm{Re}(z) < 0$ 映射成单位圆域 $|w| < 1$ 的分式线性映射.

6-10 求将 $|z| < 1$ 映射成 $|w-1| < 1$ 的分式线性映射.

6-11 求将 $|z| < R(R \neq 1)$ 映射成 $|w| < 1$ 的分式线性映射.

6-12 求把上半平面 $\mathrm{Im}(z) > 0$ 映射成上半平面 $\mathrm{Im}(w) > 0$ 且分别满足下列条件的分式线性映射:
(1) $w(0) = 1$, $w(1) = 2$, $w(3) = \infty$;
(2) $w(0) = 1$, $w(i) = 2i$.

6-13 求把上半平面 $\mathrm{Im}(z) > 0$ 映射成单位圆域 $|w| < 1$ 且分别满足下列条件的分式线性映射:
(1) $w(i) = 0$, $\arg w'(i) = -\dfrac{\pi}{2}$;
(2) $w(2i) = 0$, $\arg w'(2i) = 0$;
(3) $w(i) = 0$, $w(-1) = 1$.

6-14 求把单位圆域 $|z| < 1$ 映射成单位圆域 $|w| < 1$ 且分别满足下列条件的分式线性映射:
(1) $w\left(\dfrac{i}{2}\right) = 0$, $\arg w'\left(\dfrac{i}{2}\right) = \dfrac{\pi}{2}$;
(2) $w(0) = 0$, $\arg w'(0) = -\dfrac{\pi}{2}$;
(3) $w\left(\dfrac{1}{2}\right) = 0$, $\arg w'\left(\dfrac{1}{2}\right) = \dfrac{\pi}{2}$.

6.3 几个初等函数所构成的映射

6.3.1 幂函数 $w = z^n (n \geqslant 2)$

幂函数 $w = z^n$ 在 z 平面上处处可导,且除原点外,导数不为零,因此映射 $w = z^n$ 在 z 平面上除去 $z = 0$ 点外,处处是保角映射.

如果令 $z = re^{i\theta}, w = \rho e^{i\varphi}$,由 $w = z^n$ 便得到
$$\rho = r^n, \varphi = n\theta.$$
由此可见,幂函数所构成的映射具有如下特点:
把(z 平面上的)圆周 $|z| = r$ 映射成(w 平面上的)圆周 $|w| = r^n$;

把单位圆映射成单位圆;

把射线 $\theta=\theta_0$ 映射成射线 $\varphi=n\theta_0$;

把正实轴 $\theta=0$ 映射成正实轴 $\varphi=0$;

把角形域 $0<\theta<\theta_0\left(\theta_0<\dfrac{2\pi}{n}\right)$ 映射成角形域 $0<\varphi<n\theta_0$(见图 6-15a).

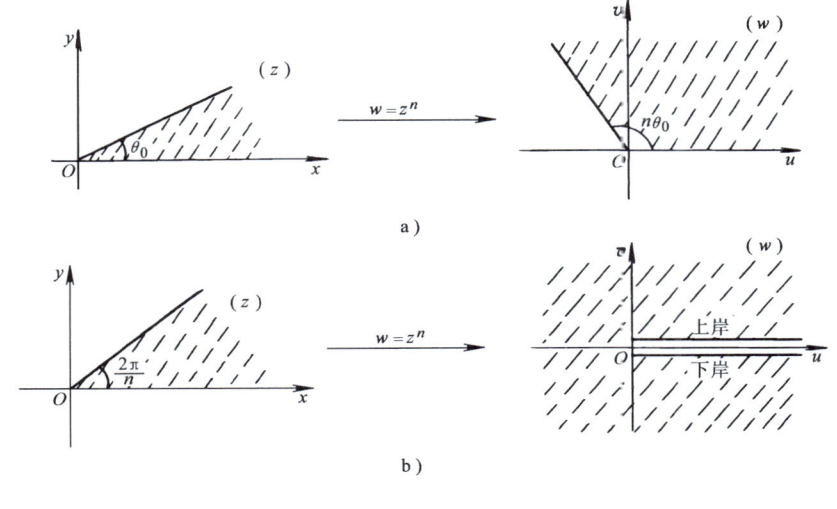

图 6-15

特别地,角形域 $0<\theta<\dfrac{2\pi}{n}$ 经 $w=z^n$ 映射后,变成沿正实轴剪开的 w 平面 $0<\varphi<2\pi$(见图 6-15b),它的一边 $\theta=0$ 映射成 w 平面正实轴的上岸 $\varphi=0$;另一边 $\theta=\dfrac{2\pi}{n}$ 映射成 w 平面正实轴的下岸 $\varphi=2\pi$. 两个域上的点在映射 $w=z^n$ 下是一一对应的.

因此,常常用幂函数所构成的映射 $w=z^n$ 把角形域(包括半平面及全平面)映射成角形域(包括半平面及全平面).

[例 6-11] 设 z 平面上有半径为 2,且在 $0<\arg z<\dfrac{\pi}{3}$ 内的扇形域(见图 6-16),问经映射 $w=z^3$ 后扇形域变成什么图形?

解 圆弧 $|z|=2$ 经映射 $w=z^3$ 后变成圆弧 $|w|=2^3=8$,角形域 $0<\arg z<\dfrac{\pi}{3}$ 经映射 $w=z^3$ 后变成角形域 $0<\arg w<3\times\dfrac{\pi}{3}=\pi$. 即扇形域经映射 $w=z^3$ 后变成上半圆域(见图 6-16).

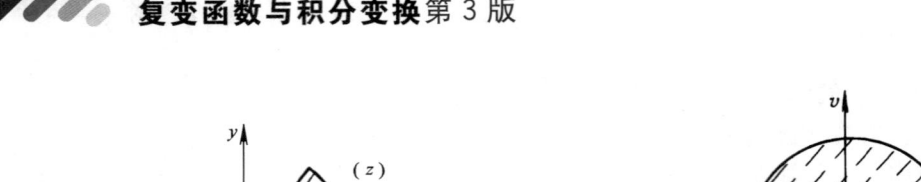

图 6-16

【例 6-12】 求把角形域 $0<\arg z<\dfrac{\pi}{4}$ 映射成单位圆域 $|w|<1$ 的一个映射.

解 可考虑先将角形域变为上半平面,再将上半平面映射成单位圆域.

易知,幂函数 $\xi=z^4$ 将所给角形域 $0<\arg z<\dfrac{\pi}{4}$ 映射成上半平面 $\mathrm{Im}(\xi)>0$;又映射 $w=\dfrac{\xi-\mathrm{i}}{\xi+\mathrm{i}}$ 将上半平面映射成单位圆域 $|w|<1$(见图 6-17). 因此所求映射为

$$w=\dfrac{z^4-\mathrm{i}}{z^4+\mathrm{i}}.$$

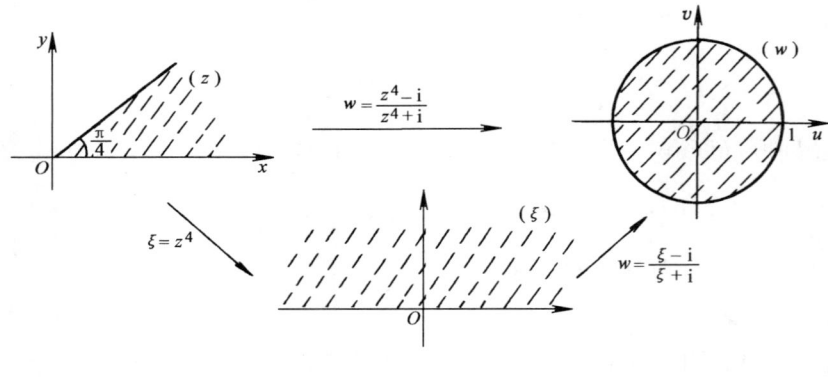

图 6-17

【例 6-13】 求一个保角映射,将 z 平面上的弓形域 $|z+\mathrm{i}|<2$,$\mathrm{Im}(z)>0$ 映射成 w 平面的上半平面 $\mathrm{Im}(w)>0$.

解 如图 6-18 所示,经计算,$z_1=\sqrt{3}$,$z_2=-\sqrt{3}$,z_2 处圆弧的方向角为 $\dfrac{\pi}{3}$.

可考虑先将弓形域映射成角形域,再将角形域映射成上半平面.

设分式线性映射将 $z_1=\sqrt{3}$ 映射成 w_1 平面上的点 0,$z_2=-\sqrt{3}$ 映射成 w_1 平面上的 ∞,于是该映射为

$$w_1=\dfrac{z-\sqrt{3}}{z+\sqrt{3}}.$$

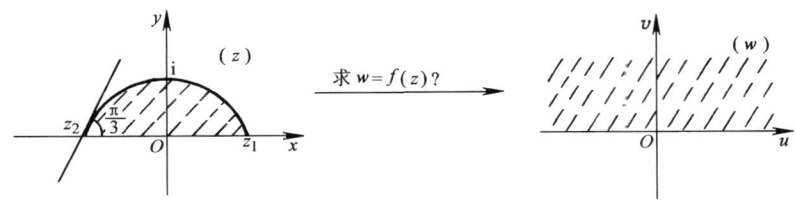

图 6-18

当 $z=0$ 时 $w_1=-1$；当 $z=\mathrm{i}$ 时，$w_1=-\frac{1}{2}+\frac{\sqrt{3}}{2}\mathrm{i}$，所以映射 $w_1=\frac{z-\sqrt{3}}{z+\sqrt{3}}$ 将弓形域映射成 w_1 平面上的顶点在原点，以射线 $\arg w_1=\frac{2}{3}\pi$ 和 $\arg w_1=\pi$ 为两边的角形域.

再对 w_1 施以旋转变换
$$w_2=\mathrm{e}^{-\frac{2}{3}\pi\mathrm{i}}w_1$$
它将 w_1 平面上的角形域顺时针旋转 $\frac{2}{3}\pi$ 而成为 w_2 平面上的角形域.

最后，再令
$$w=w_2^3$$
它将 w_2 平面上的角形域映射成 w 平面的上半平面.

复合映射 $w_1=\frac{z-\sqrt{3}}{z+\sqrt{3}}$，$w_2=\mathrm{e}^{-\frac{2}{3}\pi\mathrm{i}}\cdot w_1$，$w=w_2^3$ 便得到
$$w=w_2^3=(\mathrm{e}^{-\frac{2}{3}\pi\mathrm{i}}\cdot w_1)^3=w_1^3=\left(\frac{z-\sqrt{3}}{z+\sqrt{3}}\right)^3.$$

即映射 $w=\left(\frac{z-\sqrt{3}}{z+\sqrt{3}}\right)^3$ 把 z 平面上的弓形域映射成 w 平面的上半平面（见图 6-19）.

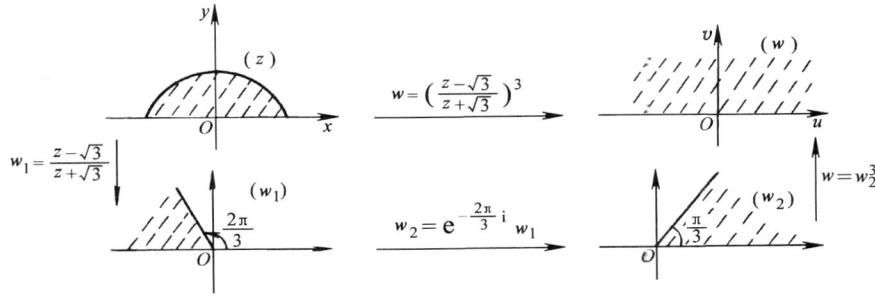

图 6-19

【例 6-14】 求将图 6-20 中的圆弧 C_1 与 C_2 所围成的夹角为 α 的月牙域映射成角形域

$$\varphi_0 < \arg w < \varphi_0 + \alpha$$

的一个映射.

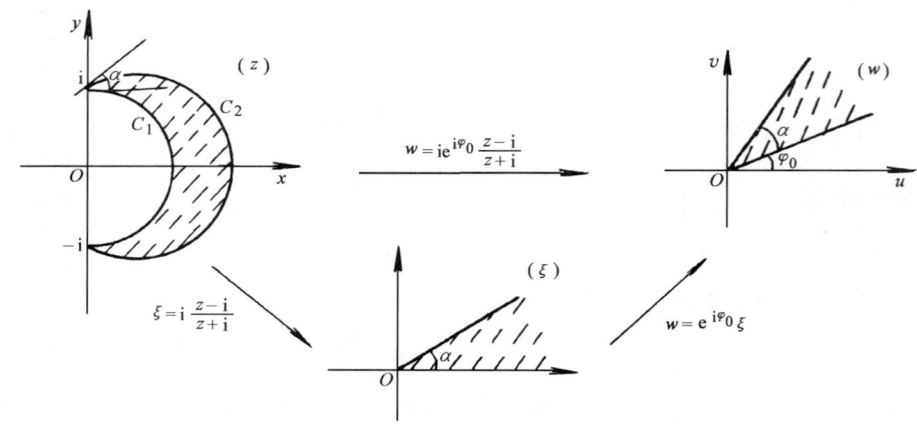

图 6-20

解 先求出把 C_1, C_2 的交点 i 与 $-i$ 分别映射成 ξ 平面中的 $\xi = 0$ 与 $\xi = \infty$ 并使月牙域映射成角形域 $0 < \arg \xi < \alpha$ 的一个映射；再把这角形域通过旋转映射 $w = e^{i\varphi_0} \cdot \xi$ 映射成角形域 $\varphi_0 < \arg w < \varphi_0 + \alpha$.

将所给月牙域映射成 ξ 平面中的角形域的映射具有如下形式：

$$\xi = k \frac{z-i}{z+i}.$$

其中 k 为待定常数. 取 C_1 上的点 $z = 1$，它的对应点 $\xi = k \dfrac{1-i}{1+i} = -ki$，再令 $k = i$，得 $\xi = 1$，于是映射 $\xi = i \dfrac{z-i}{z+i}$ 就把 C_1 映射成 ξ 平面上的正实轴，根据保角性，它把所给月牙域映射成角形域 $0 < \arg \xi < \alpha$. 由此可得所求的映射为

$$w = e^{i\varphi_0} \xi = i e^{i\varphi_0} \frac{z-i}{z+i} = e^{i(\varphi_0 + \frac{\pi}{2})} \cdot \frac{z-i}{z+i}.$$

【*例 6-15】 求把具有割痕 $\mathrm{Re}(z) = a$，$0 \leqslant \mathrm{Im}(z) \leqslant h$ 的上半平面（见图 6-21a）映射成上半平面（见图 6-21f）的一个映射.

解 不难看出，解决本题的关键是要设法将垂直于 x 轴的割痕两侧与 x 轴之间的夹角展平. 我们知道，映射 $w = z^2$ 能将顶点在原点处的角度增大到两倍，所以利用这个映射可以达到将割痕展平的目的. 因此，我们按以下的步骤进行：

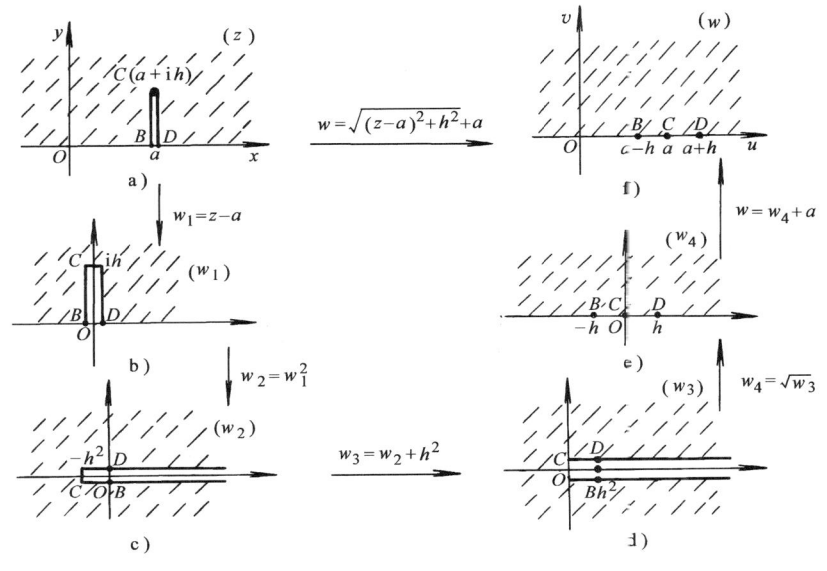

图 6-21

第一,把上半 z 平面(见图 6-21a)向左作一个距离为 a 的平移:$w_1=z-a$,得 w_1 平面上的图形,如图 6-21b 所示.

第二,再应用映射 $w_2=w_1^2$,便得到一个具有割痕 $-h^2 \leqslant \mathrm{Re}(w_2)<+\infty$,$\mathrm{Im}(w_2)=0$ 的 w_2 平面,如图 6-21c 所示.

第三,把 w_2 平面向右作一距离为 h^2 的平移:$w_3=w_2+h^2$,便得到去掉了正实轴的 w_3 平面,如图 6-21d 所示.

第四,通过映射 $w_4=\sqrt{w_3}$,便得到上半 w_4 平面,如图 6-21e 所示.

第五,把 w_4 平面向右作一距离为 a 的平移:$w=w_4+a$,便得到 w 平面中的上半平面,如图 6-21f 所示.

把所有的映射复合起来就得到所求的映射
$$w=\sqrt{(z-a)^2+h^2}+a.$$

6.3.2 指数函数 $w=\mathrm{e}^z$

指数函数 $w=\mathrm{e}^z$ 在 z 平面上解析,且 $w'=\mathrm{e}^z\neq 0$,所以映射 $w=\mathrm{e}^z$ 在全平面上处处是保角映射.

如果令 $z=x+y\mathrm{i}$,$w=\rho \mathrm{e}^{\mathrm{i}\varphi}$,由 $w=\mathrm{e}^{x+y\mathrm{i}}$ 可得
$$\rho=\mathrm{e}^x, \qquad \varphi=y.$$
由此可见,指数函数 $w=\mathrm{e}^z$ 所构成的映射具有如下特点:

把直线 $x=x_0$ 映射成圆周 $\rho=\mathrm{e}^{x_0}$;

把虚轴 $x=0$ 映射成单位圆周 $\rho=1$；

把直线 $y=y_0$ 映射成射线 $\arg w=\varphi=y_0$；

把水平带形域 $0<\mathrm{Im}(z)<a$ 映射成角形域 $0<\arg w<a$（$a=\pi$ 时，此角形域为上半平面）；

把水平带形域 $0<\mathrm{Im}(z)<2\pi$ 映射成沿正实轴剪开的 w 平面 $0<\arg w<2\pi$。

因此，**常常用指数函数所构成的映射 $w=e^z$ 把带形域映射成角形域**。

【例 6-16】 求把带形域 $0<\mathrm{Im}(z)<\pi$ 映射线单位圆域 $|w|<1$ 的一个映射。

解 根据上面的讨论知，映射 $\xi=e^z$ 将所给的带形域映射成 ξ 平面的上半平面 $\mathrm{Im}(\xi)>0$；而第二类典型的分式线性映射 $w=\dfrac{\xi-i}{\xi+i}$ 可将上半平面 $\mathrm{Im}(\xi)>0$ 映射成单位圆域 $|w|<1$。因此，所求的映射为

$$w=\frac{e^z-i}{e^z+i}.$$

【例 6-17】 求把竖直的带形域 $a<\mathrm{Re}(z)<b$ 映射成上半平面 $\mathrm{Im}(w)>0$ 的一个映射。

解 带形域 $a<\mathrm{Re}(z)<b$（见图 6-22a）经过平移、放大（或缩小）及旋转映射

$$\xi=(z-a)\frac{\pi}{b-a}\cdot e^{\frac{\pi}{2}i}=\frac{\pi i}{b-a}(z-a)$$

后可映射成水平的带形域 $0<\mathrm{Im}(\xi)<\pi$（见图 6-22b）；再用映射 $w=e^\xi$ 就可把水平的带形域 $0<\mathrm{Im}(\xi)<\pi$ 映射成上半平面 $\mathrm{Im}(w)>0$（见图 6-22c）。因此所求的映射为

$$w=e^{\frac{\pi i}{b-a}(z-a)}$$

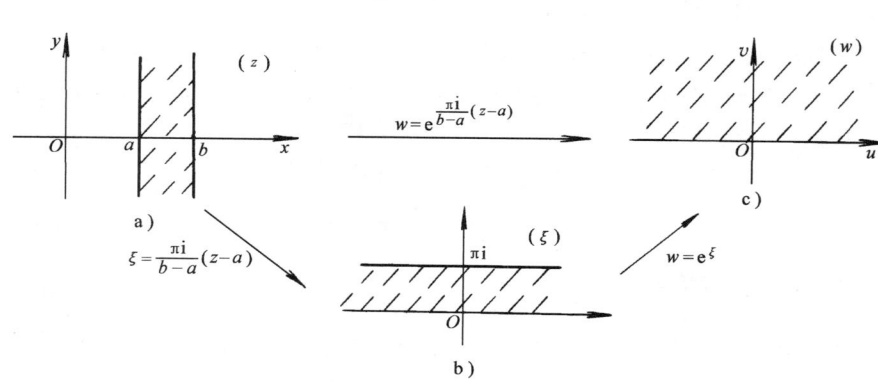

图 6-22

我们顺便指出，由于对数函数的主值分支（简称为对数主支）$w=\ln z$ 是指数函数 $w=e^z$ 的反函数，因此，对数主支 $w=\ln z$ 可以把角形域映射成水平的带形域。

*6.3.3 茹可夫斯基函数 $w=\dfrac{1}{2}\left(z+\dfrac{1}{z}\right)$

茹可夫斯基函数除 $z=0$ 外处处解析，且 $w'=\dfrac{1}{2}\left(1-\dfrac{1}{z^2}\right)$，因此，映射 $w=\dfrac{1}{2}\left(z+\dfrac{1}{z}\right)$ 除 $z=0$ 外是一个保角映射.

如果令 $z=re^{i\theta}$，$w=u+vi$，则

$$w=\frac{1}{2}\left(z+\frac{1}{z}\right)=\frac{1}{2}\left(re^{i\theta}+\frac{1}{r}e^{-i\theta}\right)$$
$$=\frac{1}{2}\left(r+\frac{1}{r}\right)\cos\theta+i\times\frac{1}{2}\left(r-\frac{1}{r}\right)\sin\theta.$$

从而有

$$\begin{cases} u=\dfrac{1}{2}\left(r+\dfrac{1}{r}\right)\cos\theta, \\ v=\dfrac{1}{2}\left(r-\dfrac{1}{r}\right)\sin\theta. \end{cases} \tag{6-1}$$

由此可得下列结论：

(1) 当 z 平面上的图形为单位圆周时，即 $|z|=r=1$，经茹可夫斯基映射 $w=\dfrac{1}{2}\left(z+\dfrac{1}{z}\right)$，由式(6-1)，得

$$\begin{cases} u=\cos\theta, \\ v=0. \end{cases} \quad (0\leqslant\theta\leqslant 2\pi).$$

从而有 $-1\leqslant u\leqslant 1$，$v=0$. 即经映射 $w=\dfrac{1}{2}\left(z+\dfrac{1}{z}\right)$ 将 z 平面上的单位圆周 $|z|=1$ 映射成 w 平面的实轴上的线段 $[-1,1]$（见图6-23）.

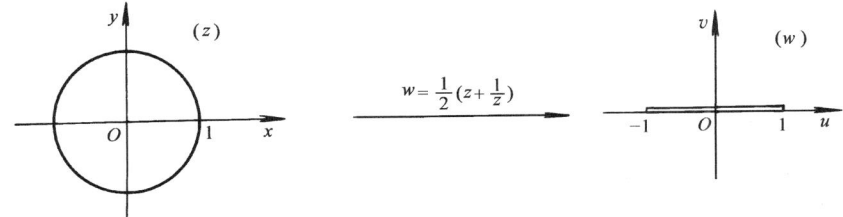

图 6-23

(2) 当 $|z|=r\neq 1$ 时，即半径为 r 的圆周，经映射 $w=\dfrac{1}{2}\left(z+\dfrac{1}{z}\right)$，由式(6-1)，得

$$\frac{u^2}{\frac{1}{4}\left(r+\frac{1}{r}\right)^2}+\frac{v^2}{\frac{1}{4}\left(r-\frac{1}{r}\right)^2}=1.$$

它是 w 平面上的椭圆(见图 6-24).

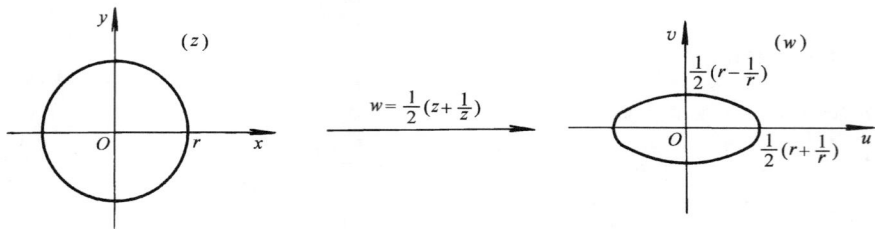

图 6-24

(3) z 平面上的单位圆域 $|z|<1$，通过 $w=\frac{1}{2}\left(z+\frac{1}{z}\right)$ 映射成以线段 $[-1,1]$ 为边界的全平面，此边界实际上是 w 平面上的裂缝 $[-1,1]$(见图 6-25).

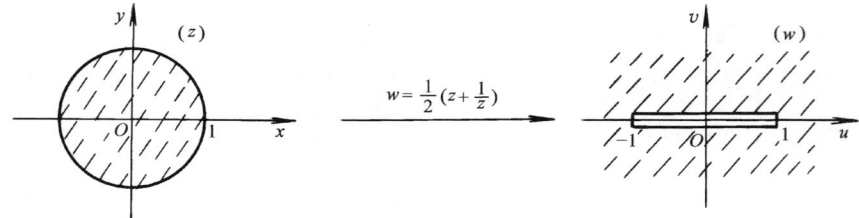

图 6-25

(4) 上半圆域 $|z|<1$，且 $\text{Im}(z)>0$，经 $w=\frac{1}{2}\left(z+\frac{1}{z}\right)$ 映射为下半平面 $\text{Im}(w)<0$(见图 6-26).

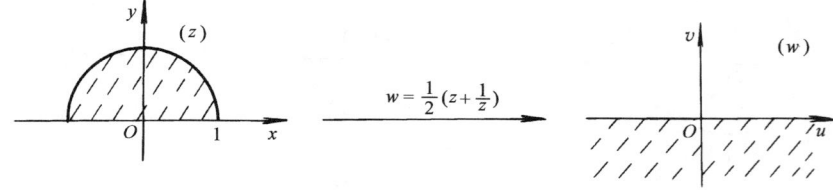

图 6-26

(5) 下半圆域 $|z|<1$ 且 $\text{Im}(z)<0$，经 $w=\frac{1}{2}\left(z+\frac{1}{z}\right)$ 映射为上半平面 $\text{Im}(w)>0$(见图 6-27).

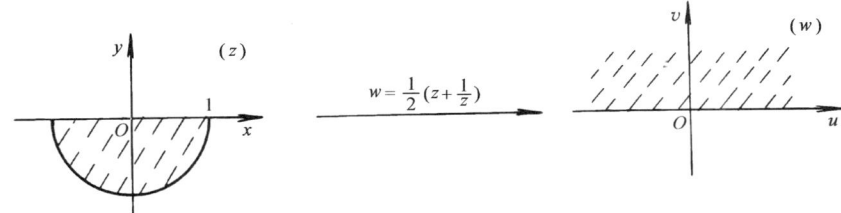

图 6-27

(6) 上半单位圆外部 $|z|>1$，且 $\operatorname{Im}(z)>0$，经 $w=\dfrac{1}{2}\left(z+\dfrac{1}{z}\right)$ 映射为上半平面 $\operatorname{Im}(w)>0$.

(7) 下半单位圆外部 $|z|>1$，且 $\operatorname{Im}(z)<0$，经 $w=\dfrac{1}{2}\left(z+\dfrac{1}{z}\right)$ 映射为下半平面 $\operatorname{Im}(w)<0$.

下面验证(4)的结论.

茹可夫斯基映射 $w=\dfrac{1}{2}\left(z+\dfrac{1}{z}\right)$ 可通过下面三个步骤来实现：

(1) 对 z 作倒数映射即得 $\dfrac{1}{z}$；

(2) 对 $\dfrac{1}{z}$ 作平移映射即得 $\left(z+\dfrac{1}{z}\right)$；

(3) 对 $\left(z+\dfrac{1}{z}\right)$ 作伸缩映射即得 $w=\dfrac{1}{2}\left(z+\dfrac{1}{z}\right)$.

为方便，将 z 平面与 w 平面重合，按照上述(1)、(2)、(3)就有如图 6-28 所示的映射情况，此情况正是(4)的结论.

【例 6-18】 求把上半圆域 $|z|<1$ 且 $\operatorname{Im}(z)>0$ 映射成单位圆域 $|w|<1$ 的一个映射.

解 先用茹可夫斯基映射 $w_1=\dfrac{1}{2}\left(z+\dfrac{1}{z}\right)$ 将上半圆域（见图 6-29a）映射成下半平面 $\operatorname{Im}(w_1)<0$（见图 6-29b）；其次，用映射 $w_2=-w_1$ 将下半平面 $\operatorname{Im}(w_1)<0$ 映射成上半平面 $\operatorname{Im}(w_2)>0$（见图 6-29c）；再用映射 $w=\dfrac{w_2-\mathrm{i}}{w_2+\mathrm{i}}$ 将上半平面 $\operatorname{Im}(w_2)>0$ 映射成单位圆域 $|w|<1$（见图 6-29d）. 然后将这些映射复合起来，即得所求的映射

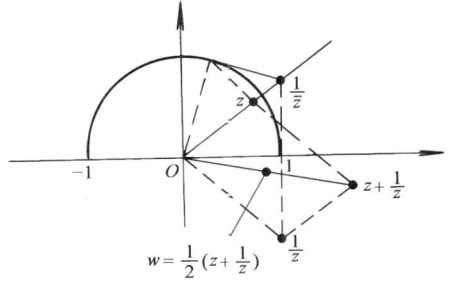

图 6-28

$$w = \frac{z^2 + 2iz + 1}{z^2 - 2iz + 1}.$$

最后,我们指出,保角映射在拉普拉斯方程的边值问题、热传导问题、电位分布问题以及飞机机翼绕流等问题的研究中有着重要的应用. 限于篇幅不再介绍, 有兴趣的读者可参看有关复变函数应用方面的书籍.

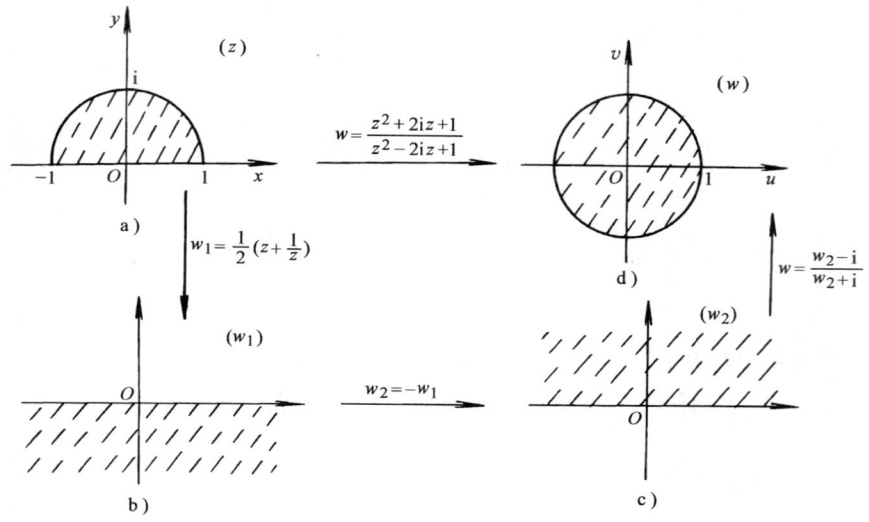

图 6-29

习 题

6-15 求将 $x<0, y<0$ 变为单位圆域 $|w|<1$ 的映射.

6-16 求将上半圆域 $|z|<1, \mathrm{Im}(z)>0$ 变为上半平面 $\mathrm{Im}(w)>0$ 的映射.

6-17 求将圆弧所围区域 $|z|<2, |z-1|>1$ 映射为上半平面的映射.

*6-18 在茹可夫斯基映射下,可将下列区域映射成怎样的区域?

(1) 上半平面 $\mathrm{Im}(z)>0$;

(2) 单位圆外部 $|z|>1$;

(3) 上半圆域 $|z|<1, \mathrm{Im}(z)>0$.

*6-19 将椭圆 $\frac{x^2}{25} + \frac{y^2}{16} = 1$ 的外部保角地映射为单位圆的外部,求此保角映射.

本 章 小 结

1. 解析函数导数的辐角与模的几何意义

设 $w = f(z)$ 为区域 D 内的解析函数, z_0 为 D 内一点.

(1) 导数 $f'(z_0)\neq 0$ 的辐角 $\arg f'(z_0)$ 是曲线 C 经过 $w=f(z)$ 映射后在 z_0 处的旋转角,它的大小和方向与曲线 C 的形状和方向无关.即映射 $w=f(z)$ 具有旋转角的不变性.

(2) $|f'(z_0)|$ 是经过映射 $w=f(z)$ 后通过 z_0 的任何曲线 C 在 z_0 处的伸缩率,它与曲线 C 的形状和方向无关.即映射 $w=f(z)$ 具有伸缩率的不变性.

2. 保角映射

第一类保角映射：凡具有保角度且保方向一致与伸缩率不变性的映射;

第二类保角映射：凡具有保角保方向相反与伸缩率不变性的映射.

第一类保角映射与第二类保角映射统称为保角映射.

定理 若函数 $w=f(z)$ 在区域 D 内解析,且对任意的 $z_0\in D$,有 $f'(z_0)\neq 0$,则 $w=f(z)$ 必是 D 内的一个保角映射.

3. 分式线性映射

(1) 形如 $w=\dfrac{az+b}{cz+d}(ad-bc\neq 0)$ 的映射称为分式线性映射.它可以看成是由下列各映射复合而成:

1) $w=kz+h(k\neq 0)$,这是一个旋转伸缩平移映射,也称为整式线性映射;

2) $w=\dfrac{1}{z}$,称为倒数映射或反演映射.

由于它们在扩充的复平面上都是一一对应,且具有保角性、保圆性与保对称性,因此,分式线性映射也具有保角性、保圆性与保对称性.

(2) z 平面和 w 平面上的三对点可唯一确定一个分式线性映射.即设 z 平面上的三异点 z_1,z_2,z_3 对应于 w 平面上的三异点 w_1,w_2,w_3,则唯一确定一个分式线性映射:

$$\frac{w-w_1}{w-w_2}\cdot\frac{w_3-w_2}{w_3-w_1}=\frac{z-z_1}{z-z_2}\cdot\frac{z_3-z_2}{z_3-z_1}.$$

(3) 三类典型的分式线性映射

1) 把上半平面映射成上半平面的映射为

$$w=\frac{az+b}{cz+d}\quad(ad-bc>0).$$

其中 a,b,c,d 都是实数.

2) 把上半平面映射成单位圆内部的映射为

$$w=e^{i\theta}\frac{z-a}{z-\bar{a}}\quad(\mathrm{Im}(a)>0).$$

3) 把单位圆内部映射成单位圆内部的映射为

$$w=e^{i\theta}\frac{z-a}{1-\bar{a}z}\quad(|a|<1).$$

4. 几个初等函数所构成的映射

(1) 幂函数 $w=z^n(n\geq 2)$ 这一映射的特点是：把以原点为顶点的角形域（包括半平面及全平面）映射成以原点为顶点的角形域（包括半平面及全平面），但张角的大小变成了原来的 n 倍.

(2) 指数函数 $w=e^z$ 这一映射的特点是：把水平的带形域 $0<\text{Im}(z)<a$ 映射成角形域 $0<\arg w<a(a=\pi$ 时，此角形域为上半平面）.

把这两个函数构成的映射与分式线性映射联合起来使用可以解决一部分简单区域之间的变换问题. 例如，要求一个把角形域 $-\dfrac{\pi}{6}<\arg z<\dfrac{\pi}{6}$ 映射成单位圆内部的映射，我们可以先用一个幂函数所构成的映射 $\xi=z^3$ 将这角形域映射成右半平面 $\text{Re}(\xi)>0$，其次用旋转映射 $t=\mathrm{i}\xi$ 将此右半平面映射成上半平面 $\text{Im}(t)>0$，最后通过分式线性映射 $w=\dfrac{t-\mathrm{i}}{t+\mathrm{i}}$ 将上半平面映射成单位圆域 $|w|<1$，从而所求的映射为 $w=\dfrac{z^3-1}{z^3+1}$.

5. 本章主要题型

(1) 判别一个映射 $w=f(z),z\in D$ 是否是保角映射.

方法一：用定义. 即考察旋转角与伸缩率，如果它们均具有不变性，则映射 $w=f(z)(z\in D)$ 是保角映射；

方法二：用定理. 即考察 $f'(z)$ 是否等于 $0(z\in D)$，若 $f'(z)\neq 0$，则映射 $w=f(z)$ 为 D 内的保角映射.

(2) 已知映射及一个区域，求像区域.

(3) 已知两个区域，求映射.

(4) 已知三对点，求分式线性映射.

以上(2)(3)，题目较为灵活. 为此，必须熟练掌握各种基本映射（整式线性映射、倒数映射、分式线性映射、幂函数映射、指数函数映射等）的特点及一些基本区域（半平面、单位圆域、角形域）之间的映射形式，特别是三类典型的分式线性映射.

本章自测题

1. 填空题

(1) 保角映射具有_____性、_____性、_____性.

(2) 唯一确定分式线性映射的条件是_____.

(3) 三类典型的分式线性映射是：

1) $w=$_____，它把_____映射成_____；

2) $w=$ _____，它把_____映射成_____；

3) $w=$ _____，它把_____映射成_____.

(4) 幂函数所构成的映射的主要特点是把_____映射成_____.

(5) 指数函数所构成的映射的主要特点是把_____映射成_____.

2. 求映射 $w=z^2$ 在 $z=i$ 处的旋转角和伸缩率.

3. 下列区域在指定映射下映射成什么图形？

(1) $|z-1|\leqslant 1, w=iz$；

(2) $x>0, y>0, w=\dfrac{z-i}{z+i}$.

4. 求将 $z_1=-1, z_2=0, z_3=1$ 分别映射成 $w_1=1, w_2=i, w_3=-1$ 的分式线性映射，并说明该映射能将上半平面映射成什么图形.

5. 求将右半平面 $\mathrm{Re}(z)>0$ 映射成单位圆域 $|w|<1$ 的分式线性映射.

6. 求将上半平面 $\mathrm{Im}(z)>0$ 映射成单位圆域 $|w|<1$ 且满足 $w(i)=0$，$\arg w'(i)=0$ 的分式线性映射.

7. 求将单位圆域 $|z|<1$ 映射成单位圆域 $|w|<1$ 且满足 $w\left(\dfrac{1}{2}\right)=0, w(-1)=1$ 的分式线性映射.

8. 求将区域 $|z+i|>\sqrt{2}, |z-i|<\sqrt{2}$ 映射成上半平面 $\mathrm{Im}(w)>0$ 的保角映射.

9. 求将带形域 $-\dfrac{\pi}{4}<\mathrm{Re}(z)<\dfrac{\pi}{4}$ 映射成单位圆域 $|w|<1$ 且满足 $w\left(\pm\dfrac{\pi}{4}\right)=\pm 1, w(ia)=i$ 的保角映射.

中国探月工程

第 7 章

  所谓积分变换,就是通过积分运算,把一个函数变为另一个函数的变换. 具体地说,就是把某函数类 A 中的任意一个函数 $f(t)$,乘上一个确定的二元函数 $K(t,\alpha)$ 然后再计算其积分,即

$$F(\alpha) = \int_a^b f(t) K(t,\alpha) \mathrm{d}t.$$

这样,便变成了另一类函数 B 中的一个函数 $F(\alpha)$,这里的积分域是确定的,$K(t,\alpha)$ 也是一个确定的二元函数,称为积分变换的核. 选取不同的积分域和核,就得到不同的积分变换. 我们把 $f(t)$ 称为像原函数,$F(\alpha)$ 称为 $f(t)$ 的像函数,在一定条件下,它们是一一对应而且变换是可逆的.

  用积分变换可解微分方程或其他方程,其求解的方法和步骤大致如下:利用某种积分变换求出方程未知解 y 的像函数 Y,再由逆变换由 Y 求出 y. 当然,这种变换的选择应当使得由原来关于 y 的方程经变换得到的关于 y 的像函数 Y 的方程是容易求解的. 一般地,在这种变换之下,原来的偏微分方程可以减少自变量的个数直至变成常微分方程;原来的常微分方程可以变成代数方程,因此计算大为简化. 正因为如此,积分变换的理论和方法不仅在数学的许多分支中,而且在其他自然科学和各种工程技术领域中均有着广泛的应用(如振动力学、电工学、无线电技术等领域),它已成为这些学科领域中不可缺少的运算工具. 本章和下一章我们介绍两类最常用的积分变换:傅里叶变换和拉普拉斯变换.

  在这一章,我们从周期函数在区间 $\left[-\dfrac{T}{2},\dfrac{T}{2}\right]$ 上的傅里叶(Fourier)级数展开式出发,讨论当 $T \to +\infty$ 时它的极限形式,从而得出非周期函数的傅里叶积分公式. 然后在这基础上定义傅里叶变换,并阐述它的一些性质和简单的应用.

第 7 章　傅里叶变换

7.1　傅里叶积分公式

我们知道,一个以 T 为周期的函数 $f_T(t)$,如果在 $\left[-\dfrac{T}{2},\dfrac{T}{2}\right]$ 上满足狄利克雷(Dirichlet)条件,则在 $\left[-\dfrac{T}{2},\dfrac{T}{2}\right]$ 上就可以展开成傅里叶级数.在 $f_T(t)$ 的连续点处,级数的三角形式为

$$f_T(t) = \frac{a_0}{2} + \sum_{n=1}^{\infty}(a_n\cos n\omega t + b_n\sin n\omega t). \tag{7-1}$$

其中 $\omega = \dfrac{2\pi}{T}$,

$$a_n = \frac{2}{T}\int_{-\frac{T}{2}}^{\frac{T}{2}} f_T(t)\cos n\omega t\,\mathrm{d}t \quad (n=0,1,2,\cdots);$$

$$b_n = \frac{2}{T}\int_{-\frac{T}{2}}^{\frac{T}{2}} f_T(t)\sin n\omega t\,\mathrm{d}t \quad (n=1,2,\cdots).$$

为了今后运用上的方便,下面把傅里叶级数改写成复数形式.

7.1.1　傅里叶级数的复数形式

由欧拉(Euler)公式

$$\cos\theta = \frac{\mathrm{e}^{\mathrm{i}\theta}+\mathrm{e}^{-\mathrm{i}\theta}}{2},\sin\theta = \frac{\mathrm{e}^{\mathrm{i}\theta}-\mathrm{e}^{-\mathrm{i}\theta}}{2\mathrm{i}}.$$

式(7-1)可改写为

$$f_T(t) = \frac{a_0}{2} + \sum_{n=1}^{\infty}\left[a_n\frac{\mathrm{e}^{\mathrm{i}n\omega t}+\mathrm{e}^{-\mathrm{i}n\omega t}}{2} + b_n\frac{\mathrm{e}^{\mathrm{i}n\omega t}-\mathrm{e}^{-\mathrm{i}n\omega t}}{2\mathrm{i}}\right]$$

$$= \frac{a_0}{2} + \sum_{n=1}^{\infty}\left[\frac{a_n - \mathrm{i}b_n}{2}\mathrm{e}^{\mathrm{i}n\omega t} + \frac{a_n + \mathrm{i}b_n}{2}\mathrm{e}^{-\mathrm{i}n\omega t}\right].$$

令

$$\frac{a_0}{2} = c_0,\quad \frac{a_n - \mathrm{i}b_n}{2} = c_n,\quad \frac{a_n + \mathrm{i}b_n}{2} = d_n.$$

则上式可写为

$$f_T(t) = c_0 + \sum_{n=1}^{\infty}(c_n\mathrm{e}^{\mathrm{i}n\omega t} + d_n\mathrm{e}^{-\mathrm{i}n\omega t})$$

其中

$$c_0 = \frac{1}{T}\int_{-\frac{T}{2}}^{\frac{T}{2}} f_T(t)\,\mathrm{d}t,$$

$$c_n = \frac{1}{T}\int_{-\frac{T}{2}}^{\frac{T}{2}} f_T(t)(\cos n\omega t - \mathrm{i}\sin n\omega t)\mathrm{d}t$$

$$= \frac{1}{T}\int_{-\frac{T}{2}}^{\frac{T}{2}} f_T(t)\mathrm{e}^{-\mathrm{i}n\omega t}\mathrm{d}t \quad (n=1,2,\cdots)$$

$$d_n = \frac{1}{T}\int_{-\frac{T}{2}}^{\frac{T}{2}} f_T(t)(\cos n\omega t + \mathrm{i}\sin n\omega t)\mathrm{d}t$$

$$= \frac{1}{T}\int_{-\frac{T}{2}}^{\frac{T}{2}} f_T(t)\mathrm{e}^{\mathrm{i}n\omega t}\mathrm{d}t \quad (n=1,2,\cdots)$$

在 c_n 的表达式中取 $n=0$ 即得 c_0,而 $d_n=c_{-n}$,这样 c_0、c_n、d_n 的表达式可合写为一个式子

$$c_n = \frac{1}{T}\int_{-\frac{T}{2}}^{\frac{T}{2}} f_T(t)\mathrm{e}^{-\mathrm{i}n\omega t}\mathrm{d}t \quad (n=0,\pm 1,\pm 2,\cdots)$$

于是得到傅里叶级数的复数形式

$$f_T(t) = \sum_{n=-\infty}^{+\infty} c_n \mathrm{e}^{\mathrm{i}n\omega t}. \tag{7-2}$$

如果 $f(t)$ 是定义在 $(-\infty,+\infty)$ 上的非周期函数,则可把 $f(t)$ 看作是周期为 T 的函数 $f_T(t)$ 当 $T\to+\infty$ 时的极限形式,即

$$\lim_{T\to+\infty} f_T(t) = f(t)$$

下面我们来讨论非周期函数的展开问题.

7.1.2 傅里叶积分公式

若记 $\omega_n = n\omega$,则式 (7-2) 可写为

$$f_T(t) = \sum_{n=-\infty}^{+\infty} c_n \mathrm{e}^{\mathrm{i}\omega_n t}.$$

其中

$$c_n = \frac{1}{T}\int_{-\frac{T}{2}}^{\frac{T}{2}} f_T(\tau)\mathrm{e}^{-\mathrm{i}\omega_n \tau}\mathrm{d}\tau,$$

即

$$f_T(t) = \frac{1}{T}\sum_{n=-\infty}^{+\infty}\left[\int_{-\frac{T}{2}}^{\frac{T}{2}} f_T(\tau)\mathrm{e}^{-\mathrm{i}\omega_n \tau}\mathrm{d}\tau\right]\mathrm{e}^{\mathrm{i}\omega_n t}.$$

由于非周期函数 $f(t)$ 可看作周期函数 $f_T(t)$ 当 $T\to+\infty$ 时的极限,因此在上式中令 $T\to+\infty$,所得到的极限就可看作是 $f(t)$ 的展开式,即

$$f(t) = \lim_{T\to+\infty} f_T(t)$$

$$= \lim_{T\to+\infty} \frac{1}{T}\sum_{n=-\infty}^{+\infty}\left[\int_{-\frac{T}{2}}^{\frac{T}{2}} f_T(\tau)\mathrm{e}^{-\mathrm{i}\omega_n \tau}\mathrm{d}\tau\right]\mathrm{e}^{\mathrm{i}\omega_n t}.$$

第 7 章 傅里叶变换

当 n 取一切整数时，ω_n 所对应的点便均匀地分布在整个数轴上，如图 7-1 所示. 若相邻两点的距离以 $\Delta\omega$ 表示，即

$$\Delta\omega = \omega_n - \omega_{n-1} = \frac{2\pi}{T} \text{ 或 } T = \frac{2\pi}{\Delta\omega}$$

图 7-1

则当 $T \to +\infty$ 时，$\Delta\omega \to 0$. 因此上式又可写成

$$f(t) = \lim_{\Delta\omega \to 0} \frac{1}{2\pi} \sum_{n=-\infty}^{+\infty} \left[\int_{-\frac{T}{2}}^{\frac{T}{2}} f_T(\tau) e^{-i\omega_n \tau} d\tau \right] e^{i\omega_n t} \Delta\omega$$

$$= \lim_{\Delta\omega \to 0} \frac{1}{2\pi} \sum_{n=-\infty}^{+\infty} \varphi(\omega_n) e^{i\omega_n t} \Delta\omega$$

其中

$$\varphi(\omega_n) = \int_{-\frac{T}{2}}^{\frac{T}{2}} f_T(\tau) e^{-i\omega_n \tau} d\tau$$

当 $T \to +\infty$ 时，上述积分的下限和上限分别变成 $-\infty$ 和 $+\infty$，$f_T(t)$ 变成 $f(t)$，离散变量 ω_n 变成了连续变量 ω，于是上述积分就成为

$$\varphi(\omega) = \int_{-\infty}^{+\infty} f(\tau) e^{-i\omega\tau} d\tau$$

再由定积分的定义，有

$$f(t) = \lim_{\Delta\omega \to 0} \frac{1}{2\pi} \sum_{n=-\infty}^{+\infty} \varphi(\omega_n) e^{i\omega_n t} \Delta\omega$$

$$= \frac{1}{2\pi} \int_{-\infty}^{+\infty} \varphi(\omega) e^{i\omega t} d\omega$$

$$= \frac{1}{2\pi} \int_{-\infty}^{+\infty} \left[\int_{-\infty}^{+\infty} f(\tau) e^{-i\omega\tau} d\tau \right] e^{i\omega t} d\omega$$

这就是非周期函数 $f(t)$ 的**傅里叶积分公式**(简称傅氏积分公式)，而等号右端的积分式称为 $f(t)$ 的**傅里叶积分**(简称傅氏积分).

以上只是一种形式上的推导，并不严密. 一个非周期函数 $f(t)$ 在什么条件下，可以用傅里叶积分公式来表示呢？我们有以下定理.

定理 7-1 (傅里叶积分定理) 若函数 $f(t)$ 在 $(-\infty, +\infty)$ 上满足:

(1) $f(t)$ 在任一有限区间上满足狄利克雷条件；

(2) $f(t)$ 在无限区间 $(-\infty, +\infty)$ 上绝对可积(即 $\int_{-\infty}^{+\infty} |f(t)| dt$ 收敛)，则有

$$f(t) = \frac{1}{2\pi} \int_{-\infty}^{+\infty} \left[\int_{-\infty}^{+\infty} f(\tau) e^{-i\omega\tau} d\tau \right] e^{i\omega t} d\omega \tag{7-3}$$

成立. 等号仅在连续点 t 处成立. 在间断点 t 处, 应以 $\frac{1}{2}[f(t+0)+f(t-0)]$ 来代替 $f(t)$.

定理的证明要用到较多的基础理论, 这里从略.

式(7-3)是 $f(t)$ 的傅氏积分公式的复指数形式, 利用欧拉公式, 可将它转化为三角形式.

因为积分 $\int_{-\infty}^{+\infty} f(\tau)\sin\omega(t-\tau)d\tau$ 和 $\int_{-\infty}^{+\infty} f(\tau)\cos\omega(t-\tau)d\tau$ 分别是 ω 的奇函数和偶函数, 所以有

$$\begin{aligned}
f(t) &= \frac{1}{2\pi} \int_{-\infty}^{+\infty} \left[\int_{-\infty}^{+\infty} f(\tau) e^{-i\omega\tau} d\tau \right] e^{i\omega t} d\omega \\
&= \frac{1}{2\pi} \int_{-\infty}^{+\infty} \left[\int_{-\infty}^{+\infty} f(\tau) e^{i\omega(t-\tau)} d\tau \right] d\omega \\
&= \frac{1}{2\pi} \int_{-\infty}^{+\infty} \left[\int_{-\infty}^{+\infty} f(\tau) \cos\omega(t-\tau) d\tau + i \int_{-\infty}^{+\infty} f(\tau) \sin\omega(t-\tau) d\tau \right] d\omega \\
&= \frac{1}{2\pi} \int_{-\infty}^{+\infty} \left[\int_{-\infty}^{+\infty} f(\tau) \cos\omega(t-\tau) d\tau \right] d\omega \\
&= \frac{1}{\pi} \int_{0}^{+\infty} d\omega \int_{-\infty}^{+\infty} f(\tau) \cos\omega(t-\tau) d\tau.
\end{aligned} \tag{7-4}$$

这是 $f(t)$ 的傅氏积分公式的三角表示式. 它还可以表示为

$$\begin{aligned}
f(t) &= \frac{1}{\pi} \int_{0}^{+\infty} d\omega \int_{-\infty}^{+\infty} f(\tau)(\cos\omega t \cos\omega\tau + \sin\omega t \sin\omega\tau) d\tau \\
&= \frac{1}{\pi} \left[\int_{0}^{+\infty} \cos\omega t \, d\omega \int_{-\infty}^{+\infty} f(\tau)\cos\omega\tau d\tau + \int_{0}^{+\infty} \sin\omega t \, d\omega \int_{-\infty}^{+\infty} f(\tau)\sin\omega\tau d\tau \right] \\
&= \int_{0}^{+\infty} [A(\omega)\cos\omega t + B(\omega)\sin\omega t] d\omega.
\end{aligned} \tag{7-5}$$

其中

$$A(\omega) = \frac{1}{\pi} \int_{-\infty}^{+\infty} f(\tau)\cos\omega\tau d\tau;$$

$$B(\omega) = \frac{1}{\pi} \int_{-\infty}^{+\infty} f(\tau)\sin\omega\tau d\tau.$$

我们可以看到, 傅氏积分式(7-5)及其系数公式与傅氏级数式(7-1)及其系数公式在形式上有相似之处.

当 $f(t)$ 为偶函数时, 由于

$$A(\omega) = \frac{2}{\pi}\int_0^{+\infty} f(\tau)\cos\omega\tau\,d\tau,\ B(\omega) = 0.$$

因此式(7-5)成为

$$f(t) = \int_0^{+\infty} A(\omega)\cos\omega t\,d\omega,$$

即

$$f(t) = \frac{2}{\pi}\int_0^{+\infty}\cos\omega t\,d\omega\int_0^{+\infty} f(\tau)\cos\omega\tau\,d\tau.$$

这个公式称为 $f(t)$ 的**余弦傅氏积分**公式.

当 $f(t)$ 为奇函数时，同理可得

$$f(t) = \frac{2}{\pi}\int_0^{+\infty}\sin\omega t\,d\omega\int_0^{+\infty} f(\tau)\sin\omega\tau\,d\tau.$$

这个公式称为 $f(t)$ 的**正弦傅氏积分**公式.

若 $f(t)$ 只在 $(0, +\infty)$ 上有定义，且满足傅氏积分定理条件，则只要作偶式(或奇式)延拓，便可得到 $f(t)$ 的余弦(或正弦)傅氏积分公式.

【**例 7-1**】 试用傅氏积分表示函数

$$f(t) = \begin{cases} 1, & 0 < t \leqslant 1, \\ 0, & t > 1. \end{cases}$$

并由此证明

$$\int_0^{+\infty} \frac{\sin x}{x}\,dx = \frac{\pi}{2}.$$

证 由于 $f(t)$ 只在 $(0, +\infty)$ 上有定义，因此可作偶式延拓，由余弦傅氏积分公式

$$f(t) = \frac{2}{\pi}\int_0^{+\infty}\cos\omega t\,d\omega\int_0^{+\infty} f(\tau)\cos\omega\tau\,d\tau$$

$$= \frac{2}{\pi}\int_0^{+\infty}\cos\omega t\,d\omega\int_0^{1}\cos\omega\tau\,d\tau$$

$$= \frac{2}{\pi}\int_0^{+\infty}\frac{\sin\omega\cos\omega t}{\omega}\,d\omega$$

所以

$$\int_0^{+\infty}\frac{\sin\omega\cos\omega t}{\omega}\,d\omega = \begin{cases} \dfrac{\pi}{2}, & 0 < t < 1, \\ \dfrac{\pi}{4}, & t = 1, \\ 0, & t > 1. \end{cases}$$

当 $t=1$ 时，有
$$\int_0^{+\infty} \frac{\sin\omega\cos\omega}{\omega} d\omega = \frac{\pi}{4},$$

即 $\int_0^{+\infty} \frac{\sin2\omega}{2\omega} d\omega = \frac{\pi}{4}$. 令 $2\omega = x$，上式即为
$$\int_0^{+\infty} \frac{1}{2} \frac{\sin x}{x} dx = \frac{\pi}{4},$$

所以
$$\int_0^{+\infty} \frac{\sin x}{x} dx = \frac{\pi}{2}.$$

积分 $\int_0^{+\infty} \frac{\sin x}{x} dx$ 称为**狄利克雷积分**. 证毕

【例 7-2】 证明 $\int_0^{+\infty} \frac{\cos\omega t}{1+\omega^2} d\omega = \frac{\pi}{2} e^{-t}$ $(t \geqslant 0)$.

证 令 $f(t) = e^{-t}(t \geqslant 0)$，则由余弦傅氏积分公式，得
$$e^{-t} = \frac{2}{\pi} \int_0^{+\infty} \cos\omega t\, d\omega \int_0^{+\infty} e^{-\tau} \cos\omega\tau\, d\tau.$$

利用两次分部积分可求得其中对 τ 的积分为 $\frac{1}{1+\omega^2}$，因此
$$e^{-t} = \frac{2}{\pi} \int_0^{+\infty} \frac{\cos\omega t}{1+\omega^2} d\omega,$$

即有
$$\int_0^{+\infty} \frac{\cos\omega t}{1+\omega^2} d\omega = \frac{\pi}{2} e^{-t} \quad (t \geqslant 0).$$

习 题

7-1 求下列函数的傅氏积分

(1) $f(t) = \begin{cases} 1-t^2, & |t|<1, \\ 0, & |t|>1; \end{cases}$

(2) $f(t) = \begin{cases} 0, & t<0, \\ e^{-t}\sin 2t, & t \geqslant 0; \end{cases}$

(3) $f(t) = \begin{cases} 0, & -\infty<t<-1, \\ -1, & -1<t<0, \\ 1, & 0<t<1, \\ 0, & 1<t<+\infty. \end{cases}$

7-2 证明

$$\int_0^{+\infty} \frac{\cos\omega t}{\beta^2+\omega^2}\mathrm{d}\omega = \frac{\pi}{2\beta}\mathrm{e}^{-\beta|t|} \quad (\beta>0).$$

7-3 证明

$$\int_0^{+\infty} \frac{\omega^2+2}{\omega^2+4}\cos\omega t\,\mathrm{d}\omega = \frac{\pi}{2}\mathrm{e}^{-|t|}\cos t.$$

7.2 傅里叶变换

7.2.1 傅里叶变换的概念

由 7.1 节我们知道,若函数 $f(t)$ 满足傅氏积分定理中的条件,则在 $f(t)$ 的连续点处有

$$f(t) = \frac{1}{2\pi}\int_{-\infty}^{+\infty}\left[\int_{-\infty}^{+\infty} f(\tau)\mathrm{e}^{-\mathrm{i}\omega\tau}\,\mathrm{d}\tau\right]\mathrm{e}^{\mathrm{i}\omega t}\,\mathrm{d}\omega.$$

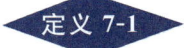 设

$$F(\omega) = \int_{-\infty}^{+\infty} f(t)\mathrm{e}^{-\mathrm{i}\omega t}\,\mathrm{d}t \tag{7-6}$$

则

$$f(t) = \frac{1}{2\pi}\int_{-\infty}^{+\infty} F(\omega)\mathrm{e}^{\mathrm{i}\omega t}\,\mathrm{d}\omega \tag{7-7}$$

从上面两式可以看出,$f(t)$ 和 $F(\omega)$ 通过指定的积分运算可以相互表达.式(7-6)称为 $f(t)$ 的**傅氏变换**,记为

$$F(\omega) = \mathscr{F}[f(t)].$$

$F(\omega)$ 称为 $f(t)$ 的**像函数**.式(7-7)称为 $F(\omega)$ 的**傅氏逆变换**,记为

$$f(t) = \mathscr{F}^{-1}[F(\omega)].$$

$f(t)$ 称为 $F(\omega)$ 的**像原函数**.

因为傅氏变换是定义在傅氏积分的基础上的,所以,傅氏积分定理的条件,也就是函数 $f(t)$ 的傅氏变换存在的一种充分条件.

当 $f(t)$ 是偶函数时,由余弦傅氏积分公式

$$f(t) = \frac{2}{\pi}\int_0^{+\infty}\left[\int_0^{+\infty} f(\tau)\cos\omega\tau\,\mathrm{d}\tau\right]\cos\omega t\,\mathrm{d}\omega$$

得 $f(t)$ 的**余弦傅氏变换**

$$F(\omega) = \int_0^{+\infty} f(t)\cos\omega t\,\mathrm{d}t,$$

和 $F(\omega)$ 的**余弦傅氏逆变换**

$$f(t) = \frac{2}{\pi} \int_0^{+\infty} F(\omega) \cos\omega t \, \mathrm{d}\omega.$$

当 $f(t)$ 是奇函数时，同理可得 $f(t)$ 的**正弦傅氏变换**

$$F(\omega) = \int_0^{+\infty} f(t) \sin\omega t \, \mathrm{d}t,$$

和 $F(\omega)$ 的**正弦傅氏逆变换**

$$f(t) = \frac{2}{\pi} \int_0^{+\infty} F(\omega) \sin\omega t \, \mathrm{d}\omega.$$

【例 7-3】 求指数衰减函数

$$f(t) = \begin{cases} 0, & t < 0, \\ \mathrm{e}^{-\beta t}, & t \geqslant 0. \end{cases}$$

($\beta > 0$) 的傅氏变换及其积分表达式. 这是工程技术中常用的一个函数.

解 $F(\omega) = \mathscr{F}[f(t)] = \int_{-\infty}^{+\infty} f(t) \mathrm{e}^{-\mathrm{i}\omega t} \, \mathrm{d}t$

$$= \int_0^{+\infty} \mathrm{e}^{-\beta t} \mathrm{e}^{-\mathrm{i}\omega t} \, \mathrm{d}t = \int_0^{+\infty} \mathrm{e}^{-(\beta + \mathrm{i}\omega)t} \, \mathrm{d}t$$

$$= \frac{1}{\beta + \mathrm{i}\omega} = \frac{\beta - \mathrm{i}\omega}{\beta^2 + \omega^2}.$$

这就是指数衰减函数的傅氏变换. 下面求它的傅氏积分表达式

$$f(t) = \mathscr{F}^{-1}[F(\omega)] = \frac{1}{2\pi} \int_{-\infty}^{+\infty} F(\omega) \mathrm{e}^{\mathrm{i}\omega t} \, \mathrm{d}\omega$$

$$= \frac{1}{2\pi} \int_{-\infty}^{+\infty} \frac{\beta - \mathrm{i}\omega}{\beta^2 + \omega^2} \mathrm{e}^{\mathrm{i}\omega t} \, \mathrm{d}\omega$$

$$= \frac{1}{2\pi} \int_{-\infty}^{+\infty} \frac{\beta - \mathrm{i}\omega}{\beta^2 + \omega^2} (\cos\omega t + \mathrm{i}\sin\omega t) \, \mathrm{d}\omega$$

$$= \frac{1}{2\pi} \left(\int_{-\infty}^{+\infty} \frac{\beta\cos\omega t + \omega\sin\omega t}{\beta^2 + \omega^2} \, \mathrm{d}\omega + \mathrm{i} \int_{-\infty}^{+\infty} \frac{\beta\sin\omega t - \omega\cos\omega t}{\beta^2 + \omega^2} \, \mathrm{d}\omega \right)$$

$$= \frac{1}{\pi} \int_0^{+\infty} \frac{\beta\cos\omega t + \omega\sin\omega t}{\beta^2 + \omega^2} \, \mathrm{d}\omega.$$

当 $t = 0$ 时,上式左端应为 $\frac{1}{2}$. 由此得到一个含参变量的广义积分值:

$$\int_0^{+\infty} \frac{\beta\cos\omega t + \omega\sin\omega t}{\beta^2 + \omega^2} \, \mathrm{d}\omega = \begin{cases} 0, & t < 0, \\ \dfrac{\pi}{2}, & t = 0, \\ \pi \mathrm{e}^{-\beta t}, & t > 0. \end{cases}$$

【例 7-4】 求积分方程

$$\int_0^{+\infty} g(\omega)\sin\omega t\,\mathrm{d}\omega = f(t) = \begin{cases} \dfrac{\pi}{2}\sin t, & 0 < t \leqslant \pi, \\ 0, & t > \pi. \end{cases}$$

的解 $g(x)$.

解 因为

$$\frac{2}{\pi}\int_0^{+\infty} g(\omega)\sin\omega t\,\mathrm{d}\omega = \frac{2}{\pi}f(t) = \begin{cases} \sin t, & 0 < t \leqslant \pi, \\ 0, & t > \pi. \end{cases}$$

所以可把上式看作 $g(\omega)$ 的正弦傅氏逆变换

$$\frac{2}{\pi}\int_0^{+\infty} g(\omega)\sin\omega t\,\mathrm{d}\omega = f_1(t).$$

利用正弦傅氏变换可得

$$\begin{aligned}
g(\omega) &= \int_0^{+\infty} f_1(t)\sin\omega t\,\mathrm{d}t = \int_0^{\pi}\sin t\sin\omega t\,\mathrm{d}t \\
&= \frac{1}{2}\int_0^{\pi}\left[\cos(1-\omega)t - \cos(1+\omega)t\right]\mathrm{d}t \\
&= \frac{\sin\omega\pi}{1-\omega^2},
\end{aligned}$$

因此

$$g(x) = \frac{\sin\pi x}{1-x^2}.$$

7.2.2 单位脉冲函数及其傅氏变换

在许多物理现象中，除了有连续分布的物理量外，还常会有集中在一点的量（点源），或者具有脉冲性质的物理量，例如瞬间作用的冲击力、电脉冲等。这些量作用的持续时间 $(0<t<\tau)$ 都很短，但值 $f(t)$ 却极大，致使冲击强度 $\int_0^{\tau} f(t)\mathrm{d}t$ 等于常数 1，从而与 τ 不是同一个数量级。在通常意义下的函数类中找不到一个函数可用来表示点源和脉冲的这种函数，必须引进一个新的函数，这个函数称为**狄拉克**(Dirac)**函数**，简称为 **δ 函数**.

δ 函数是一个广义函数，它没有通常意义下的"函数值"，也不能用通常意义下"值的对应关系"来定义。形式上 $\delta(t)$ 可看成普通函数序列的极限，即

$$\delta(t) = \lim_{\tau \to 0}\delta_\tau(t)$$

其中

$$\delta_\tau(t) = \begin{cases} 0, & t<0, \\ \dfrac{1}{\tau}, & 0 \leqslant t \leqslant \tau, \\ 0, & t>\tau. \end{cases}$$

$\delta_\tau(t)$ 的图形如图 7-2 所示. 对于任何 $\tau>0$, 显然有

$$\int_{-\infty}^{+\infty} \delta_\tau(t)\,\mathrm{d}t = \int_0^\tau \frac{1}{\tau}\,\mathrm{d}t = 1.$$

所以

$$\int_{-\infty}^{+\infty} \delta(t)\,\mathrm{d}t = 1.$$

如上所述,δ 函数可理解为:这个函数在 $t=0$ 的非常狭小的邻域内取非常大的值,在这个邻域外,函数值处处为零. 工程上,常将 δ 函数称为单位脉冲函数,并用一个长度等于 1 的有向线段来表示(见图 7-3). 这个线段的长度表示 δ 函数的积分值,称为 δ 函数的强度.

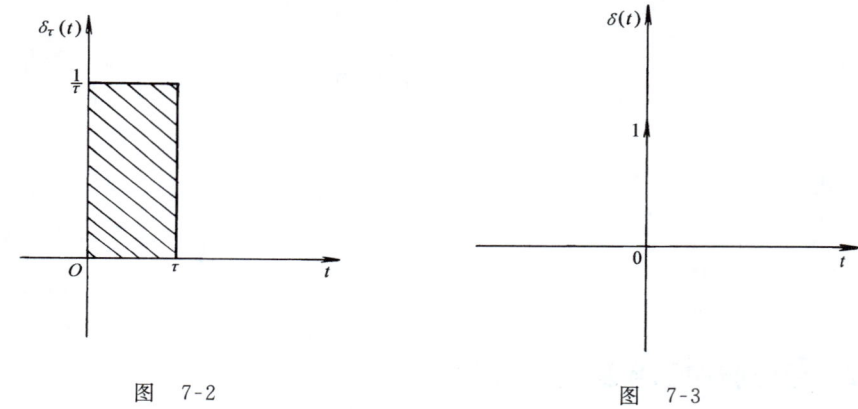

图 7-2 图 7-3

狄拉克给出 δ 函数的另一种定义为:满足下列两个条件的函数称为 **δ 函数**
(1) $\delta(t)=0$, $t \neq 0$;
(2) $\int_{-\infty}^{+\infty} \delta(t)\,\mathrm{d}t = 1$.

如果脉冲发生在时刻 $t=t_0$, 那么仿照上面可定义

$$\delta(t-t_0) = \lim_{\tau \to 0} \delta_\tau(t-t_0)$$

其中

$$\delta_\tau(t-t_0) = \begin{cases} 0, & t<t_0, \\ \dfrac{1}{\tau}, & t_0 \leqslant t \leqslant t_0+\tau, \\ 0, & t>t_0+\tau. \end{cases}$$

δ 函数具有下列性质：

(1) 对任意的连续函数 $f(t)$，都有
$$\int_{-\infty}^{+\infty} \delta(t) f(t) \mathrm{d}t = f(0). \tag{7-8}$$

事实上，
$$\int_{-\infty}^{+\infty} \delta(t) f(t) \mathrm{d}t = \int_{-\infty}^{+\infty} f(t) \left[\lim_{\tau \to 0} \delta_{\tau}(t)\right] \mathrm{d}t$$
$$= \lim_{\tau \to 0} \int_{-\infty}^{+\infty} f(t) \delta_{\tau}(t) \mathrm{d}t = \lim_{\tau \to 0} \int_{0}^{\tau} f(t) \frac{1}{\tau} \mathrm{d}t$$
$$= \lim_{\tau \to 0} \frac{1}{\tau} \int_{0}^{\tau} f(t) \mathrm{d}t.$$

由 $f(t)$ 的连续性和积分中值定理，有
$$\int_{-\infty}^{+\infty} \delta(t) f(t) \mathrm{d}t = \lim_{\tau \to 0} \frac{1}{\tau} f(\theta \tau) \tau = f(0) \quad (0 < \theta < 1)$$

一般地，有
$$\int_{-\infty}^{+\infty} \delta(t - t_0) f(t) \mathrm{d}t = f(t_0).$$

这个性质表明，尽管 δ 函数本身没有普通意义下的函数值，但它与任何一个连续函数的乘积在 $(-\infty, +\infty)$ 上的积分却有确定的值. 因此，有时我们也用式(7-8)来定义 δ 函数，即若某一函数与任一连续函数 $f(t)$ 的乘积在 $(-\infty, +\infty)$ 上的积分值为 $f(0)$，则该函数就称为 δ 函数.

(2) 对任意的有连续导数的函数 $f(t)$，都有
$$\int_{-\infty}^{+\infty} \delta'(t) f(t) \mathrm{d}t = -f'(0).$$

事实上，利用分部积分法，并注意到，当 $t \neq 0$ 时，$\delta(t) = 0$，再利用性质(1)，有
$$\int_{-\infty}^{+\infty} \delta'(t) f(t) \mathrm{d}t = \delta(t) f(t) \Big|_{-\infty}^{+\infty} - \int_{-\infty}^{+\infty} \delta(t) f'(t) \mathrm{d}t$$
$$= -f'(0).$$

一般地，对任意的有连续 n 阶导数的函数 $f(t)$，有
$$\int_{-\infty}^{+\infty} \delta^{(n)}(t) f(t) \mathrm{d}t = (-1)^n f^{(n)}(0).$$

(3) $\delta(t) = \delta(-t)$，即 $\delta(t)$ 是偶函数.

事实上，由
$$\int_{-\infty}^{+\infty} \delta(-t) f(t) \mathrm{d}t = \int_{+\infty}^{-\infty} \delta(\tau) f(-\tau) \mathrm{d}(-\tau)$$
$$= \int_{-\infty}^{+\infty} \delta(\tau) f(-\tau) \mathrm{d}\tau = f(0),$$

有 $\int_{-\infty}^{+\infty} \delta(-t) f(t) \mathrm{d}t = \int_{-\infty}^{+\infty} \delta(t) f(t) \mathrm{d}t$,故
$$\delta(t) = \delta(-t).$$

(4) $\int_{-\infty}^{t} \delta(\tau) \mathrm{d}\tau = u(t).$

其中
$$u(t) = \begin{cases} 1, & t > 0, \\ 0, & t < 0 \end{cases}$$

称为单位阶跃函数. 反之, 有
$$\frac{\mathrm{d}u(t)}{\mathrm{d}t} = \delta(t).$$

事实上, 由 $\int_{-\infty}^{+\infty} \delta(t) \mathrm{d}t = 1$ 得
$$\int_{-\infty}^{t} \delta(\tau) \mathrm{d}\tau = 1, \ t > 0;$$
$$\int_{-\infty}^{t} \delta(\tau) \mathrm{d}\tau = 0, \ t < 0.$$

所以
$$\int_{-\infty}^{t} \delta(\tau) \mathrm{d}\tau = u(t).$$

将上式两边对 t 求导数, 即得
$$\delta(t) = \frac{\mathrm{d}u(t)}{\mathrm{d}t}.$$

由式(7-8), 我们可以很方便地求出 δ 函数的傅氏变换:
$$F(\omega) = \mathscr{F}[\delta(t)] = \int_{-\infty}^{+\infty} \delta(t) \mathrm{e}^{-\mathrm{i}\omega t} \mathrm{d}t = \mathrm{e}^{-\mathrm{i}\omega t}\Big|_{t=0} = 1,$$
$$\delta(t) = \mathscr{F}^{-1}[1] = \frac{1}{2\pi} \int_{-\infty}^{+\infty} 1 \cdot \mathrm{e}^{\mathrm{i}\omega t} \mathrm{d}\omega.$$

一般地, 有
$$F(\omega) = \mathscr{F}[\delta(t-t_0)] = \int_{-\infty}^{+\infty} \delta(t-t_0) \mathrm{e}^{-\mathrm{i}\omega t} \mathrm{d}t = \mathrm{e}^{-\mathrm{i}\omega t_0},$$
$$\delta(t-t_0) = \mathscr{F}^{-1}[\mathrm{e}^{-\mathrm{i}\omega t_0}] = \frac{1}{2\pi} \int_{-\infty}^{+\infty} \mathrm{e}^{-\mathrm{i}\omega t_0} \mathrm{e}^{\mathrm{i}\omega t} \mathrm{d}\omega$$
$$= \frac{1}{2\pi} \int_{-\infty}^{+\infty} \mathrm{e}^{-\mathrm{i}\omega(t-t_0)} \mathrm{d}\omega.$$

因此, $\delta(t)$ 和 1, $\delta(t-t_0)$ 和 $\mathrm{e}^{-\mathrm{i}\omega t_0}$ 构成了傅氏变换对. 在此需要指出的是, 上面这

些积分不是通常意义下的积分,它们是根据 δ 函数的定义及性质从形式上推导出来的,即这些积分在计算时需要交换积分运算和极限运算的次序,所以 δ(t) 的傅氏变换应理解为一种广义的傅氏变换.

在工程技术中,有许多重要的函数如单位阶跃函数、常数函数、正弦函数、余弦函数等都不满足傅氏积分存在定理中绝对可积条件,但引入 δ 函数后便可以很方便地得到这些函数的傅氏变换.

【例 7-5】 证明单位阶跃函数 $u(t)=\begin{cases}0, & t<0,\\ 1, & t>0\end{cases}$ 的傅氏变换为

$$F(\omega)=\frac{1}{i\omega}+\pi\delta(\omega).$$

证 由傅氏逆变换,有

$$f(t)=\mathscr{F}^{-1}[F(\omega)]=\frac{1}{2\pi}\int_{-\infty}^{+\infty}\left[\frac{1}{i\omega}+\pi\delta(\omega)\right]e^{i\omega t}d\omega$$

$$=\frac{1}{2\pi}\int_{-\infty}^{+\infty}\pi\delta(\omega)e^{i\omega t}d\omega+\frac{1}{2\pi}\int_{-\infty}^{+\infty}\frac{1}{i\omega}e^{i\omega t}d\omega$$

$$=\frac{1}{2}e^{i\omega t}\Big|_{\omega=0}+\frac{1}{2\pi}\int_{-\infty}^{+\infty}\frac{\cos\omega t+i\sin\omega t}{i\omega}d\omega$$

$$=\frac{1}{2}+\frac{1}{2\pi}\int_{-\infty}^{+\infty}\frac{\sin\omega t}{\omega}d\omega$$

$$=\frac{1}{2}+\frac{1}{\pi}\int_{0}^{+\infty}\frac{\sin\omega t}{\omega}d\omega.$$

由 7.1 节中的例 7-1

$$\int_{0}^{+\infty}\frac{\sin x}{x}dx=\frac{\pi}{2}.$$

有

$$\int_{0}^{+\infty}\frac{\sin\omega t}{\omega}d\omega=\begin{cases}-\dfrac{\pi}{2}, & t<0,\\ 0, & t=0,\\ \dfrac{\pi}{2}, & t>0.\end{cases}$$

其中当 $t<0$ 时,可令 $u=-\omega t$,则

$$\int_{0}^{+\infty}\frac{\sin\omega t}{\omega}d\omega=\int_{0}^{+\infty}\frac{\sin(-u)}{u}du=-\int_{0}^{+\infty}\frac{\sin u}{u}du=-\frac{\pi}{2}.$$

因此

$$f(t)=\frac{1}{2}+\frac{1}{\pi}\int_{0}^{+\infty}\frac{\sin\omega t}{\omega}d\omega=\begin{cases}0, & t<0,\\ 1, & t>0.\end{cases}$$

即
$$f(t)=u(t).$$

这就表明 $u(t)$ 的傅氏变换是 $F(\omega)=\dfrac{1}{\mathrm{i}\omega}+\pi\delta(\omega)$，$u(t)$ 的傅氏积分表达式为

$$u(t)=\frac{1}{2}+\frac{1}{\pi}\int_0^{+\infty}\frac{\sin\omega t}{\omega}\mathrm{d}\omega \quad (t\neq 0).$$

证毕

【例 7-6】 证明 $f(t)=1$ 的傅氏变换为
$$F(\omega)=2\pi\delta(\omega)$$

证 仿照例 7-5，

$$f(t)=\frac{1}{2\pi}\int_{-\infty}^{+\infty}F(\omega)\mathrm{e}^{\mathrm{i}\omega t}\mathrm{d}\omega$$

$$=\frac{1}{2\pi}\int_{-\infty}^{+\infty}2\pi\delta(\omega)\mathrm{e}^{\mathrm{i}\omega t}\mathrm{d}\omega=\mathrm{e}^{\mathrm{i}\omega t}\Big|_{\omega=0}=1.$$

所以 1 的傅氏变换为 $F(\omega)=2\pi\delta(\omega)$. 同理 $\mathrm{e}^{\mathrm{i}\omega_0 t}$ 的傅氏变换是 $F(\omega)=2\pi\delta(\omega-\omega_0)$. 由此可得

$$\int_{-\infty}^{+\infty}1\mathrm{e}^{-\mathrm{i}\omega t}\mathrm{d}t=2\pi\delta(\omega);$$

$$\int_{-\infty}^{+\infty}\mathrm{e}^{\mathrm{i}\omega_0 t}\mathrm{e}^{-\mathrm{i}\omega t}\mathrm{d}t=2\pi\delta(\omega-\omega_0).$$

证毕

【例 7-7】 求余弦函数 $f(t)=\cos\omega_0 t$ 的傅氏变换

解 $F(\omega)=\mathscr{F}[f(t)]=\displaystyle\int_{-\infty}^{+\infty}\cos\omega_0 t\mathrm{e}^{-\mathrm{i}\omega t}\mathrm{d}t$

$$=\frac{1}{2}\int_{-\infty}^{+\infty}(\mathrm{e}^{\mathrm{i}\omega_0 t}+\mathrm{e}^{-\mathrm{i}\omega_0 t})\mathrm{e}^{-\mathrm{i}\omega t}\mathrm{d}t$$

$$=\frac{1}{2}\int_{-\infty}^{+\infty}[\mathrm{e}^{-\mathrm{i}(\omega-\omega_0)t}+\mathrm{e}^{-\mathrm{i}(\omega+\omega_0)t}]\mathrm{d}t$$

$$=\frac{1}{2}[2\pi\delta(\omega-\omega_0)+2\pi\delta(\omega+\omega_0)]$$

$$=\pi[\delta(\omega-\omega_0)+\delta(\omega+\omega_0)].$$

7.2.3 傅氏变换的物理意义——频谱

傅氏变换和频谱概念有着非常密切的关系. 要知道周期函数和非周期函数的一些性质，可利用它们的频谱来进行分析.

第7章 傅里叶变换

我们知道,如果 $f(t)$ 是以 T 为周期的非正弦周期函数,则只要满足狄氏条件就可以展开成傅氏级数

$$f(t)=\frac{a_0}{2}+\sum_{n=1}^{\infty}(a_n\cos\omega_n t+b_n\sin\omega_n t).$$

其中 $\omega_n=n\omega=\dfrac{2n\pi}{T}$. 我们将 $a_n\cos\omega_n t+b_n\sin\omega_n t$ 称为 $f(t)$ 的第 n 次谐波,$\omega_n=n\omega$ 称为第 n 次谐波的频率. 由

$$a_n\cos\omega_n t+b_n\sin\omega_n t=\sqrt{a_n^2+b_n^2}\sin(\omega_n t+\varphi_n)$$

称 $\sqrt{a_n^2+b_n^2}$ 为频率是 $n\omega$ 的第 n 次谐波的振幅,记作 A_n,即

$$A_n=\sqrt{a_n^2+b_n^2},\ n=1,2,3,\cdots;$$

而 $A_0=\left|\dfrac{a_0}{2}\right|$. 当 $f(t)$ 的傅氏级数为复数形式时,即当

$$f(t)=\sum_{n=-\infty}^{+\infty}c_n e^{i\omega_n t}$$

时,第 n 次谐波为

$$c_n e^{i\omega_n t}+c_{-n} e^{-i\omega_n t}$$

其中

$$c_n=\frac{a_n-ib_n}{2},\ c_{-n}=\frac{a_n+ib_n}{2}$$

并且

$$|c_n|=|c_{-n}|=\frac{\sqrt{a_n^2+b_n^2}}{2},\ n=0,1,2,\cdots$$

所以,以 T 为周期的非正弦函数 $f(t)$ 的第 n 次谐波的振幅为

$$A_n=2|c_n|\quad n=0,1,2,\cdots \tag{7-9}$$

当 n 取 $0,1,2,\cdots$ 这些数值时,相应有不同的频率和不同的振幅,所以式(7-9)描述了各次谐波的振幅随频率变化的分布情况. 所谓频谱图,通常是指频率和振幅的关系图,所以 A_n 称为 $f(t)$ 的振幅频谱(简称为频谱). 由于 $n=0,1,2,\cdots$,所以频谱 A_n 的图形是不连续的,称之为离散频谱. 它清楚地表明了一个非正弦周期函数包含了哪些频率分量及各分量所占的比重(这里指振幅大小). 因此频谱图在工程技术中应用比较广泛.

【例 7-8】 如图 7-4 所示的周期矩形脉冲波 $f(t)$,在一个周期 $\left(-\dfrac{T}{2},\dfrac{T}{2}\right)$ 内

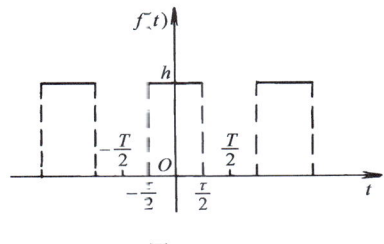

图 7-4

$$f(t) = \begin{cases} 0, & -\dfrac{T}{2} < t < \dfrac{\tau}{2}, \\ h, & -\dfrac{\tau}{2} \leqslant t \leqslant \dfrac{\tau}{2}, \\ 0, & \dfrac{\tau}{2} < t < \dfrac{T}{2}. \end{cases}$$

设 $T=4\tau$ 和 8τ，分别作出相应的频谱图.

解 $f(t)$ 的傅氏级数的复数形式

$$f(t) = \frac{h\tau}{T} + \sum_{\substack{n=-\infty \\ n \neq 0}}^{+\infty} \frac{h}{n\pi} \sin \frac{n\pi\tau}{T} e^{in\omega t}.$$

即 $c_0 = \dfrac{h\tau}{T}, c_n = \dfrac{h}{n\pi} \sin \dfrac{n\pi\tau}{T}, n = \pm 1, \pm 2, \cdots$. 因此频谱为

$$A_0 = 2|c_0| = \frac{2h\tau}{T}$$

$$A_n = 2|c_n| = \frac{2h}{n\pi} \left| \sin \frac{n\pi\tau}{T} \right|, \quad n = 1, 2, \cdots.$$

当 $T = 4\tau$ 时，

$$A_0 = \frac{h}{2}, \quad A_n = \frac{2h}{n\pi} \left| \sin \frac{n\pi}{4} \right|,$$

$$\omega_n = n\omega = \frac{n\pi}{2\tau}, \quad n = 1, 2, \cdots$$

频谱为：

n	0	1	2	3	4	5	6	7	8	⋯
ω_n	0	ω	2ω	3ω	4ω	5ω	6ω	7ω	8ω	⋯
A_n	$\dfrac{h}{2}$	$\dfrac{\sqrt{2}h}{\pi}$	$\dfrac{h}{\pi}$	$\dfrac{\sqrt{2}h}{3\pi}$	0	$\dfrac{\sqrt{2}h}{5\pi}$	$\dfrac{h}{3\pi}$	$\dfrac{\sqrt{2}h}{7\pi}$	0	⋯

频谱图如图 7-5 所示：

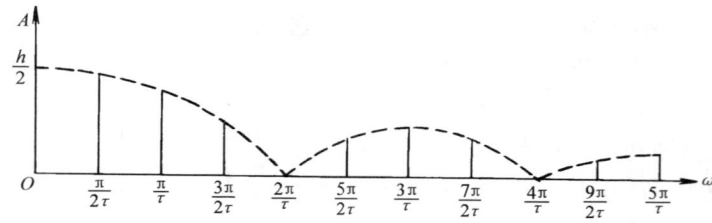

图 7-5

当 $T=8\tau$ 时,
$$A_0 = \frac{h}{4},\ A_n = \frac{2}{n}\frac{h}{\pi}\left|\sin\frac{n\pi}{8}\right|$$
$$\omega_n = n\omega = \frac{n\pi}{4\tau},\ n=1,2,\cdots.$$

频谱为:

n	0	1	2	3	4	5	6	7	8	⋯
ω_n	0	ω	2ω	3ω	4ω	5ω	6ω	7ω	8ω	⋯
A_n	$\frac{h}{4}$	$0.7654\frac{h}{\pi}$	$0.7071\frac{h}{\pi}$	$0.6159\frac{h}{\pi}$	$0.5\frac{h}{\pi}$	$0.3696\frac{h}{\pi}$	$0.2357\frac{h}{\pi}$	$0.1093\frac{h}{\pi}$	0	⋯

频谱图如图 7-6 所示:

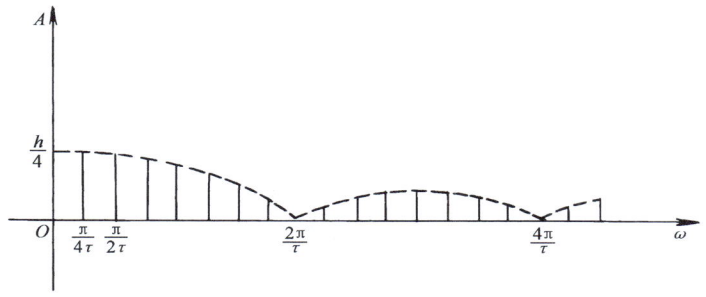

图 7-6

比较这两个图,可以看出:如果矩形波的宽度 τ 不变而周期 T 放大一倍,它的频率 ω 必缩小一半,而谱线加密一倍. 由此我们可得到如下的启示:如果 $T\to +\infty$,周期性的矩形脉冲就将转化为非周期性的矩形脉冲,这时离散的频谱也将转化为连续的频谱.

对于非周期函数 $f(t)$,当它满足傅氏积分定理中的定件时,则在 $f(t)$ 的连续点处可表示为
$$f(t) = \frac{1}{2\pi}\int_{-\infty}^{+\infty} F(\omega)\mathrm{e}^{\mathrm{i}\omega t}\,\mathrm{d}\omega.$$

其中
$$F(\omega) = \int_{-\infty}^{+\infty} f(t)\mathrm{e}^{-\mathrm{i}\omega t}\,\mathrm{d}t$$

为 $f(t)$ 的傅氏变换. 这里的 $F(\omega)$ 就称为 $f(t)$ 的频谱函数,而频谱函数的模 $|F(\omega)|$ 称为 $f(t)$ 的振幅频谱(简称为频谱). 由于 ω 是连续变化的,这时频谱图是连续曲线,所以称这种频谱为连续频谱. 对一个时间函数作傅氏变换,就是求这个时间函数的频谱,而进行傅氏逆变换就是由频谱来求时间函数.

可以证明:振幅频谱$|F(\omega)|$是频率ω的偶函数,即
$$|F(\omega)|=|F(-\omega)|.$$
事实上
$$F(\omega)=\int_{-\infty}^{+\infty}f(t)\mathrm{e}^{-\mathrm{i}\omega t}\mathrm{d}t=\int_{-\infty}^{+\infty}f(t)(\cos\omega t-\mathrm{i}\sin\omega t)\mathrm{d}t,$$
$$|F(\omega)|=\sqrt{\left(\int_{-\infty}^{+\infty}f(t)\cos\omega t\,\mathrm{d}t\right)^2+\left(\int_{-\infty}^{+\infty}f(t)\sin\omega t\right)^2}=|F(-\omega)|.$$

利用这一性质,在作频谱图时,只要作出$(0,+\infty)$上的图形,然后将所作出的图形以纵轴为对称轴作一翻转即可得$(-\infty,0)$上的图形.

【例 7-9】 作指数衰减函数
$$f(t)=\begin{cases}0, & t<0,\\ \mathrm{e}^{-\beta t}, & t\geqslant 0.\end{cases}\quad(\beta>0)$$
的频谱图.

解 因为 $F(\omega)=\dfrac{1}{\beta+\mathrm{i}\omega}$

所以
$$|F(\omega)|=\frac{1}{\sqrt{\beta^2+\omega^2}}.$$
频谱图如图 7-7 所示.

【例 7-10】 作单位脉冲函数 $\delta(t)$ 的频谱图.

解 因为
$$F(\omega)=\mathscr{F}[\delta(\omega)]=\int_{-\infty}^{+\infty}\delta(t)\mathrm{e}^{-\mathrm{i}\omega t}\mathrm{d}t=1,$$
所以 $|F(\omega)|=1$. 频谱图如图 7-8 所示.

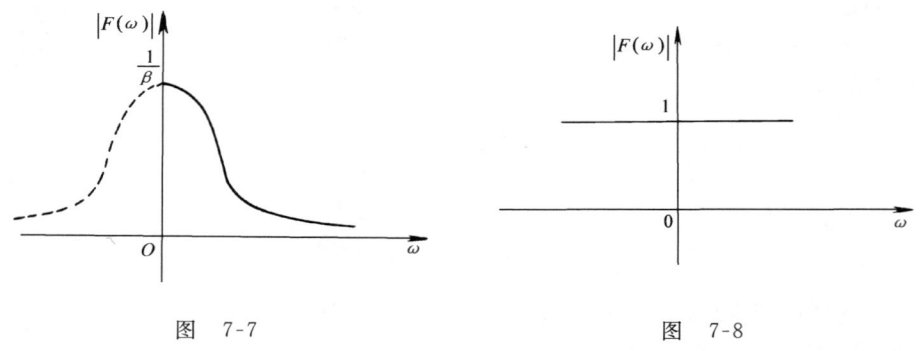

图 7-7   图 7-8

【例 7-11】 作函数 $f(t)=\dfrac{\sin\omega_0 t}{\pi t}$(傅里叶核)的频谱图.

解 $F(\omega) = \int_{-\infty}^{+\infty} \frac{\sin\omega_0 t}{\pi t} e^{-i\omega t} dt = \int_{-\infty}^{+\infty} \frac{\sin\omega_0 t}{\pi t} (\cos\omega t - i\sin\omega t) dt$

$= \int_{-\infty}^{+\infty} \frac{1}{\pi t} \sin\omega_0 t \cos\omega t \, dt$

$= \int_0^{+\infty} \frac{1}{\pi t} [\sin(\omega_0 + \omega) t + \sin(\omega_0 - \omega) t] dt$

$= \begin{cases} 1, & |\omega| \leqslant \omega_0, \\ 0, & \text{其他}. \end{cases}$

频谱图如图 7-9 所示.

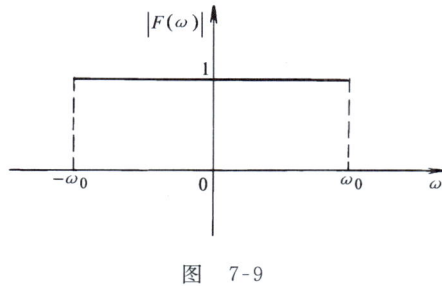

图 7-9

还有许多工程技术中所遇到的非周期函数的频谱图, 收录在本书附录中, 以备读者查用.

习 题

7-4 求函数 $f(t) = \begin{cases} \sin t, & |t| \leqslant \pi, \\ 0, & |t| > \pi \end{cases}$ 的傅氏变换, 并证明

$$\int_0^{+\infty} \frac{\sin\omega\pi\sin\omega t}{1-\omega^2} d\omega = \begin{cases} \dfrac{\pi}{2}\sin t, & |t| \leqslant \pi, \\ 0, & |t| > \pi. \end{cases}$$

7-5 已知 $f(t) = \begin{cases} 1, & 0 \leqslant t < 1, \\ 0, & t \geqslant 1. \end{cases}$ 试求: (1) $f(t)$ 的傅氏正弦变换;

(2) $f(t)$ 的傅氏余弦变换.

7-6 已知 $f(t) = e^{-t} (t \geqslant 0)$,

(1) 求函数 $f(t)$ 的傅氏正弦变换,

(2) 用上面结果证明

$$\int_0^{+\infty} \frac{\omega\sin m\omega}{1+\omega^2} d\omega = \frac{\pi}{2} e^{-m} \quad (m > 0)$$

7-7 已知某函数的傅氏变换为 $F(\omega) = \dfrac{\sin\omega}{\omega}$, 求该函数 $f(t)$.

7-8 已知函数 $f(t)$ 的傅氏变换为 $F(\omega)=\pi[\delta(\omega+\omega_0)+\delta(\omega-\omega_0)]$,求 $f(t)$.

7-9 求符号函数 $\mathrm{sgn}\,t=\dfrac{t}{|t|}=\begin{cases}-1, & t<0,\\ 1, & t>0\end{cases}$ 的傅氏变换.

7-10 求函数 $f(t)=\dfrac{1}{2}\left[\delta(t+a)+\delta(t-a)+\delta\left(t+\dfrac{a}{2}\right)+\delta\left(t-\dfrac{a}{2}\right)\right]$ 的傅氏变换.

7-11 求函数 $f(t)=\cos t\sin t$ 的傅氏变换.

7-12 求函数 $f(t)=\sin^3 t$ 的傅氏变换.

7-13 求函数 $f(t)=\sin\left(5t+\dfrac{\pi}{3}\right)$ 的傅氏变换.

7-14 利用傅氏变换,解下列积分方程:

(1) $\displaystyle\int_0^{+\infty}g(\omega)\sin\omega t\,\mathrm{d}\omega=\begin{cases}1, & 0\leqslant t<1,\\ 2, & 1\leqslant t<2,\\ 0, & t\geqslant 2;\end{cases}$

(2) $\displaystyle\int_0^{+\infty}g(\omega)\cos\omega t\,\mathrm{d}\omega=\dfrac{\sin t}{t}$.

7-15 设 $F(\omega)$ 是函数 $f(t)$ 的傅式变换,试证明:$F(\omega)$ 与 $f(t)$ 的奇偶性相同.

7-16 求如图 7-10 所示的三角形脉冲的频谱函数.

7-17 求作如图 7-11 所示的锯齿形波的频谱图.

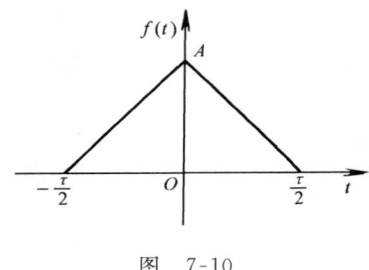

图 7-10

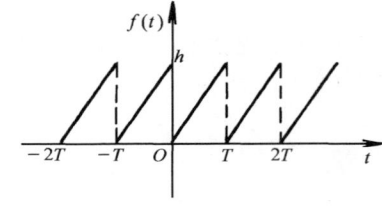

图 7-11

7-18 求作单个矩形脉冲 $f(t)=\begin{cases}h, & -\dfrac{\tau}{2}<t<\dfrac{\tau}{2},\\ 0, & \text{其他}\end{cases}$ 的频谱函数图.

7-19 求高斯(Gauss)分布函数

$$f(t)=\dfrac{1}{\sqrt{2\pi}\,\sigma}\mathrm{e}^{-\frac{t^2}{2\sigma^2}}$$

的频谱函数.

7.3 傅里叶变换的性质

这一节将介绍傅里叶变换的一些基本性质.为了叙述方便,假设所涉及的函数的傅里叶变换都存在.

7.3.1 线性性质

性质 1 设 $F_1(\omega)=\mathscr{F}[f_1(t)]$，$F_2(\omega)=\mathscr{F}[f_2(t)]$，$\alpha$、$\beta$ 为任意常数，则

$$\mathscr{F}[\alpha f_1(t)+\beta f_2(t)]=\alpha F_1(\omega)+\beta F_2(\omega). \tag{7-10}$$

这个性质说明了函数的线性组合的傅里叶变换等于各函数傅里叶变换的线性组合. 它的证明由定义即可推出.

同样，傅里叶逆变换也具有类似的线性性质，即

$$\mathscr{F}^{-1}[\alpha F_1(\omega)+\beta F_2(\omega)]=\alpha f_1(t)+\beta f_2(t). \tag{7-11}$$

7.3.2 位移性质

性质 2 设 $\mathscr{F}[f(t)]=F(\omega)$，$t_0$ 为实常数，则

$$\mathscr{F}[f(t-t_0)]=\mathrm{e}^{-\mathrm{i}\omega t_0}F(\omega) \tag{7-12}$$

证 令 $u=t-t_0$，则

$$\begin{aligned}\mathscr{F}[f(t-t_0)] &= \int_{-\infty}^{+\infty}f(t-t_0)\mathrm{e}^{-\mathrm{i}\omega t}\mathrm{d}t \\ &= \int_{-\infty}^{+\infty}f(u)\mathrm{e}^{-\mathrm{i}\omega(u+t_0)}\mathrm{d}u \\ &= \mathrm{e}^{-\mathrm{i}\omega t_0}\int_{-\infty}^{+\infty}f(u)\mathrm{e}^{-\mathrm{i}\omega u}\mathrm{d}u \\ &= \mathrm{e}^{-\mathrm{i}\omega t_0}F(\omega).\end{aligned}$$

证毕

这个性质也称为时移性，它表示时间函数 $f(t)$ 沿 t 轴向右平移（也称延时）t_0 后的傅里叶变换等于 $f(t)$ 的傅里叶变换乘以因子 $\mathrm{e}^{-\mathrm{i}\omega t_0}$.

同样，傅里叶逆变换也具有类似的位移性质，即

$$\mathscr{F}^{-1}[F(\omega-\omega_0)]=f(t)\mathrm{e}^{\mathrm{i}\omega_0 t}. \tag{7-13}$$

它表明频谱函数 $F(\omega)$ 沿 ω 轴向右平移 ω_0 的傅里叶逆变换等于原来的函数 $f(t)$ 乘以因子 $\mathrm{e}^{\mathrm{i}\omega_0 t}$.

同理还可得

$$\mathscr{F}[f(t+t_0)]=\mathrm{e}^{\mathrm{i}\omega t_0}F(\omega),$$

$$\mathscr{F}^{-1}[F(\omega+\omega_0)]=f(t)\mathrm{e}^{-\mathrm{i}\omega_0 t}.$$

【例 7-12】 求单个矩形脉冲 $f(t)=\begin{cases}h, & 0<t<\tau, \\ 0, & \text{其他}\end{cases}$ 的频谱函数.

解 由傅里叶变换的定义，有

$$F(\omega) = \int_{-\infty}^{+\infty} f(t) e^{-i\omega t} dt = \int_0^{\tau} h e^{-i\omega t} dt$$
$$= -\frac{h}{i\omega} e^{-i\omega t} \Big|_0^{\tau} = \frac{h}{i\omega}(1 - \cos\omega\tau + i\sin\omega\tau)$$
$$= \frac{2h}{\omega} e^{-i\frac{\omega\tau}{2}} \sin\frac{\omega\tau}{2}.$$

如果根据习题 7-18 单个矩形脉冲

$$f_1(t) = \begin{cases} h, & -\frac{\tau}{2} < t < \frac{\tau}{2}, \\ 0, & \text{其他} \end{cases}$$

的频谱函数

$$F_1(\omega) = \frac{2h}{\omega} \sin\frac{\omega\tau}{2}.$$

利用平移性来求，就可以很方便地求得 $F(\omega)$. 因为 $f(t)$ 可以由 $f_1(t)$ 在 t 轴上向右平移 $\frac{\tau}{2}$ 得到，所以

$$F(\omega) = \mathscr{F}\left[f\left(t - \frac{\tau}{2}\right)\right] = e^{-i\omega\frac{\tau}{2}} F_1(\omega) = \frac{2h}{\omega} e^{-i\frac{\omega\tau}{2}} \sin\frac{\omega\tau}{2}.$$

【例 7-13】 设 $\mathscr{F}[f(t)] = F(\omega)$，求 $\mathscr{F}[f(t)\sin\omega_0 t]$.

解

$$\mathscr{F}[f(t)\sin\omega_0 t] = \frac{1}{2i} \mathscr{F}[f(t)(e^{i\omega_0 t} - e^{-i\omega_0 t})]$$
$$= \frac{i}{2}[F(\omega + \omega_0) - F(\omega - \omega_0)].$$

7.3.3 微分性质

性质 3 若 $f'(t)$ 在 $(-\infty, +\infty)$ 上连续或只有有限个可去间断点，且当 $|t| \to +\infty$ 时，$f(t) \to 0$，则

$$\mathscr{F}[f'(t)] = i\omega \mathscr{F}[f(t)]. \tag{7-14}$$

证 由分部积分法

$$\mathscr{F}[f'(t)] = \int_{-\infty}^{+\infty} f'(t) e^{-i\omega t} dt$$
$$= f(t) e^{-i\omega t} \Big|_{-\infty}^{+\infty} + i\omega \int_{-\infty}^{+\infty} f(t) e^{-i\omega t} dt$$
$$= i\omega \mathscr{F}[f(t)].$$

证毕

这个性质说明一个函数的导数的傅里叶变换等于这个函数的傅里叶变换乘以因子 $i\omega$.

推论 若 $f^{(k)}(t)(k=1,2,\cdots,n)$ 在 $(-\infty,+\infty)$ 上连续或只有有限个可去间断点，且 $\lim\limits_{|t|\to+\infty}f^{(k)}(t)=0, k=0,1,2,\cdots,n-1$，则有

$$\mathscr{F}[f^{(n)}(t)]=(i\omega)^n\mathscr{F}[f(t)].$$

同样，我们还能得到像函数的导数公式. 设 $\mathscr{F}[f(t)]=F(\omega)$，则

$$\frac{\mathrm{d}}{\mathrm{d}\omega}F(\omega)=-i\mathscr{F}[tf(t)]. \tag{7-15}$$

事实上，

$$\begin{aligned}\frac{\mathrm{d}}{\mathrm{d}\omega}F(\omega)&=\frac{\mathrm{d}}{\mathrm{d}\omega}\int_{-\infty}^{+\infty}f(t)\mathrm{e}^{-i\omega t}\mathrm{d}t=\int_{-\infty}^{+\infty}\frac{\mathrm{d}}{\mathrm{d}\omega}[f(t)\mathrm{e}^{-i\omega t}]\mathrm{d}t\\ &=\int_{-\infty}^{+\infty}(-it)f(t)\mathrm{e}^{-i\omega t}\mathrm{d}t=-i\mathscr{F}[tf(t)].\end{aligned}$$

一般地，有

$$\frac{\mathrm{d}^n}{\mathrm{d}\omega^n}F(\omega)=(-i)^n\mathscr{F}[t^nf(t)].$$

【例 7-14】 已知 $\mathscr{F}[f(t)]=F(\omega)$，求 $\mathscr{F}[(t-2)f(t)]$

解 $\mathscr{F}[(t-2)f(t)]=\mathscr{F}[tf(t)-2f(t)]$
$=\mathscr{F}[tf(t)]-2\mathscr{F}[f(t)]=iF'(\omega)-2F(\omega).$

7.3.4 积分性质

性质 4 若当 $t\to+\infty$ 时，$g(t)=\int_{-\infty}^{t}f(t)\mathrm{d}t\to 0$，则

$$\mathscr{F}\left[\int_{-\infty}^{t}f(t)\mathrm{d}t\right]=\frac{1}{i\omega}\mathscr{F}[f(t)]. \tag{7-16}$$

证 因为 $\dfrac{\mathrm{d}}{\mathrm{d}t}\int_{-\infty}^{t}f(t)\mathrm{d}t=f(t)$，所以

$$\mathscr{F}\left[\frac{\mathrm{d}}{\mathrm{d}t}\int_{-\infty}^{t}f(t)\mathrm{d}t\right]=\mathscr{F}[f(t)]=F(\omega)$$

由微分性质，$\mathscr{F}\left[\dfrac{\mathrm{d}}{\mathrm{d}t}\int_{-\infty}^{t}f(t)\mathrm{d}t\right]=i\omega\mathscr{F}\left[\int_{-\infty}^{t}f(t)\mathrm{d}t\right]$，

故

$$\mathscr{F}\left[\int_{-\infty}^{t}f(t)\mathrm{d}t\right]=\frac{1}{i\omega}\mathscr{F}[f(t)].$$

证毕

它表明一个函数积分后的傅里叶变换等于这个函数的傅里叶变换除以 $i\omega$。当 $\lim\limits_{t\to+\infty} g(t) \neq 0$ 时，积分性质应为

$$\mathscr{F}\left[\int_{-\infty}^{t} f(t)\mathrm{d}t\right] = \frac{1}{\mathrm{i}\omega}F(\omega) + \pi F(0)\delta(\omega).$$

【例 7-15】 求微分积分方程

$$ax'(t) + bx(t) + c\int_{-\infty}^{t} x(t)\mathrm{d}t = h(t)$$

的解，其中 $-\infty < t < +\infty$，a,b,c 均为常数。

解 设 $\mathscr{F}[x(t)] = X(\omega)$，$\mathscr{F}[h(t)] = H(\omega)$。对方程两边取傅氏变换，再利用傅氏变换的微分性和积分性，可得

$$a\mathrm{i}\omega X(\omega) + bX(\omega) + \frac{c}{\mathrm{i}\omega}X(\omega) = H(\omega);$$

$$X(\omega) = \frac{H(\omega)}{b + \mathrm{i}\left(a\omega - \dfrac{c}{\omega}\right)}.$$

再将上式两边取傅氏逆变换，可得

$$x(t) = \frac{1}{2\pi}\int_{-\infty}^{+\infty} X(\omega)\mathrm{e}^{\mathrm{i}\omega t}\mathrm{d}\omega$$

$$= \frac{1}{2\pi}\int_{-\infty}^{+\infty} \frac{H(\omega)}{b + \mathrm{i}\left(a\omega - \dfrac{c}{\omega}\right)}\mathrm{e}^{\mathrm{i}\omega t}\mathrm{d}\omega.$$

同样，傅氏逆变换也有类似的积分性质，即

$$\mathscr{F}^{-1}\left[\int_{-\infty}^{\omega} F(\omega)\mathrm{d}\omega\right] = -\frac{f(t)}{\mathrm{i}t}. \tag{7-17}$$

7.3.5 对称性质

性质 5 若 $\mathscr{F}[f(t)] = F(\omega)$，则 $\mathscr{F}[F(t)] = 2\pi f(-\omega)$ $\tag{7-18}$

证 由 $f(t) = \dfrac{1}{2\pi}\int_{-\infty}^{+\infty} F(\omega)\mathrm{e}^{\mathrm{i}\omega t}\mathrm{d}\omega$ 得

$$f(-t) = \frac{1}{2\pi}\int_{-\infty}^{+\infty} F(\omega)\mathrm{e}^{-\mathrm{i}\omega t}\mathrm{d}\omega,$$

将 t 与 ω 互换，有

$$f(-\omega) = \frac{1}{2\pi}\int_{-\infty}^{+\infty} F(t)\mathrm{e}^{-\mathrm{i}\omega t}\mathrm{d}t,$$

即

$$\mathscr{F}[F(t)] = 2\pi f(-\omega).$$

证毕

这个性质说明了傅氏变换与其逆变换的对称关系.

【例 7-16】 设 $f(t) = \begin{cases} 1, & |t|<1, \\ 0, & |t|>1, \end{cases}$ 且 $\mathscr{F}[f(t)] = \dfrac{2\sin\omega}{\omega}$（$\omega=0$ 时取其极限值），求 $\mathscr{F}\left[\dfrac{2\sin t}{t}\right]$.

解 由对称性得

$$\mathscr{F}\left[\frac{2\sin t}{t}\right] = 2\pi f(-\omega) = \begin{cases} 2\pi, & |\omega|<1, \\ 0, & |\omega|>1. \end{cases}$$

7.3.6 相似性质

性质 6 设 $\mathscr{F}[f(t)] = F(\omega)$，$a \neq 0$，则

$$\mathscr{F}[f(at)] = \frac{1}{|a|} F\left(\frac{\omega}{a}\right). \tag{7-19}$$

证 令 $u = at$，则有

当 $a>0$ 时，$\mathscr{F}[f(at)] = \dfrac{1}{a}\displaystyle\int_{-\infty}^{+\infty} f(u) \mathrm{e}^{-\mathrm{i}\omega\frac{u}{a}} \mathrm{d}u = \dfrac{1}{a} F\left(\dfrac{\omega}{a}\right)$;

当 $a<0$ 时，$\mathscr{F}[f(at)] = \dfrac{1}{a}\displaystyle\int_{+\infty}^{-\infty} f(u) \mathrm{e}^{-\mathrm{i}\omega\frac{u}{a}} \mathrm{d}u$

$$= -\frac{1}{a}\int_{-\infty}^{+\infty} f(u) \mathrm{e}^{-\mathrm{i}\omega\frac{u}{a}} \mathrm{d}u = -\frac{1}{a} F\left(\frac{\omega}{a}\right).$$

综合上述两种情况，便得

$$\mathscr{F}[f(at)] = \frac{1}{|a|} F\left(\frac{\omega}{a}\right).$$

证毕

同样，傅氏逆变换也具有类似的相似性质，即

$$\mathscr{F}^{-1}[F(a\omega)] = \frac{1}{|a|} f\left(\frac{t}{a}\right), \; a \neq 0. \tag{7-20}$$

运用傅氏变换的线性性质、微分性质及积分性质，可以把线性常系数微分方程转化为代数方程，通过解代数方程和求傅氏逆变换，就可以得到微分方程的解. 另外傅氏变换还可以用来解某些积分方程及某些数学物理方程，其求解过程与解常微分方程大体相似.

*7.3.7 乘积定理

性质 7 设 $\mathscr{F}[f_1(t)]=F_1(\omega),\mathscr{F}[f_2(t)]=F_2(\omega)$,则

$$\int_{-\infty}^{+\infty}f_1(t)f_2(t)\mathrm{d}t=\frac{1}{2\pi}\int_{-\infty}^{+\infty}\overline{F_1(\omega)}F_2(\omega)\mathrm{d}\omega$$

$$=\frac{1}{2\pi}\int_{-\infty}^{+\infty}F_1(\omega)\overline{F_2(\omega)}\mathrm{d}\omega. \tag{7-21}$$

其中 $f_1(t),f_2(t)$ 均为 t 的实函数,而 $\overline{F_1(\omega)},\overline{F_2(\omega)}$ 分别为 $F_1(\omega),F_2(\omega)$ 的共轭函数.

证 $\int_{-\infty}^{+\infty}f_1(t)f_2(t)\mathrm{d}t$

$$=\int_{-\infty}^{+\infty}f_1(t)\left[\frac{1}{2\pi}\int_{-\infty}^{+\infty}F_2(\omega)\mathrm{e}^{\mathrm{i}\omega t}\mathrm{d}\omega\right]\mathrm{d}t$$

$$=\frac{1}{2\pi}\int_{-\infty}^{+\infty}F_2(\omega)\left[\int_{-\infty}^{+\infty}f_1(t)\mathrm{e}^{\mathrm{i}\omega t}\mathrm{d}t\right]\mathrm{d}\omega,$$

因为 $\mathrm{e}^{\mathrm{i}\omega t}=\overline{\mathrm{e}^{-\mathrm{i}\omega t}}$,而 $f_1(t)$ 是时间 t 的实函数,所以

$$f_1(t)\mathrm{e}^{\mathrm{i}\omega t}=f_1(t)\overline{\mathrm{e}^{-\mathrm{i}\omega t}}=\overline{f_1(t)\mathrm{e}^{-\mathrm{i}\omega t}}.$$

故

$$\int_{-\infty}^{+\infty}f_1(t)f_2(t)\mathrm{d}t=\frac{1}{2\pi}\int_{-\infty}^{+\infty}F_2(\omega)\left[\int_{-\infty}^{+\infty}\overline{f_1(t)\mathrm{e}^{-\mathrm{i}\omega t}}\mathrm{d}t\right]\mathrm{d}\omega$$

$$=\frac{1}{2\pi}\int_{-\infty}^{+\infty}F_2(\omega)\overline{\left[\int_{-\infty}^{+\infty}f_1(t)\mathrm{e}^{-\mathrm{i}\omega t}\mathrm{d}t\right]}\mathrm{d}\omega$$

$$=\frac{1}{2\pi}\int_{-\infty}^{+\infty}\overline{F_1(\omega)}F_2(\omega)\mathrm{d}\omega.$$

同理可证

$$\int_{-\infty}^{+\infty}f_1(t)f_2(t)\mathrm{d}t=\frac{1}{2\pi}\int_{-\infty}^{+\infty}F_1(\omega)\overline{F_2(\omega)}\mathrm{d}\omega.$$

证毕

*7.3.8 能量积分

性质 8 设 $\mathscr{F}[f(t)]=F(\omega)$,则

$$\int_{-\infty}^{+\infty}[f(t)]^2\mathrm{d}t=\frac{1}{2\pi}\int_{-\infty}^{+\infty}|F(\omega)|^2\mathrm{d}\omega. \tag{7-22}$$

这一等式又称为**帕塞瓦尔**(Parseval)**等式**.

证 在乘积定理中,令 $f_1(t)=f_2(t)$,则

$$\int_{-\infty}^{+\infty}[f(t)]^2\mathrm{d}t = \frac{1}{2\pi}\int_{-\infty}^{+\infty}F(\omega)\overline{F(\omega)}\mathrm{d}\omega$$
$$= \frac{1}{2\pi}\int_{-\infty}^{+\infty}|F(\omega)|^2\mathrm{d}\omega = \frac{1}{2\pi}\int_{-\infty}^{+\infty}s(\omega)\mathrm{d}\omega.$$

其中
$$S(\omega) = |F(\omega)|^2$$

称为能量密度函数(或称能量谱密度). 它可以决定函数 $f(t)$ 的能量分布规律, 将它对所有频率积分就得到 $f(t)$ 的总能量 $\int_{-\infty}^{+\infty}[f(t)]^2\mathrm{d}t$. 显然, 能量密度函数 $S(\omega)$ 是 ω 的偶函数, 即 $S(\omega) = S(-\omega)$. 证毕

利用能量积分还可以计算某些积分的值.

【例 7-17】 求 $\int_{-\infty}^{+\infty}\frac{\sin^2 x}{x^2}\mathrm{d}x.$

【解】 若设 $f(t) = \frac{\sin t}{t}$, 则由例 7-11 可知

$$F(\omega) = \begin{cases} \pi, & |\omega| < 1, \\ 0, & \text{其他}. \end{cases}$$

从而由帕塞瓦尔等式有
$$\int_{-\infty}^{+\infty}\frac{\sin^2 x}{x^2}\mathrm{d}x = \frac{1}{2\pi}\int_{-\infty}^{+\infty}|F(\omega)|^2\mathrm{d}\omega = \frac{1}{2\pi}\int_{-1}^{1}\pi^2\mathrm{d}\omega = \pi.$$

习 题

7-20 设 $F_1(\omega) = \mathscr{F}[f_1(t)]$, $F_2(\omega) = \mathscr{F}[f_2(t)]$, α, β 是常数, 证明(线性性质):
$$\mathscr{F}[\alpha f_1(t) + \beta f_2(t)] = \alpha F_1(\omega) + \beta F_2(\omega);$$
$$\mathscr{F}^{-1}[\alpha F_1(\omega) + \beta F_2(\omega)] = \alpha f_1(t) + \beta f_2(t).$$

7-21 设 $F(\omega) = \mathscr{F}[f(t)]$, 证明(翻转性质):
$$F(-\omega) = \mathscr{F}[f(-t)].$$

7-22 已知 $\mathscr{F}[f(t)] = F(\omega)$, 利用傅氏变换的性质求下列函数的傅氏变换:

(1) $tf(2t)$; (2) $(t-2)f(t)$;

(3) $(t-2)f(-2t)$; (4) $t\frac{\mathrm{d}f(t)}{\mathrm{d}t}$;

(5) $(1-t)f(1-t)$; (6) $f(2t-5)$.

7-23 (1) 已知 $\mathscr{F}[e^{-at}u(t)] = \frac{1}{a+\mathrm{i}\omega}$, 求 $f(t) = te^{-at}u(t)$ 的傅氏变换;

(2) 证明 $tu(t)$ 的傅氏变换为 $\mathrm{i}\pi\delta'(\omega) + \frac{1}{(\mathrm{i}\omega)^2}$.

*7-24 利用帕塞瓦尔等式,求下列积分的值:

(1) $\int_{-\infty}^{+\infty} \frac{1-\cos x}{x^2} dx$;

(2) $\int_{-\infty}^{+\infty} \frac{\sin^4 x}{x^2} dx$;

(3) $\int_{-\infty}^{+\infty} \frac{1}{(1+x^2)^2} dx$;

(4) $\int_{-\infty}^{+\infty} \frac{x^2}{(1+x^2)^2} dx$.

7.4 卷积与相关函数

7.4.1 卷积定理

1. 卷积的概念

定义 7-2 已知函数 $f_1(t)$、$f_2(t)$,则积分

$$\int_{-\infty}^{+\infty} f_1(\tau) f_2(t-\tau) d\tau$$

称为函数 $f_1(t)$ 与 $f_2(t)$ 的**卷积**,记作 $f_1(t) * f_2(t)$,即

$$f_1(t) * f_2(t) = \int_{-\infty}^{+\infty} f_1(\tau) f_2(t-\tau) d\tau.$$

卷积满足下列运算规律
(1) 交换律

$$f_1(t) * f_2(t) = f_2(t) * f_1(t);$$

(2) 对加法的分配律

$$f_1(t) * [f_2(t) + f_3(t)] = f_1(t) * f_2(t) + f_1(t) * f_3(t).$$

【例 7-18】 求图 7-12 中函数 $f_1(t)$ 与 $f_2(t)$ 的卷积

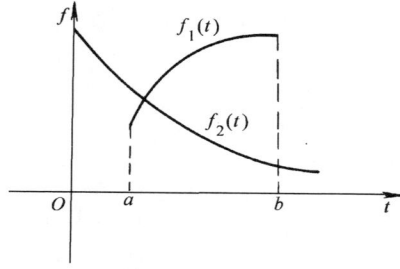

图 7-12

解 由图可知 $f_2(t)$ 在 $(-\infty, 0)$ 上恒为零，而 $f_1(t)$ 在区间 $[a, b]$ 之外为零，于是

$$f_1(t) * f_2(t) = \int_{-\infty}^{+\infty} f_1(\tau) f_2(t-\tau) d\tau$$

$$= \begin{cases} 0, & t < a, \\ \int_a^t f_1(\tau) f_2(t-\tau) d\tau, & a \leqslant t \leqslant b, \\ \int_a^b f_1(\tau) f_2(t-\tau) d\tau, & t > b. \end{cases}$$

【例 7-19】 设 $f_1(t) = \begin{cases} 0, & t<0, \\ 1, & t\geqslant 0, \end{cases}$ $f_2(t) = \begin{cases} 0, & t<0, \\ e^{-t}, & t\geqslant 0, \end{cases}$ 求 $f_1(t)$ 与 $f_2(t)$ 的卷积.

解 在图 7-13 中分别给出了 $f_1(\tau)$、$f_2(\tau)$、$f_2(\tau-t)$、$f_2(t-\tau)$ 和 $f_1(\tau)f_2(t-\tau)$ 的图形.

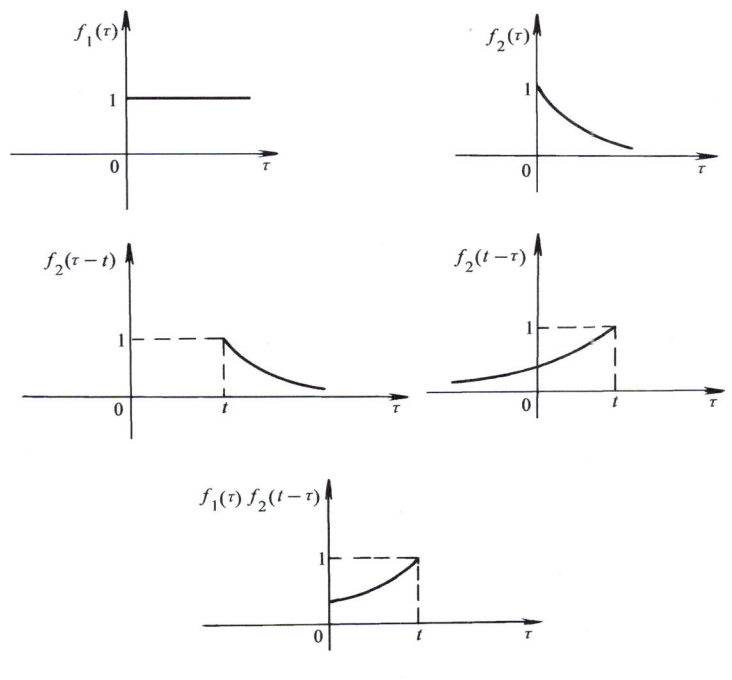

图 7-13

从图 7-13 可看出，$f_1(\tau)f_2(t-\tau) \neq 0$ 的区间在 $t \geqslant 0$ 时为 $[0, t]$，因此

$$f_1(t) * f_2(t) = \int_{-\infty}^{+\infty} f_1(\tau) f_2(t-\tau) d\tau$$
$$= \int_0^t e^{-(t-\tau)} d\tau = e^{-t} \int_0^t e^\tau d\tau$$
$$= 1 - e^{-t}.$$

2. 卷积定理

定理 7-2（卷积定理）设 $\mathscr{F}[f_1(t)] = F_1(\omega)$，$\mathscr{F}[f_2(t)] = F_2(\omega)$，则
$$\mathscr{F}[f_1(t) * f_2(t)] = F_1(\omega) \cdot F_2(\omega);$$

或
$$\mathscr{F}^{-1}[F_1(\omega) \cdot F_2(\omega)] = f_1(t) * f_2(t). \tag{7-23}$$

证 作积分变量代换 $t - \tau = u$，并交换积分次序，有

$$\mathscr{F}[f_1(t) * f_2(t)] = \int_{-\infty}^{+\infty} [f_1(t) * f_2(t)] e^{-i\omega t} dt$$
$$= \int_{-\infty}^{+\infty} \left[\int_{-\infty}^{+\infty} f_1(\tau) f_2(t-\tau) d\tau \right] e^{-i\omega t} dt$$
$$= \int_{-\infty}^{+\infty} f_1(\tau) d\tau \int_{-\infty}^{+\infty} f_2(t-\tau) e^{-i\omega t} dt$$
$$= \int_{-\infty}^{+\infty} f_1(\tau) d\tau \int_{-\infty}^{+\infty} f_2(u) e^{-i\omega(u+\tau)} du$$
$$= \int_{-\infty}^{+\infty} f_1(\tau) e^{-i\omega \tau} d\tau \cdot \int_{-\infty}^{+\infty} f_2(u) e^{-i\omega u} du$$
$$= F_1(\omega) \cdot F_2(\omega).$$

这个性质说明了两个函数卷积的傅氏变换等于这两个函数傅氏变换的乘积. 用类似证明可得如下定理：

定理 7-3（频谱卷积定理） $\mathscr{F}[f_1(t) \cdot f_2(t)] = \dfrac{1}{2\pi} F_1(\omega) * F_2(\omega).$

即两个函数乘积的傅氏变换等于它的傅氏变换的卷积除以 2π.

一般地，设 $\mathscr{F}[f_k(t)] = F_k(\omega)$（$k = 1, 2, \cdots, n$），则有

$$\mathscr{F}[f_1(t) \cdot f_2(t) \cdots f_n(t)] = \frac{1}{(2\pi)^{n-1}} F_1(\omega) * F_2(\omega) * \cdots * F_n(\omega).$$

从上面我们可以看出，虽然卷积并不很容易计算，但卷积定理却提供了计算卷积的简便方法，即化卷积为乘积运算.

*7.4.2 相关函数

1. 相关函数的概念

定义 7-3 对于两个不同的函数 $f_1(t)$ 和 $f_2(t)$，积分

$$\int_{-\infty}^{+\infty} f_1(t) f_2(t+\tau) \mathrm{d}t$$

称为两个函数 $f_1(t)$ 和 $f_2(t)$ 的**互相关函数**,用记号 $R_{12}(\tau)$ 表示,即

$$R_{12}(\tau) = \int_{-\infty}^{+\infty} f_1(t) f_2(t+\tau) \mathrm{d}t,$$

而记

$$R_{21}(\tau) = \int_{-\infty}^{+\infty} f_1(t+\tau) f_2(t) \mathrm{d}t$$

当 $f_1(t) = f_2(t) = f(t)$ 时,积分

$$\int_{-\infty}^{+\infty} f(t) f(t+\tau) \mathrm{d}t$$

称为函数 $f(t)$ 的**自相关函数**(简称**相关函数**),用记号 $R(\tau)$ 表示,即

$$R(\tau) = \int_{-\infty}^{+\infty} f(t) f(t+\tau) \mathrm{d}t.$$

显然,自相关函数是偶函数,即

$$R(-\tau) = R(\tau),$$

关于互相关函数,有如下性质:

$$R_{21}(\tau) = R_{12}(-\tau).$$

2. 相关函数和能量谱密度的关系

在乘积定理中,令 $f_1(t) = f(t)$,$f_2(t) = f(t+\tau)$ 且 $F(\omega) = \mathscr{F}[f(t)]$,再由位移性质,得

$$\int_{-\infty}^{+\infty} f(t) f(t+\tau) \mathrm{d}t = \frac{1}{2\pi} \int_{-\infty}^{+\infty} \overline{F(\omega)} F(\omega) \mathrm{e}^{\mathrm{i}\omega\tau} \mathrm{d}\omega$$

$$= \frac{1}{2\pi} \int_{-\infty}^{+\infty} |F(\omega)|^2 \mathrm{e}^{\mathrm{i}\omega} \mathrm{d}\omega = \frac{1}{2\pi} \int_{-\infty}^{+\infty} S(\omega) \mathrm{e}^{\mathrm{i}\omega t} \mathrm{d}\omega.$$

即

$$R(\tau) = \frac{1}{2\pi} \int_{-\infty}^{+\infty} S(\omega) \mathrm{e}^{\mathrm{i}\omega\tau} \mathrm{d}\omega.$$

由能量谱密度的定义可以推得

$$S(\omega) = \int_{-\infty}^{+\infty} R(\tau) \mathrm{e}^{-\mathrm{i}\omega\tau} \mathrm{d}\tau.$$

由此可见,自相关函数 $R(\tau)$ 和能量谱密度 $S(\omega)$ 构成了一个傅氏变换对:

$$R(\tau) = \frac{1}{2\pi} \int_{-\infty}^{+\infty} S(\omega) \mathrm{e}^{\mathrm{i}\omega t} \mathrm{d}\omega;$$

$$S(\omega) = \int_{-\infty}^{+\infty} R(\tau) \mathrm{e}^{-\mathrm{i}\omega\tau} \mathrm{d}\tau.$$

利用相关函数 $R(\tau)$ 及 $S(\omega)$ 的偶函数性质，可将上式写成三角函数的形式：

$$R(\tau) = \frac{1}{2\pi}\int_{-\infty}^{+\infty} S(\omega)\cos\omega\tau\, d\omega;$$

$$S(\omega) = \int_{-\infty}^{+\infty} R(\tau)\cos\omega\tau\, d\tau.$$

当 $\tau=0$ 时，

$$R(0) = \int_{-\infty}^{+\infty} [f(t)]^2\, dt = \frac{1}{2\pi}\int_{-\infty}^{+\infty} S(\omega)\, d\omega.$$

即帕塞瓦尔等式.

记 $F_1(\omega) = \mathscr{F}[f_1(t)], F_2(\omega) = \mathscr{F}[f_2(t)]$，根据乘积定理，有

$$R_{12}(\tau) = \int_{-\infty}^{+\infty} f_1(t)f_2(t+\tau)\, dt = \frac{1}{2\pi}\int_{-\infty}^{+\infty} \overline{F_1(\omega)}F_2(\omega)e^{i\omega\tau}\, d\omega$$

称 $S_{12}(\omega) = \overline{F_1(\omega)}F_2(\omega)$ 为互能量谱密度. 同样，它和互相关函数也构成一个傅氏变换对. 而且，互能量谱有如下性质：

$$S_{21}(\omega) = \overline{S_{12}(\omega)}.$$

【例 7-20】 求指数衰减函数 $f(t) = \begin{cases} 0, & t<0, \\ e^{-\beta t}, & t\geq 0. \end{cases}$ $(\beta>0)$ 的自相关函数和能量谱密度.

解 由自相关函数的定义，有

$$R(\tau) = \int_{-\infty}^{+\infty} f(t)f(t+\tau)\, dt,$$

$f(t) \cdot f(t+\tau) \neq 0$ 的区间从图 7-14 中可以看出：

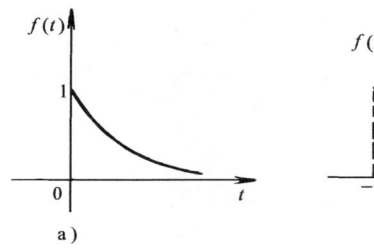
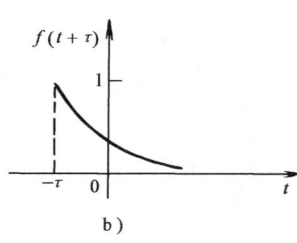

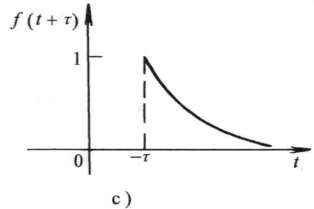

图 7-14

当 $\tau \geq 0$ 时,积分区间为 $[0, +\infty]$,所以
$$R(\tau) = \int_{-\infty}^{+\infty} f(t)f(t+\tau)\,dt = \int_{0}^{+\infty} e^{-\beta t} e^{-\beta(t+\tau)}\,dt$$
$$= \frac{e^{-\beta\tau}}{-2\beta} e^{-2\beta t}\bigg|_{0}^{+\infty} = \frac{e^{-\beta\tau}}{2\beta}.$$

当 $\tau < 0$ 时,积分区间为 $[-\tau, +\infty]$,所以
$$R(\tau) = \int_{-\infty}^{+\infty} f(t)f(t+\tau)\,dt = \int_{-\tau}^{+\infty} e^{-\beta t} e^{-\beta(t+\tau)}\,dt$$
$$= \frac{e^{-\beta\tau}}{-2\beta} e^{-2\beta t}\bigg|_{-\tau}^{+\infty} = \frac{e^{\beta\tau}}{2\beta}.$$

因此,当 $-\infty < \tau < +\infty$ 时,自相关函数可合写为
$$R(\tau) = \frac{1}{2\beta} e^{-\beta|\tau|},$$

能量谱密度为
$$S(\omega) = \int_{-\infty}^{+\infty} R(\tau) e^{-i\omega\tau}\,d\tau = \int_{-\infty}^{+\infty} \frac{1}{2\beta} e^{-\beta|\tau|} e^{-i\omega\tau}\,d\tau$$
$$= \frac{1}{\beta}\int_{0}^{+\infty} e^{-\beta\tau}\cos\omega\tau\,d\tau = \frac{1}{\beta} \frac{\beta}{\beta^2+\omega^2} = \frac{1}{\beta^2+\omega^2}.$$

最后还必须指出,以上讨论的是古典意义下的傅氏变换的一些性质. 对于广义傅氏变换来说,除了积分性质的结果稍有不同以外,其他性质在形式上都相同.

【例 7-21】 设 $F(\omega) = \mathscr{F}[f(t)]$,证明
$$\mathscr{F}\left[\int_{-\infty}^{t} f(t)\,dt\right] = \frac{F(\omega)}{i\omega} + \pi F(0)\delta(\omega).$$

证 当 $g(t) = \int_{-\infty}^{t} f(t)\,dt$ 满足傅氏积分定理的条件时,有
$$\mathscr{F}\left[\int_{-\infty}^{t} f(t)\,dt\right] = \frac{F(\omega)}{i\omega}.$$

当 $g(t)$ 为一般情况时,可将 $g(t)$ 表示成 $f(t)$ 和 $u(t)$ 的卷积,即
$$g(t) = f(t) * u(t)$$

这是因为
$$f(t) * u(t) = \int_{-\infty}^{+\infty} f(\tau)u(t-\tau)\,d\tau = \int_{-\infty}^{t} f(\tau)\,d\tau.$$

利用卷积定理,有
$$\mathscr{F}[g(t)] = \mathscr{F}[f(t) * u(t)] = \mathscr{F}[f(t)] \cdot \mathscr{F}[u(t)]$$
$$= F(\omega)\left[\frac{1}{i\omega} + \pi\delta(\omega)\right].$$

由于 $\delta(\omega)$ 除 $\omega=0$ 外均为 0,所以
$$\mathscr{F}[g(t)]=\frac{1}{\mathrm{i}\omega}F(\omega)+\pi F(0)\delta(\omega).$$

特别地,当 $g(t)$ 在 $(-\infty,+\infty)$ 上绝对可积时,可以证明 $\lim\limits_{t\to+\infty}g(t)=0$,即
$$\int_{-\infty}^{+\infty}f(t)\mathrm{d}t=0.$$

这时有
$$F(0)=\lim_{\omega\to 0}F(\omega)=\lim_{\omega\to 0}\int_{-\infty}^{+\infty}f(t)\mathrm{e}^{-\mathrm{i}\omega t}\mathrm{d}t$$
$$=\int_{-\infty}^{+\infty}\lim_{\omega\to 0}[f(t)\mathrm{e}^{-\mathrm{i}\omega t}]\mathrm{d}t=\int_{-\infty}^{+\infty}f(t)\mathrm{d}t=0.$$

因此,当 $\lim\limits_{t\to+\infty}g(t)=0$ 时,就有 $F(0)=0$,这样就与前面的积分性一致了. 证毕

【例 7-22】 求积分方程
$$\int_{-\infty}^{+\infty}\frac{y(\tau)\mathrm{d}\tau}{(t-\tau)^2+a^2}=\frac{1}{t^2+b^2}\quad(0<a<b)$$
的解 $y(t)$.

解 方程的左端是未知函数 $y(t)$ 与 $\dfrac{1}{t^2+a^2}$ 的卷积,即 $y(t)*\dfrac{1}{t^2+a^2}$. 将方程两边取傅氏变换,得
$$\mathscr{F}\left[y(t)*\frac{1}{t^2+a^2}\right]=\mathscr{F}\left[\frac{1}{t^2+b^2}\right];$$
$$\mathscr{F}[y(t)]\cdot\mathscr{F}\left[\frac{1}{t^2+a^2}\right]=\mathscr{F}\left[\frac{1}{t^2+b^2}\right].$$

即
$$Y(\omega)=\frac{\mathscr{F}\left[\dfrac{1}{t^2+b^2}\right]}{\mathscr{F}\left[\dfrac{1}{t^2+a^2}\right]}.$$

而
$$\mathscr{F}\left[\frac{1}{t^2+a^2}\right]=\int_{-\infty}^{+\infty}\frac{1}{t^2+a^2}\mathrm{e}^{-\mathrm{i}\omega t}\mathrm{d}t$$
$$=\int_{-\infty}^{+\infty}\frac{\cos\omega t+\mathrm{i}\sin\omega t}{t^2+a^2}\mathrm{d}t=2\int_{0}^{+\infty}\frac{\cos\omega t}{t^2+a^2}\mathrm{d}t,$$

令 $t=au$,用 7.1 节例 7-2 的结果,得
$$\int_{0}^{+\infty}\frac{\cos\omega t}{t^2+a^2}\mathrm{d}t=\frac{1}{a}\int_{0}^{+\infty}\frac{\cos a\omega u}{u^2+1}\mathrm{d}u=\frac{\pi}{2a}\mathrm{e}^{-a\omega}.$$

因此
$$\mathscr{F}\left[\frac{1}{t^2+a^2}\right]=\frac{\pi}{a}\mathrm{e}^{-a\omega}.$$

同理
$$\mathscr{F}\left[\frac{1}{t^2+b^2}\right]=\frac{\pi}{b}\mathrm{e}^{-b\omega}.$$

所以
$$Y(\omega)=\frac{\frac{\pi}{b}\mathrm{e}^{-b\omega}}{\frac{\pi}{a}\mathrm{e}^{-a\omega}}=\frac{a}{b}\mathrm{e}^{-(b-a)\omega}.$$

取傅氏逆变换，得
$$y(t)=\frac{a}{b}\mathscr{F}^{-1}\left[\mathrm{e}^{-(b-a)\omega}\right],$$

从而
$$y(t)=\frac{a(b-a)}{b\pi}\frac{1}{t^2+(b-a)^2}.$$

习　题

7-25　证明下列各式

(1) $f_1(t)*f_2(t)=f_2(t)*f_1(t)$；

(2) $f_1(t)*[f_2(t)*f_3(t)]=[f_1(t)*f_2(t)]*f_3(t)$；

(3) $f_1(t)*[f_2(t)+f_3(t)]=f_1(t)*f_2(t)+f_1(t)*f_3(t)$.

7-26　证明 $\dfrac{\mathrm{d}}{\mathrm{d}t}[f_1(t)*f_2(t)]=\dfrac{\mathrm{d}}{\mathrm{d}t}f_1(t)*f_2(t)=f_1(t)*\dfrac{\mathrm{d}}{\mathrm{d}t}f_2(t)$.

7-27　若 $f_1(t)=\begin{cases}0,&t<0,\\ \mathrm{e}^{-t},&t\geqslant 0,\end{cases}$ $f_2(t)=\begin{cases}\sin t,&0\leqslant t\leqslant \dfrac{\pi}{2},\\ 0,&\text{其他}.\end{cases}$

求 $f_1(t)*f_2(t)$.

7-28　设 $F_1(\omega)=\mathscr{F}[f_1(t)]$, $F_2(\omega)=\mathscr{F}[f_2(t)]$, 证明
$$\mathscr{F}[f_1(t)\cdot f_2(t)]=\frac{1}{2\pi}F_1(\omega)*F_2(\omega).$$

7-29　利用上题的结论，计算函数 $u(t)\sin\omega_0 t$ 的傅氏变换.

7-30　求下列函数的傅氏变换

(1) $f(t)=tu(t)$；

(2) $f(t)=\mathrm{e}^{-\beta t}u(t)\sin\omega_0 t$；

(3) $f(t) = e^{-\beta t} u(t) \cos \omega_0 t$.

*7-31 证明互相关函数和互能量谱密度的下列性质：
$$R_{21}(\tau) = R_{12}(-\tau);$$
$$S_{21}(\omega) = \overline{S_{12}(\omega)}.$$

*7-32 已知某信号的相关函数 $R(\tau) = \dfrac{1}{4} e^{-2a|\tau|}$，求它的能量谱密度 $S(\omega)$.

*7-33 已知某波形的相关函数 $R(\tau) = \dfrac{1}{2} \cos \omega_0 \tau$（$\omega_0$ 为常数），求这个波形的能量谱密度.

*7-34 若函数 $f_1(t) = \begin{cases} \dfrac{b}{a} t, & 0 \leqslant t \leqslant a, \\ 0, & \text{其他} \end{cases}$ 与 $f_2(t) = \begin{cases} 1, & 0 \leqslant t \leqslant a, \\ 0, & \text{其他}. \end{cases}$ 求 $f_1(t)$ 和 $f_2(t)$ 的互相关函数 $R_{12}(\tau)$.

本 章 小 结

1. 傅氏变换的概念

(1) 设函数 $f_T(t)$ 是以 T 为周期的周期函数，在 $\left[-\dfrac{T}{2}, \dfrac{T}{2}\right]$ 上满足狄利克雷条件，则在 $f_T(t)$ 的连续点处可将它展开成指数形式的傅里叶级数

$$f_T(t) = \sum_{n=-\infty}^{+\infty} c_n e^{in\omega t} = \frac{1}{T} \sum_{n=-\infty}^{+\infty} \left[\int_{-\frac{T}{2}}^{\frac{T}{2}} f_T(\tau) e^{-in\omega \tau} d\tau\right] e^{in\omega t}$$

$\omega = \dfrac{2\pi}{T}$ 称为频率，$n\omega$ 称为 $f_T(t)$ 的 n 次谐波频率. $2|c_n|$ 为 n 次谐波的振幅，$|c_n|$ 也同样反映了 n 次谐波的振幅的大小.

对 $n = 0, 1, 2, \cdots$，列出各次谐波所对应的振幅 $|c_n|$，称为振幅频谱或简称频谱.

对非周期函数 $f(t)$，其展开式

$$f(t) = \frac{1}{2\pi} \int_{-\infty}^{+\infty} \left[\int_{-\infty}^{+\infty} f(\tau) e^{-i\omega \tau} d\tau\right] e^{i\omega t} d\omega \tag{1}$$

或写成

$$f(t) = \frac{1}{2\pi} \int_{-\infty}^{+\infty} F(\omega) e^{i\omega t} d\omega \tag{2}$$

$$F(\omega) = \int_{-\infty}^{+\infty} f(t) e^{-i\omega t} dt \tag{3}$$

(1) 式称为函数 $f(t)$ 的傅里叶积分公式；(3) 式称为函数 $f(t)$ 的傅里叶变换；(2) 式称为 $F(\omega)$ 的傅里叶逆变换.

(2) 傅氏积分定理 若 $f(t)$ 在任何有限区间上满足狄氏条件,并且在$(-\infty,+\infty)$上绝对可积$\left(\text{即积分}\int_{-\infty}^{+\infty}|f(t)|\mathrm{d}t\text{ 收敛}\right)$,则有

$$f(t)=\frac{1}{2\pi}\int_{-\infty}^{+\infty}\left[\int_{-\infty}^{+\infty}f(\tau)\mathrm{e}^{-\mathrm{i}\omega\tau}\mathrm{d}\tau\right]\mathrm{e}^{\mathrm{i}\omega t}\mathrm{d}\omega$$

成立,而左端的 $f(t)$ 在其间断点处应取 $\frac{1}{2}(f(t-0)+f(t+0))$. 非周期函数 $f(t)$ 中的频率成分 ω 是连续变化的,任何频率 ω 的分量的振幅都正比于 $|F(\omega)|$,因此称 $|F(\omega)|$ 为 $f(t)$ 的振幅频谱,简称为频谱.

(3) 一些常用的傅氏变换

$$\mathscr{F}[u(t)\mathrm{e}^{-\beta t}]=\frac{1}{\beta+\mathrm{i}\omega};\ \mathscr{F}[\delta(t)]=1;$$

$$\mathscr{F}[\mathrm{e}^{-\beta t^2}]=\sqrt{\frac{\pi}{\beta}}\mathrm{e}^{\frac{-\omega^2}{4\beta}};\ \mathscr{F}[\mathrm{sgn}t]=\frac{2}{\mathrm{i}\omega};$$

$$\mathscr{F}[u(t)]=\frac{1}{\mathrm{i}\omega}+\pi\delta(\omega).$$

2. 傅氏变换的性质

(1) 线性性质 设 $F_1(\omega)=\mathscr{F}[f_1(t)]$, $F_2(\omega)=\mathscr{F}[f_2(t)]$, α、β 为常数,则

$$\mathscr{F}[\alpha f_1(t)+\beta f_2(t)]=\alpha F_1(\omega)+\beta F_2(\omega);$$

$$\mathscr{F}^{-1}[\alpha F_1(\omega)+\beta F_2(\omega)]=\alpha f_1(t)+\beta f_2(t).$$

(2) 位移性质 设 $\mathscr{F}[f(t)]=F(\omega)$, t_0 为实常数,则

$$\mathscr{F}[f(t-t_0)]=\mathrm{e}^{-\mathrm{i}\omega t_0}F(\omega);$$

$$\mathscr{F}^{-1}[F(\omega-\omega_0)]=f(t)\mathrm{e}^{\mathrm{i}\omega_0 t}.$$

(3) 微分性质 如果 $f(t)$ 在 $(-\infty,+\infty)$ 上连续或只有有限个可去间断点,且当 $|t|\to+\infty$ 时,$f(t)\to 0$,则

$$\mathscr{F}[f'(t)]=\mathrm{i}\omega\mathscr{F}[f(t)].$$

(4) 像函数的微分性质 设 $\mathscr{F}[f(t)]=F(\omega)$,则

$$\frac{\mathrm{d}}{\mathrm{d}\omega}F(\omega)=\mathscr{F}[-\mathrm{i}tf(t)].$$

(5) 积分性质 设 $\mathscr{F}[f(t)]=F(\omega)$,则

$$\mathscr{F}\left[\int_{-\infty}^{t}f(t)\mathrm{d}t\right]=\frac{1}{\mathrm{i}\omega}\mathscr{F}[f(t)].$$

(6) 对称性质 设 $\mathscr{F}[f(t)]=F(\omega)$,则

$$\mathscr{F}[F(t)]=2\pi f(-\omega).$$

(7) 相似性质 设 $\mathscr{F}[f(t)]=F(\omega)$, $a\neq 0$,则

$$\mathscr{F}[f(at)]=\frac{1}{|a|}F\left(\frac{\omega}{a}\right);$$

$$\mathscr{F}^{-1}[F(a\omega)]=\frac{1}{|a|}f\left(\frac{t}{a}\right).$$

(8) 乘积定理 设 $\mathscr{F}[f_1(t)]=F_1(\omega)$，$\mathscr{F}[f_2(t)]=F_2(\omega)$，则

$$\int_{-\infty}^{+\infty}f_1(t)f_2(t)\mathrm{d}t=\frac{1}{2\pi}\int_{-\infty}^{+\infty}\overline{F_1(\omega)}F_2(\omega)\mathrm{d}\omega=\frac{1}{2\pi}\int_{-\infty}^{+\infty}F_1(\omega)\overline{F_2(\omega)}\mathrm{d}\omega.$$

(9) 能量积分 设 $\mathscr{F}[f(t)]=F(\omega)$，则

$$\int_{-\infty}^{+\infty}[f(t)]^2\mathrm{d}t=\frac{1}{2\pi}\int_{-\infty}^{+\infty}|F(\omega)|^2\mathrm{d}\omega.$$

3. 狄拉克函数及其有关公式

狄拉克函数简称为 δ 函数，记为 $\delta(t)$. 此函数在 $t\neq 0$ 时，$\delta(t)=0$，且对连续函数 $f(t)$ 有

$$\int_{-\infty}^{+\infty}f(t)\delta(t)\mathrm{d}t=f(0).$$

当 $f(t)\equiv 1$ 时，有

$$\int_{-\infty}^{+\infty}\delta(t)\mathrm{d}t=1.$$

并且可推出

$$\int_{-\infty}^{+\infty}f(t)\delta(t-t_0)\mathrm{d}t=f(t_0);$$

$$\int_a^b f(t)\delta(t)\mathrm{d}t=\begin{cases}f(0),&0\in(a,b),\\0,&0\overline{\in}(a,b);\end{cases}$$

$$\int_a^b f(t)\delta(t-t_0)\mathrm{d}t=\begin{cases}f(t_0),&t_0\in(a,b),\\0,&t_0\overline{\in}(a,b).\end{cases}$$

有关 δ 函数的傅氏变换：

$$F[\delta(t)]=1;$$
$$F[\delta(t-t_0)]=\mathrm{e}^{-\mathrm{i}\omega t_0};$$
$$F[1]=2\pi\delta(\omega);$$
$$F[\mathrm{e}^{\mathrm{i}\omega_0 t}]=2\pi\delta(\omega-\omega_0);$$
$$F[\mathrm{e}^{-\mathrm{i}\omega_0 t}]=2\pi\delta(\omega+\omega_0);$$
$$F[u(t)]=\frac{1}{\mathrm{i}\omega}+\pi\delta(\omega).$$

其中 $u(t)$ 为单位阶跃函数，其表达式为

$$u(t)=\begin{cases}0,&t<0,\\1,&t\geqslant 0.\end{cases}$$

4. 卷积

(1) 卷积的概念 $f_1(t) * f_2(t) = \int_{-\infty}^{+\infty} f_1(\tau) f_2(t-\tau) d\tau$.

(2) 卷积定理 设 $\mathscr{F}[f_1(t)] = F_1(\omega)$, $\mathscr{F}[f_2(t)] = F_2(\omega)$, 则

$$\mathscr{F}[f_1(t) * f_2(t)] = F_1(\omega) \cdot F_2(\omega);$$

$$\mathscr{F}^{-1}[F_1(\omega) \cdot F_2(\omega)] = f_1(t) * f_2(t).$$

本章自测题

1. 单项选择题

(1) 设 $f(t) = \sin\omega_0 t$, 则其傅氏变换 $\mathscr{F}[f(t)]$ 为 ( )

(A) $\delta(\omega + \omega_0) - \delta(\omega - \omega_0)$;　(B) $i\pi[\delta(\omega + \omega_0) - \delta(\omega - \omega_0)]$;

(C) $\pi(\delta(\omega + \omega_0) - \delta(\omega - \omega_0))$;　(D) $\pi[\delta(\omega + \omega_0) - \delta(\omega - \omega_0)]$.

(2) $\delta(t - t_0)$ 的傅氏变换 $\mathscr{F}[\delta(t - t_0)]$ 为 ( )

(A) 1;　(B) t_0;　(C) $e^{-i\omega t_0}$;　(D) $e^{i\omega t_0}$.

(3) 设 $\mathscr{F}[f(t)] = F(\omega)$, 则 $\mathscr{F}[(2t-3)f(t)]$ 为 ( )

(A) $2iF'(\omega) - 3F(\omega)$;　(B) $2iF'(\omega) + 3F(\omega)$;

(C) $-2iF'(\omega) + 3F(\omega)$;　(D) $-2iF'(\omega) - 3F(\omega)$.

(4) 下列变换中不正确的是 ( )

(A) $\mathscr{F}[u(t)] = \dfrac{1}{i\omega} + \pi\delta(\omega)$;　(B) $\mathscr{F}[\delta(t)] = 1$;

(C) $\mathscr{F}^{-1}[2\pi\delta(\omega)] = 1$;　(D) $\mathscr{F}^{-1}[\cos\omega_0 t] = \delta(\omega_0 - \omega) + \delta(\omega_0 + \omega)$.

(5) 下列变换中正确的是 ( )

(A) $\mathscr{F}[\delta(t)] = 1$;　(B) $\mathscr{F}[1] = \delta(\omega)$;

(C) $\mathscr{F}^{-1}[\delta\omega] = 1$;　(D) $\mathscr{F}^{-1}[1] = u(t)$.

2. 填空题

(1) 设 $f(t) = \begin{cases} 0, & t < 0, \\ e^{-5t}, & t \geq 0. \end{cases}$ 则 $\mathscr{F}[f(t)] = $ _____ ;

(2) 设 $f(t) = \begin{cases} 0, & t < 0, \\ e^{-t}\sin 2t, & t \geq 0. \end{cases}$ 则 $\mathscr{F}[f(t)]$ _____ ;

(3) $f(1-t)$ 的傅氏变换 $\mathscr{F}[f(1-t)] = $ _____ ;

(4) 设 $\mathscr{F}[f(t)] = \dfrac{1}{\alpha + i\omega}$, 则 $f(t)$ _____ ;

(5) 设 $\mathscr{F}[f(t)] = F(\omega)$, 则 $\mathscr{F}[f(t)\cos\omega_0 t]$ _____ .

3. 求函数 $u(t)\cos\omega_0 t$ 的傅氏变换.

4. 利用傅氏变换，解积分方程：

$$\int_0^{+\infty} g(\omega)\sin\omega t\, d\omega = \begin{cases} \dfrac{\pi}{2}\cos t, & 0 \leqslant t < \pi, \\ -\dfrac{\pi}{4}, & t = \pi, \\ 0, & t > \pi. \end{cases}$$

5. 设 $\mathscr{F}[f(t)] = F(\omega)$，证明：

$$\mathscr{F}[f(at-t_0)] = \frac{1}{|a|}F\left(\frac{\omega}{a}\right)e^{-i\frac{\omega}{a}t_0};$$

$$\mathscr{F}[f(t_0-at)] = \frac{1}{|a|}F\left(-\frac{\omega}{a}\right)e^{-i\frac{\omega}{a}t_0}.$$

其中 a 为非零的常数，$t_0 > 0$.

第 8 章

拉普拉斯变换

"两弹一星"精神

拉普拉斯(Laplace)变换(简称拉氏变换)在电学、力学、控制论等工程技术与科学领域中有着广泛的应用. 由于它对像原函数 $f(t)$ 要求的条件比傅氏变换要弱,因此在某些问题上,它比傅氏变换的适用面要广. 本章首先从傅氏变换的定义出发,导出拉氏变换的定义,并研究它的一些基本性质,然后给出其逆变换的积分表达式——复反演积分公式,并得出像原函数的求法,最后介绍一下拉氏变换的应用.

8.1 拉普拉斯变换的概念

8.1.1 问题的提出

在第 7 章中已经讨论过,可以进行傅氏变换的函数必须在整个数轴上有定义,在许多物理现象中,我们考虑到的是以时间 t 为自变量的函数. 例如,一个外加电动势 $E(t)$ 从某一时刻起接到电路中去,假如把接通的瞬间作为计算时间的起点 $t=0$,则要研究的是电流在 $t>0$(接通以后)的变化情况,而对于 $t<0$ 的情况,就不必考虑了. 因此,常会遇到仅定义于 $[0,+\infty)$ 上的函数,或者约定当 $t<0$ 时函数恒为零的函数.

另外,一个函数除了满足狄氏条件外,还要在 $(-\infty,+\infty)$ 上绝对可积才存在古典意义下的傅氏变换,但绝对可积的条件是比较强的,即使是最简单的函数,如单位阶跃函数、正弦函数、余弦函数以及线性函数等,都不满足这个条件,所以傅氏变换的应用范围受到较大的限制.

能否对某些函数 $\varphi(t)$ 作适当的改造,使其进行傅氏变换时能避免上述两个限制呢? 答案是可以的. 首先,根据单位阶跃函数的特点,可将 $\varphi(t)$ 乘上 $u(t)$,这

样得到的函数 $\varphi(t)u(t)$ 在 $t<0$ 时就等于零，在 $t>0$ 时仍为 $\varphi(t)$；其次，某个函数 $\varphi(t)$ 之所以不绝对可积，往往是因为当 $t\to+\infty$ 时其绝对值减小太慢的缘故。由于指数衰减函数 $e^{-\beta t}$ ($\beta>0$) 有当 $t\to+\infty$ 时减小得很快的特点，因此如果用 $e^{-\beta t}$ ($\beta>0$) 去乘 $\varphi(t)u(t)$，则得到的函数当 $t\to+\infty$ 时绝对值就减小得快了。对于在实际中所遇到的一些常用函数，经过这样的改造，只要取 β 足够大，就有可能使其变得绝对可积，而对函数 $\varphi(t)u(t)e^{-\beta t}$ ($\beta>0$) 取傅氏变换，就产生了对函数 $\varphi(t)$ 的拉氏变换。

对函数 $\varphi(t)u(t)e^{-\beta t}$ ($\beta>0$) 取傅氏变换，可得

$$G_\beta(\omega) = \int_{-\infty}^{+\infty} \varphi(t)u(t)e^{-\beta t}e^{-i\omega t}\,dt$$
$$= \int_0^{+\infty} f(t)e^{-(\beta+i\omega)t}\,dt = \int_0^{+\infty} f(t)e^{-st}\,dt,$$

其中，$s=\beta+i\omega$，$f(t)=\varphi(t)u(t)$，或再设

$$F(s) = G_\beta\left(\frac{s-\beta}{i}\right),$$

则得 $F(s) = \int_0^{+\infty} f(t)e^{-st}\,dt$.

由此式所确定的函数 $F(s)$，实际上是由 $f(t)$ 通过另外一种新的积分变换而得到的，这种新的积分变换就是拉氏变换。

8.1.2 拉氏变换的概念

 设函数 $f(t)$ 当 $t\geq 0$ 时有定义，而且积分

$$\int_0^{+\infty} f(t)e^{-st}\,dt \quad (s\text{ 是一个复参量})$$

在 s 的某一域内收敛，则由此积分所确定的函数可写为

$$F(s) = \int_0^{+\infty} f(t)e^{-st}\,dt. \tag{8-1}$$

我们称式 (8-1) 为函数 $f(t)$ 的**拉普拉斯变换式**，记为

$$F(s) = \mathscr{L}[f(t)] \quad \text{即} \quad \mathscr{L}[f(t)] = \int_0^{+\infty} f(t)e^{-st}\,dt.$$

$F(s)$ 称为 $f(t)$ 的**拉氏变换**(或称为像函数)。

若 $F(s)$ 是 $f(t)$ 的拉氏变换，则称 $f(t)$ 为 $F(s)$ 的**拉氏逆变换**(或称为像原函数)，记为

$$f(t) = \mathscr{L}^{-1}[F(s)].$$

综上所述，傅氏变换的像函数是一个实自变数 ω 的复值函数，而拉氏变换的像函数则是一个复变数 s 的复值函数，由式 (8-1) 可以看出，$f(t)(t\geq 0)$ 的拉氏变

换实际上就是 $f(t)u(t)\mathrm{e}^{-\beta t}$ 的傅氏变换. 因此, 拉氏变换实质上是一种单边的广义傅氏变换, 单边是指积分区间从 0 到 $+\infty$; 广义是指函数 $f(t)$ 要乘上 $u(t)\mathrm{e}^{-\beta t}$ ($\beta>0$) 之后, 再作傅氏变换.

【例 8-1】 求单位阶跃函数 $u(t)=\begin{cases}0, & t<0,\\ 1, & t>0\end{cases}$ 的拉氏变换.

解 由拉氏变换的定义, 有
$$\mathscr{L}[u(t)]=\int_0^{+\infty}\mathrm{e}^{-st}\mathrm{d}t=-\frac{1}{s}\mathrm{e}^{-st}\Big|_0^{+\infty}.$$

设 $s=\beta+\mathrm{i}\omega$, 由于 $|\mathrm{e}^{-st}|=|\mathrm{e}^{-(\beta+\mathrm{i}\omega)t}|=\mathrm{e}^{-\beta t}$, 所以, 当且仅当 $\mathrm{Re}s=\beta>0$ 时, $\lim\limits_{t\to+\infty}\mathrm{e}^{-st}=0$, 从而
$$\mathscr{L}[u(t)]=\frac{1}{s}\quad(\mathrm{Re}s>0).$$

【例 8-2】 求指数函数 $f(t)=\mathrm{e}^{kt}$ 的拉氏变换.

解 根据式(8-1), 有
$$\mathscr{L}[\mathrm{e}^{kt}]=\int_0^{+\infty}\mathrm{e}^{kt}\mathrm{e}^{-st}\mathrm{d}t=\int_0^{+\infty}\mathrm{e}^{-(s-k)t}\mathrm{d}t=-\frac{1}{s-k}\mathrm{e}^{-(s-k)t}\Big|_0^{+\infty}$$
$$=\frac{1}{s-k}\quad(\mathrm{Re}s>\mathrm{Re}k).$$

【例 8-3】 求正弦函数 $f(t)=\sin kt$ 的拉氏变换.

解 根据式(8-1), 有
$$\mathscr{L}[\sin kt]=\int_0^{+\infty}\sin kt\,\mathrm{e}^{-st}\mathrm{d}t=\int_0^{+\infty}\frac{1}{2\mathrm{i}}(\mathrm{e}^{\mathrm{i}kt}-\mathrm{e}^{-\mathrm{i}kt})\mathrm{e}^{-st}\mathrm{d}t$$
$$=\frac{1}{2\mathrm{i}}\int_0^{+\infty}[\mathrm{e}^{-(s-\mathrm{i}k)t}-\mathrm{e}^{-(s+\mathrm{i}k)t}]\mathrm{d}t$$
$$=\frac{1}{2\mathrm{i}}\int_0^{+\infty}\mathrm{e}^{-(s-\mathrm{i}k)t}\mathrm{d}t-\frac{1}{2\mathrm{i}}\int_0^{+\infty}\mathrm{e}^{-(s+\mathrm{i}k)t}\mathrm{d}t.$$

上式右端第一个积分当且仅当 $\mathrm{Re}s>\mathrm{Re}(\mathrm{i}k)=-\mathrm{Im}k$ 时收敛, 而第二个积分当且仅当 $\mathrm{Re}s>\mathrm{Re}(-\mathrm{i}k)=\mathrm{Im}k$ 时收敛, 于是有
$$\mathscr{L}[\sin kt]=\frac{1}{2\mathrm{i}}\left(\frac{1}{s-\mathrm{i}k}-\frac{1}{s+\mathrm{i}k}\right)=\frac{k}{s^2+k^2}\quad(\mathrm{Re}s>|\mathrm{Im}k|),$$

同理可得 $\mathscr{L}[\cos kt]=\dfrac{s}{s^2+k^2}\quad(\mathrm{Re}s>|\mathrm{Im}k|).$

为了给出一般幂函数 $f(t)=t^m$ 的像函数, 我们先简单介绍一下工程技术中常用的一个特殊函数——伽玛(Gamma)函数, 记为 $\Gamma(x)$, 它的定义是
$$\Gamma(x)=\int_0^{+\infty}\mathrm{e}^{-t}t^{x-1}\mathrm{d}t\quad(x>0).$$

它有一个重要性质,称为 Γ 函数的递推公式
$$\Gamma(x+1)=x\Gamma(x) \quad (x>0).$$

由递推公式易得 $\Gamma(n+1)=n!$(n 为正整数),其他数的 Γ 函数有专门的表可查.

【例 8-4】 求幂函数 $f(t)=t^m$(常数 $m>-1$ 的拉氏变换).

解 $\mathscr{L}[t^m]=\int_0^{+\infty} t^m e^{-st}dt$,为了求此积分,作变量代换 $st=u$,由于 s 为右半平面内的任一复数(由下面的拉氏变换存在定理即可得知),因此,经如此变量代换所得到的关于积分变量 u 的积分是一个复变量积分,即

$$\mathscr{L}[t^m]=\int_L \left(\frac{u}{s}\right)^m e^{-u}\frac{1}{s}du=\frac{1}{s^{m+1}}\int_L u^m e^{-u}du. \tag{8-2}$$

其中积分路径 L 是沿着射线 $\arg u=\theta$,$-\frac{\pi}{2}<\theta<\frac{\pi}{2}$.

但对于积分式(8-2),当 $-1<m<0$ 时,$u=0$ 是 u^m 的奇点,为此先考虑积分 $\int_{\overline{AB}} u^m e^{-u} du$,其中的积分路径是沿着直线段 $\overline{AB}$,如图 8-1 所示.

设 A、B 分别对应的复数为 $re^{i\alpha}$、$Re^{i\alpha}$,这里 $\alpha\in\left(-\frac{\pi}{2},\frac{\pi}{2}\right)$ 是一个常数,且 $r<R$. 取由图中直线段 $\overline{AB}$、圆弧 $\widehat{DB}$($u=Re^{i\varphi}$,$0\leqslant\varphi\leqslant\alpha$),$\widehat{EA}$($u=re^{i\varphi}$,$0\leqslant\varphi\leqslant\alpha$)和实轴上线段 $\overline{ED}$ 所组成的闭曲线 C,因为 $u^m e^{-u}$ 在 C 内解析,所以,

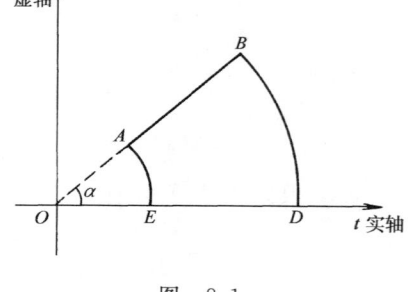

图 8-1

$$\oint_C u^m e^{-u} du=0 \quad 即 \quad \int_{\overrightarrow{ED}}+\int_{\widehat{DB}}+\int_{\overrightarrow{BA}}+\int_{\widehat{AE}}=0,$$

也就是

$$\int_{\overrightarrow{AB}}=-\int_{\widehat{EA}}+\int_{\overrightarrow{ED}}+\int_{\widehat{DB}}. \tag{8-3}$$

对于式(8-3)右端第一个积分,有

$$\left|\int_{\widehat{EA}} u^m e^{-u} du\right|=\left|\int_0^\alpha r^m e^{im\varphi} e^{-re^{i\varphi}} ire^{i\varphi} d\varphi\right|\leqslant r^{m+1}\int_0^\alpha |e^{im\varphi} e^{-re^{i\varphi}} e^{i\varphi}| d\varphi$$

$$=r^{m+1}\int_0^\alpha |e^{-r(\cos\varphi+i\sin\varphi)}|d\varphi=r^{m+1}\int_0^\alpha e^{-r\cos\varphi}d\varphi.$$

由积分中值定理,可得

$$\left|\int_{\widehat{EA}} u^m e^{-u} du\right|\leqslant r^{m+1} e^{-r\cos\varphi}\alpha \quad (0<\varphi<\alpha).$$

由 $r \to 0$ 时，$r^{m+1} e^{-r\cos\varphi} \to 0$，所以 $\lim\limits_{r\to 0}\int_{\overparen{EA}} u^m e^{-u} du = 0$.

对于式(8-3)右端第三个积分，同样有
$$\left|\int_{\overparen{DB}} u^m e^{-u} du\right| = \left|\int_0^\alpha R^m e^{im\varphi} e^{-Re^{i\varphi}} iRe^{i\varphi} d\varphi\right|$$
$$\leqslant R^{m+1}\int_0^\alpha e^{-R\cos\varphi} d\varphi = R^{m+1} e^{-R\cos\varphi}\alpha \qquad (0<\varphi<\alpha).$$

由于 α 是在 $\left(-\dfrac{\pi}{2}, \dfrac{\pi}{2}\right)$ 中，所以 $\cos\varphi > 0$，从而当 $R \to +\infty$ 时，$R^{m+1} e^{-R\cos\varphi}\alpha \to 0$，即有 $\lim\limits_{R\to +\infty}\int_{\overparen{DB}} u^m e^{-u} du = 0$. 因此
$$\int_L u^m e^{-u} du = \lim_{\substack{r\to 0 \\ R\to +\infty}}\int_{\overparen{AB}} u^m e^{-u} du$$
$$= \lim_{\substack{r\to 0 \\ R\to +\infty}}\int_{\overparen{ED}} u^m e^{-u} du = \int_0^{+\infty} t^m e^{-t} dt. \tag{8-4}$$

也就是说：求沿射线 L 的复变量积分式(8-2)，可转化为计算沿正实半轴 t 从 0 到 $+\infty$ 的实变量积分式(8-4)，于是
$$\mathscr{L}[t^m] = \frac{1}{s^{m+1}}\int_0^{+\infty} t^m e^{-t} dt = \frac{\Gamma(m+1)}{s^{m+1}} \qquad (\mathrm{Re}\, s > 0).$$

特别地，当 m 为正整数 n 时，有
$$\mathscr{L}[t^n] = \frac{n!}{s^{n+1}} \qquad (\mathrm{Re}\, s > 0).$$

8.1.3 拉氏变换的存在定理

定义 8-2 对实变量的复值函数 $f(t)$，如果存在两个常数 $M>0$ 及 $c\geqslant 0$，使对于一切 $t\geqslant 0$，都有
$$|f(t)| \leqslant Me^{ct} \tag{8-5}$$
成立，即 $f(t)$ 的增长速度不超过指数函数，则称 $f(t)$ 为**指数级函数**，c 为其**增长指数**.

例如，$|u(t)| \leqslant 1 \cdot e^{at}$，$|e^{kt}| \leqslant 1 \cdot e^{kt}$ $(k>0)$，$|\sin kt| \leqslant 1 \cdot e^{at}$（$k$ 为实数），$|t^n| \leqslant n! e^t$，它们都是指数级函数，但是对于函数 e^{t^2}，不论选取 M 与 c 多大，总有 $|e^{t^2}| > Me^{ct}$（t 充分大时），所以它不是指数级函数.

定理 8-1 （拉氏变换存在定理） 若函数 $f(t)$ 满足下列条件
(1) 当 $t<0$ 时，$f(t) = 0$；
(2) $f(t)$ 在 $t\geqslant 0$ 的任一有限区间上分段连续；

(3) $f(t)$ 是指数级函数.

则函数 $f(t)$ 的拉氏变换

$$F(s) = \int_0^{+\infty} f(t) e^{-st} dt$$

在半平面 $\mathrm{Re}\, s > c$(c 为 $f(t)$ 的增长指数)上一定存在,此时上式右端的积分在 $\mathrm{Re}\, s \geqslant c_1 > c$ 上绝对收敛且一致收敛,同时在 $\mathrm{Re}\, s > c$ 的半平面内,$F(s)$ 为解析函数.

* 证 由条件(3)可知,存在常数 $M > 0$ 及 $c > 0$,使得对于任何 t 值($0 \leqslant t < +\infty$),有

$$|f(t) e^{-st}| = |f(t)| e^{-\beta t} \leqslant M e^{-(\beta - c)t}, \quad \mathrm{Re}\, s = \beta.$$

若令 $\beta - c \geqslant \varepsilon > 0$(即 $\beta \geqslant c + \varepsilon = c_1 > c$),则

$$|f(t) e^{-st}| \leqslant M e^{-\varepsilon t},$$

所以 $\int_0^{+\infty} |f(t) e^{-st}| dt \leqslant \int_0^{+\infty} M e^{-\varepsilon t} dt = \dfrac{M}{\varepsilon}.$

根据含参变量广义积分的性质可知,在 $\mathrm{Re}\, s \geqslant c_1 > c$ 上,式(8-1)右端的积分不仅绝对收敛而且一致收敛,即 $F(s)$ 存在.

若对式(8-1)的积分号内对 s 求导,则

$$\int_0^{+\infty} \frac{\mathrm{d}}{\mathrm{d}s} [f(t) e^{-st}] dt = \int_0^{+\infty} -t f(t) e^{-st} dt,$$

而

$$|-t f(t) e^{-st}| \leqslant M t e^{-(\beta - c)t} \leqslant M t e^{-\varepsilon t},$$

得

$$\int_0^{+\infty} \left| \frac{\mathrm{d}}{\mathrm{d}s} [f(t) e^{-st}] \right| dt \leqslant \int_0^{+\infty} M t e^{-\varepsilon t} dt = \dfrac{M}{\varepsilon^2}.$$

由此可见,$\int_0^{+\infty} \dfrac{\mathrm{d}}{\mathrm{d}s} [f(t) e^{-st}] dt$ 在半平面 $\mathrm{Re}\, s \geqslant c_1 > c$ 内也是绝对收敛且一致收敛,从而微分和积分的次序可以交换,即

$$\frac{\mathrm{d}}{\mathrm{d}s} F(s) = \frac{\mathrm{d}}{\mathrm{d}s} \int_0^{+\infty} f(t) e^{-st} dt = \int_0^{+\infty} \frac{\mathrm{d}}{\mathrm{d}s} [f(t) e^{-st}] dt$$

$$= \int_0^{+\infty} -t f(t) e^{-st} dt = \mathscr{L}[-t f(t)].$$

这就表明,$F(s)$ 在 $\mathrm{Re}\, s > c$ 内是可微的,由复变函数的解析函数理论可知,$F(s)$ 在 $\mathrm{Re}\, s > c$ 内是解析的.

推论 若 $f(t)$ 满足上述定理中的条件,则

$$\lim_{\mathrm{Re}\, s \to +\infty} F(s) = 0.$$

事实上，由已经证得的 $|F(s)| \leqslant \dfrac{M}{\varepsilon}$. 可知，当 $\mathrm{Re}\, s \to +\infty$ 时，$|F(s)| \to 0$，即 $\lim\limits_{\mathrm{Re}\, s \to +\infty} F(s) = 0$.

关于拉氏变换的存在定理，我们作如下几点说明：

(1) 从物理应用观点来看，条件(2)、(3)都是容易满足的，实际应用中所考察的物理过程，往往是用时间函数来描述的，并且从某一时刻开始，因此可以选这一时刻为 $t = 0$，在此之前的情况则不加考虑，从而条件(1)在应用中自然就满足了．但从数学上来说，函数 $f(t)$ 不一定满足条件(1)，若要对它进行拉氏变换，则应视其为 $f(t)u(t)$，在 $t < 0$ 时为零，而在 $t \geqslant 0$ 时仍为 $f(t)$；但为简便起见，在不致引起混淆的情况下，通常省略 $u(t)$，用 $f(t)$ 来表示 $u(t)f(t)$．

(2) 除了 e^{t^2}、$t\mathrm{e}^{t^2}$ 这类函数外，工程技术中所遇到的函数大部分是存在拉氏变换的，因而拉氏变换的应用范围较广．

(3) 指数级函数 $f(t)$ 的增长指数不是唯一的．

因为，若 $|f(t)| \leqslant M\mathrm{e}^{ct}$，则对任一 $c_1 > c$ 也一定有 $|f(t)| \leqslant M\mathrm{e}^{c_1 t} \cdot (t \geqslant 0)$ 成立，增长指数 c 中最大的下界记为 c_0，称它为 $\int_0^{+\infty} f(t)\mathrm{e}^{-st}\mathrm{d}t$ 的收敛坐标，在复平面上，直线 $\mathrm{Re}\, s = c_0$ 称为收敛轴．

(4) 已经知道，像函数 $F(s)$ 在 $\mathrm{Re}\, s > c$ 内是解析的，根据复变函数的解析开拓理论，还可以把它解析开拓到全平面上去(奇点除外)，这样，在应用上有时求出了 $\mathscr{L}[f(t)]$，后面就不再附注条件 $\mathrm{Re}\, s > c$. 如 $\mathscr{L}[u(t)] = \dfrac{1}{s}$ 可看成在全平面上除了 $s = 0$ 点以外的解析函数，所以拉氏变换把一定类型的分段连续的函数转化成解析函数，这样就可以在拉氏变换的理论研究中运用复变函数中的有关定理．

(5) 拉氏变换存在定理的条件仅是充分的，而不是必要的，即若不满足存在定理的条件，拉氏变换仍可能存在．

我们还要指出，对满足拉氏变换存在定理条件的函数 $f(t)$ 在 $t = 0$ 处为有界时，$f(0)$ 取什么值与讨论 $f(t)$ 的拉氏变换没有关系，因为 $f(t)$ 在一点处的值，不会影响积分

$$\mathscr{L}[f(t)] = \int_0^{+\infty} f(t)\mathrm{e}^{-st}\mathrm{d}t.$$

这时积分下限取 0^+ 或 0^- 都可以．但是，假如 $f(t)$ 在 $t = 0$ 处包含了脉冲函数，我们就必须区分这个积分区间包括 $t = 0$ 这一点，还是不包括 $t = 0$ 这一点．

若记

$$\mathscr{L}_+[f(t)] = \int_{0^+}^{+\infty} f(t)\mathrm{e}^{-st}\mathrm{d}t,$$

$$\mathscr{L}[f(t)] = \int_{0^-}^{+\infty} f(t)\mathrm{e}^{-st}\mathrm{d}t = \int_{0^-}^{0^+} f(t)\mathrm{e}^{-st}\mathrm{d}t + \int_{0^+}^{+\infty} f(t)\mathrm{e}^{-st}\mathrm{d}t$$

$$= \int_{0^-}^{0^+} f(t)\mathrm{e}^{-st}\mathrm{d}t + \mathscr{L}_+[f(t)],$$

当 $f(t)$ 在 $t=0$ 处不包含脉冲函数时，$t=0$ 不是无穷间断点，可以发现：

若 $f(t)$ 在 $t=0$ 附近有界，则 $\int_{0^-}^{0^+} f(t)\mathrm{e}^{-st}\mathrm{d}t = 0$，即 $\mathscr{L}[f(t)] = \mathscr{L}_+[f(t)]$.

若 $f(t)$ 在 $t=0$ 处包含了脉冲函数，则 $\int_{0^-}^{0^+} f(t)\mathrm{e}^{-st}\mathrm{d}t \neq 0$，即

$$\mathscr{L}[f(t)] \neq \mathscr{L}_+[f(t)].$$

为了考虑这一情况，我们需要把进行拉氏变换的函数 $f(t)$ 的定义区间从 $t \geq 0$ 扩大为 $t>0$ 和 $t=0$ 的任意一个邻域，这样前面的拉氏变换定义

$$\mathscr{L}[f(t)] = \int_0^{+\infty} f(t)\mathrm{e}^{-st}\mathrm{d}t$$

应为

$$\mathscr{L}[f(t)] = \int_{0^-}^{+\infty} f(t)\mathrm{e}^{-st}\mathrm{d}t,$$

但为了书写方便起见，我们仍把它写成式(8-1)的形式.

【例 8-5】 求单位脉冲函数 $\delta(t)$ 的拉氏变换.

解 根据上面的讨论，由式(8-1)，并利用性质：$\int_{-\infty}^{+\infty} f(t)\delta(t)\mathrm{d}t = f(0)$，可得

$$\mathscr{L}[\delta(t)] = \int_0^{+\infty} \delta(t)\mathrm{e}^{-st}\mathrm{d}t = \int_{0^-}^{+\infty} \delta(t)\mathrm{e}^{-st}\mathrm{d}t$$

$$= \int_{-\infty}^{+\infty} \delta(t)\mathrm{e}^{-st}\mathrm{d}t = 1.$$

【例 8-6】 求函数 $f(t) = \mathrm{e}^{-\beta t}\delta(t) - \beta\mathrm{e}^{-\beta t}u(t)(\beta > 0)$ 的拉氏变换.

解 根据式(8-1)，有

$$\mathscr{L}[f(t)] = \int_0^{+\infty} f(t)\mathrm{e}^{-st}\mathrm{d}t = \int_0^{+\infty} [\mathrm{e}^{-\beta t}\delta(t) - \beta\mathrm{e}^{-\beta t}u(t)]\mathrm{e}^{-st}\mathrm{d}t$$

$$= \int_0^{+\infty} \delta(t)\mathrm{e}^{-(s+\beta)t}\mathrm{d}t - \beta\int_0^{+\infty} \mathrm{e}^{-(s+\beta)t}\mathrm{d}t = 1 - \frac{\beta}{s+\beta} = \frac{s}{s+\beta}.$$

在今后的实际工作中，我们并不要求用广义积分的方法来求函数的拉氏变换，有现成的拉氏变换表可查. 本书已将工程实际中常遇到的一些函数及其拉氏变换列于附录二中，以备读者查用.

下面再举一些通过查表求拉氏变换的例子.

【例 8-7】 求 $\dfrac{1}{2}(\sin t - t\cos t)$ 的拉氏变换.

解 根据附录二中第 29 式,在 $a=1$ 时,可以方便地得到

$$\mathscr{L}\left[\frac{1}{2}(\sin t - t\cos t)\right] = \frac{1}{(s^2+1^2)^2} = \frac{1}{(s^2+1)^2}.$$

【例 8-8】 求 $\dfrac{e^{-bt}}{\sqrt{2}}(\cos bt - \sin bt)$ 的拉氏变换

解 这个函数的拉氏变换,在本书给出的附录二中找不到现成的结果,但是

$$\begin{aligned}\frac{e^{-bt}}{\sqrt{2}}(\cos bt - \sin bt) &= \frac{e^{-bt}}{\sqrt{2}}\left[\cos bt - \cos\left(\frac{\pi}{2} - bt\right)\right] \\ &= \frac{e^{-bt}}{\sqrt{2}}\left[-2\sin\frac{\pi}{4}\sin\left(bt - \frac{\pi}{4}\right)\right] \\ &= e^{-bt}\sin\left(-bt + \frac{\pi}{4}\right).\end{aligned}$$

根据附录二中第 17 式,在 $a=-b, c=\dfrac{\pi}{4}$ 时,可得到

$$\begin{aligned}\mathscr{L}\left[\frac{e^{-bt}}{\sqrt{2}}(\cos bt - \sin bt)\right] &= \mathscr{L}\left[e^{-bt}\sin\left(-bt + \frac{\pi}{4}\right)\right] \\ &= \frac{(s+b)\sin\dfrac{\pi}{4} + (-b)\cos\dfrac{\pi}{4}}{(s+b)^2 + (-b)^2} \\ &= \frac{\sqrt{2}s}{2(s^2 + 2bs + 2b^2)}.\end{aligned}$$

总之,查表求函数的拉氏变换要比按定义去做方便得多,特别是掌握了拉氏变换的性质,再使用查表的方法,就能更快地找到所求函数的拉氏变换.

习 题

8-1 求下列函数的拉氏变换,并用查表的方法来验证结果.

(1) $f(t) = \cos\dfrac{t}{2}$; (2) $f(t) = e^{3t}$;

(3) $f(t) = \sin t \cos t$; (4) $f(t) = \cos^2 t$;

(5) $f(t) = \text{sh} kt$; (6) $f(t) = \text{ch} kt$.

8-2 求下列函数的拉氏变换:

(1) $f(t) = \begin{cases} 3, & 0 \leqslant t < 2, \\ -1, & 2 \leqslant t < 4, \\ 0, & t \geqslant 4; \end{cases}$ (2) $f(t) = \begin{cases} \sin t, & 0 < t < \pi, \\ 0, & t \leqslant 0 \text{ 或 } t \geqslant \pi; \end{cases}$

(3) $f(t) = e^{2t} + 5\delta(t)$;   (4) $f(t) = \cos t \cdot \delta(t) - \sin t \cdot u(t)$.

8-3 设 $f(t)$ 是以 T 为周期的周期函数,且 $f(t)$ 在一个周期上分段连续,证明:

$$\mathscr{L}[f(t)] = \frac{1}{1-e^{-sT}} \int_0^T f(t) e^{-st} dt \quad (\mathrm{Re}\, s > 0).$$

8-4 求下列各图所示周期函数的拉氏变换.

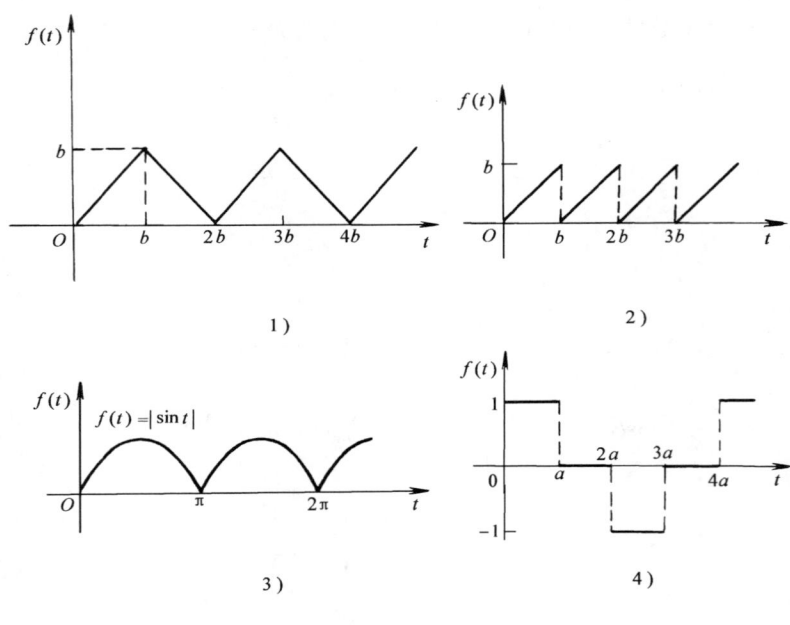

图 8-2

8.2 拉普拉斯变换的性质

上一节我们利用拉氏变换的定义求得一些较简单的常用函数的拉氏变换,但对于较复杂的函数,利用定义来求其像函数就显得不方便,有时甚至不可能求出来.如果利用本节的性质及现成的拉氏变换表,就可计算出它们的像函数或像原函数.为叙述方便起见,假定在这些性质中,凡是要求拉氏变换的函数都满足拉氏变换存在定理中的条件,并且把这些函数的增长指数都统一地取为 C.

8.2.1 线性性质

性质 8-1 若 α, β 是常数,$\mathscr{L}[f_1(t)] = F_1(s)$,$\mathscr{L}[f_2(t)] = F_2(s)$,则有

第 8 章　拉普拉斯变换

$$\mathscr{L}[\alpha f_1(t)+\beta f_2(t)] = \alpha\mathscr{L}[f_1(t)]+\beta\mathscr{L}[f_2(t)];$$
$$\mathscr{L}^{-1}[\alpha F_1(s)+\beta F_2(s)] = \alpha\mathscr{L}^{-1}[F_1(s)]+\beta\mathscr{L}^{-1}[F_2(s)]. \tag{8-6}$$

这个性质表明函数的线性组合的拉氏变换等于各函数的拉氏变换的线性组合，即拉氏变换是一种线性变换，因此也把这个性质称为叠加性. 它的证明只需根据定义，利用积分性质就可推出.

8.2.2　微分性质

性质 8-2　若 $\mathscr{L}[f(t)] = F(s)$，则有
$$\mathscr{L}[f'(t)] = sF(s) - f(0). \tag{8-7}$$

证　由拉氏变换的定义，有
$$\mathscr{L}[f'(t)] = \int_0^{+\infty} f'(t)\mathrm{e}^{-st}\mathrm{d}t,$$

对上式右端利用分部积分法，可得
$$\mathscr{L}[f'(t)] = f(t)\mathrm{e}^{-st}\Big|_0^{+\infty} + s\int_0^{+\infty} f(t)\mathrm{e}^{-st}\mathrm{d}t.$$

由于当 $\mathrm{Re}\,s > c$ 时，有 $|f(t)\mathrm{e}^{-st}| \leqslant M\mathrm{e}^{-(s-c)t}$. 因此第一项中当 $t \to +\infty$ 时 $f(t)\mathrm{e}^{-st}$ 趋于零，所以
$$\mathscr{L}[f'(t)] = s\mathscr{L}[f(t)] - f(0)^{\ominus} = sF(s) - f(0).$$

这个性质表明，一个函数求导后取拉氏变换等于这个函数的拉氏变换乘以参变数 s，再减去函数的初值.

若利用式(8-7)两次，可得
$$\mathscr{L}[f''(t)] = s\mathscr{L}[f'(t)] - f'(0) = s[sF(s) - f(0)] - f'(0)$$
$$= s^2 F(s) - sf(0) - f'(0).$$

以此类推，可得如下推论：

推论　若 $\mathscr{L}[f(t)] = F(s)$，则有
$$\mathscr{L}[f^{(n)}(t)] = s^n F(s) - s^{n-1}f(0) - s^{n-2}f'(0) - \cdots - f^{(n-1)}(0). \tag{8-8}$$

特别地，当初值 $f(0) = f'(0) = \cdots = f^{(n-1)}(0) = 0$ 时，有
$$\mathscr{L}[f'(t)] = sF(s),\quad \mathscr{L}[f''(t)] = s^2 F(s),\cdots,$$
$$\mathscr{L}[f^{(n)}(t)] = s^n F(s) \tag{8-9}$$

此性质使我们有可能将 $f(t)$ 的微分方程转化为 $F(s)$ 的代数方程，因此，它对分析线性系统有着重要的作用.

$\ominus$　这里 $f(0)$ 应理解为左极限 $f(0^-)$，以下同，但当 $t < 0$ 无定义时，可取 $f(0^-) = f(t)u(t)\Big|_{t=0^-} = 0$.

【例 8-9】 利用微分性质求 $\mathscr{L}[\sin kt]$ 和 $\mathscr{L}[\cos kt]$.

解 设 $f(t) = \sin kt$，则 $f(0) = 0$，$f'(0) = k$，$f''(t) = -k^2 \sin kt$，所以，$\mathscr{L}[f''(t)] = \mathscr{L}[-k^2 \sin kt] = -k^2 \mathscr{L}[\sin kt]$. 又由式(8-8)，有

$$\mathscr{L}[f''(t)] = s^2 \mathscr{L}[f(t)] - sf(0) - f'(0) = s^2 \mathscr{L}[\sin kt] - k,$$

从而移项化简得 $\mathscr{L}[\sin kt] = \dfrac{k}{s^2 + k^2}$.

又 $\cos kt = \left(\dfrac{1}{k}\sin kt\right)'$，所以

$$\mathscr{L}[\cos kt] = \mathscr{L}\left[\left(\dfrac{1}{k}\sin kt\right)'\right] = s\mathscr{L}\left[\dfrac{1}{k}\sin kt\right] = \dfrac{s}{k}\dfrac{k}{s^2+k^2} = \dfrac{s}{s^2+k^2}.$$

【例 8-10】 利用微分性质求 $\mathscr{L}[t^m]$，其中 m 为正整数.

解 设 $f(t) = t^m$，则 $f^{(m)}(t) = m!$，$f(0) = f'(0) = \cdots = f^{(m-1)}(0) = 0$. 所以

$$\mathscr{L}[m!] = \mathscr{L}[f^{(m)}(t)] = s^m \mathscr{L}[f(t)] = s^m \mathscr{L}[t^m].$$

又

$$\mathscr{L}[m!] = m!\mathscr{L}[1] = \dfrac{m!}{s},$$

所以 $\mathscr{L}[t^m] = \dfrac{m!}{s^{m+1}}$.

此外，由拉氏变换存在定理，还可以得到像函数的微分性质.

性质 8-3 若 $\mathscr{L}[f(t)] = F(s)$，则

$$F'(s) = \mathscr{L}[-tf(t)]. \tag{8-10}$$

证 $F(s)$ 在半平面 $\mathrm{Re}\,s > c$ 内解析，因而对 s 可导

$$F'(s) = \dfrac{\mathrm{d}}{\mathrm{d}s}\int_0^{+\infty} f(t)\mathrm{e}^{-st}\mathrm{d}t = \int_0^{+\infty} \dfrac{\mathrm{d}}{\mathrm{d}s}[f(t)\mathrm{e}^{-st}]\mathrm{d}t$$

$$= -\int_0^{+\infty} tf(t)\mathrm{e}^{-st}\mathrm{d}t = -\mathscr{L}[tf(t)].$$

证毕

上式求导与积分可以交换次序，因为 $\int_0^{+\infty} f(t)\mathrm{e}^{-st}\mathrm{d}t$ 对 s 来说是一致收敛的，这个性质表明对像函数求导，等于其像原函数乘以 $-t$ 的拉氏变换.

一般地，有 $F^{(n)}(s) = \mathscr{L}[(-t)^n f(t)]. \tag{8-11}$

【例 8-11】 求函数 $f(t) = t\sin kt$ 的拉氏变换.

解 因为 $\mathscr{L}[\sin kt] = \dfrac{k}{s^2 + k^2}$，根据上述像函数的微分性质可知

$$\mathscr{L}[t\sin kt] = -\frac{\mathrm{d}}{\mathrm{d}s}\left[\frac{k}{s^2+k^2}\right] = \frac{2ks}{(s^2+k^2)^2},$$

同理可得 $\mathscr{L}[t\cos kt] = -\dfrac{\mathrm{d}}{\mathrm{d}s}\left[\dfrac{s}{s^2+k^2}\right] = \dfrac{s^2-k^2}{(s^2+k^2)^2}.$

8.2.3 积分性质

性质 8-4 若 $\mathscr{L}[f(t)] = F(s)$，则

$$\mathscr{L}\left[\int_0^t f(\tau)\mathrm{d}\tau\right] = \frac{1}{s}F(s). \tag{8-12}$$

证 设 $h(t) = \int_0^t f(\tau)\mathrm{d}\tau$，则有 $h'(t) = f(t)$，且 $h(0) = 0$，由上述微分性质，有

$$\mathscr{L}[h'(t)] = s\mathscr{L}[h(t)] - h(0) = s\mathscr{L}[h(t)],$$

即 $\mathscr{L}\left[\int_0^t f(\tau)\mathrm{d}\tau\right] = \dfrac{1}{s}\mathscr{L}[f(t)] = \dfrac{1}{s}F(s).$ 证毕

这个性质表明一个函数积分后再取拉氏变换等于这个函数的拉氏变换除以复参数 s.

重复运用式(8-12)，就可得到

$$\mathscr{L}\left\{\underbrace{\int_0^t \mathrm{d}t \int_0^t \mathrm{d}t \cdots \int_0^t f(t)\mathrm{d}t}_{n\text{次}}\right\} = \frac{1}{s^n}F(s) \tag{8-13}$$

此外，由拉氏变换存在定理，还可以得到像函数的积分性质.

性质 8-5 若 $\mathscr{L}[f(t)] = F(s)$，则

$$\mathscr{L}\left[\frac{f(t)}{t}\right] = \int_s^\infty F(s)\mathrm{d}s \tag{8-14}$$

或

$$f(t) = t\mathscr{L}^{-1}\left[\int_s^\infty F(s)\mathrm{d}s\right]$$

证 首先 $\int_s^\infty F(s)\mathrm{d}s = \int_s^\infty \mathrm{d}s \int_0^{+\infty} f(t)\mathrm{e}^{-st}\mathrm{d}t$ 现假定积分路线 (s, ∞) 在 $\mathrm{Re}\, s > c$ 内，这样积分 $\int_0^{+\infty} f(t)\mathrm{e}^{-st}\mathrm{d}t$ 对于 s 一致收敛，所以可以交换积分次序，于是可得

$$\int_s^\infty F(s)\mathrm{d}s = \int_0^{+\infty} f(t)\mathrm{d}t \int_s^\infty \mathrm{e}^{-st}\mathrm{d}s = \int_0^{+\infty}\left[-\frac{1}{t}\mathrm{e}^{-st}\right]_s^\infty f(t)\mathrm{d}t$$

$$= \int_0^{+\infty} \frac{1}{t}f(t)\mathrm{e}^{-st}\mathrm{d}t = \mathscr{L}\left[\frac{f(t)}{t}\right].$$

这个性质表明对于像函数的积分等于其像原函数除以 t 的拉氏变换.

特别地,若积分 $\int_0^{+\infty} \dfrac{f(t)}{t} dt$ 存在,并在式(8-14)中令 $s=0$,则有

$$\int_0^{+\infty} \frac{f(t)}{t} dt = \int_0^{\infty} F(s) ds. \tag{8-15}$$

这一公式,常用来计算某些积分.

一般地,有

$$\mathscr{L}\left[\frac{f(t)}{t^n}\right] = \underbrace{\int_s^{\infty} ds \int_s^{\infty} ds \cdots \int_s^{\infty}}_{n\text{次}} F(s) ds. \tag{8-16}$$

【例 8-12】 求 $\mathscr{L}\left[\int_0^t \dfrac{\sin t}{t} dt\right]$.

解 先求 $\mathscr{L}\left[\dfrac{\sin t}{t}\right]$,由像函数的积分性和 $\mathscr{L}[\sin t] = \dfrac{1}{s^2+1}$,得

$$\mathscr{L}\left[\frac{\sin t}{t}\right] = \int_s^{\infty} \frac{1}{s^2+1} ds = \arctan s \Big|_s^{\infty} = \frac{\pi}{2} - \arctan s,$$

再由积分性质,可得

$$\mathscr{L}\left[\int_0^t \frac{\sin t}{t} dt\right] = \frac{1}{s}\left(\frac{\pi}{2} - \arctan s\right),$$

进而可得

$$\int_0^{+\infty} \frac{\sin t}{t} dt = \int_0^{\infty} \frac{1}{s^2+1} ds = \arctan s \Big|_s^{\infty} = \frac{\pi}{2}.$$

这与我们所熟知的狄氏积分的结果相同.

【例 8-13】 计算积分 $\int_0^{+\infty} \dfrac{e^{-at} - e^{-bt}}{t} ds$.

解 利用式(8-16)可得

$$\int_0^{+\infty} \frac{e^{-at} - e^{-bt}}{t} dt = \int_0^{\infty} \mathscr{L}[e^{-at} - e^{-bt}] ds$$

$$= \int_0^{\infty} \left(\frac{1}{s+a} - \frac{1}{s+b}\right) ds = \ln\frac{s+a}{s+b}\Big|_0^{\infty} = \ln\frac{b}{a}.$$

8.2.4 位移性质

性质 8-6 若 $\mathscr{L}[f(t)] = F(s)$,则有

$$\mathscr{L}[e^{at} f(t)] = F(s-a). \tag{8-17}$$

证 根据式(8-1)，有

$$\mathscr{L}\left[e^{at}f(t)\right] = \int_0^{+\infty} e^{at}f(t)e^{-st}\,dt = \int_0^{+\infty} f(t)e^{-(s-a)t}\,dt,$$

由此看出，上式右方只是在 $F(s)$ 中把 s 换成 $s-a$，所以

$$\mathscr{L}\left[e^{at}f(t)\right] = F(s-a).$$

证毕

这个性质表明了一个像原函数乘以指数函数 e^{at} 的拉氏变换等于其像函数作位移 a.

【例 8-14】 求 $\mathscr{L}\left[e^{-at}\sin kt\right]$，$\mathscr{L}\left[e^{-at}\cos kt\right]$，$\mathscr{L}\left[e^{-at}t^m\right]$（$m$ 为正整数）

解 利用位移性质及公式

$$\mathscr{L}[\sin kt] = \frac{k}{s^2+k^2},\quad \mathscr{L}[\cos kt] = \frac{s}{s^2+k^2},\quad \mathscr{L}[t^n] = \frac{m!}{s^{m+1}},$$

得

$$\mathscr{L}\left[e^{-at}\sin kt\right] = \frac{k}{(s+a)^2+k^2},\quad \mathscr{L}\left[e^{-at}\cos kt\right] = \frac{s+a}{(s+a)^2+k^2},$$

$$\mathscr{L}\left[e^{-at}t^m\right] = \frac{m!}{(s+a)^{m+1}}.$$

8.2.5 延迟性质

性质 8-7 若 $\mathscr{L}[f(t)] = F(s)$，则对于任一非负实数 τ，有

$$\mathscr{L}[f(t-\tau)u(t-\tau)] = e^{-s\tau}F(s) \tag{8-18}$$

或

$$\mathscr{L}^{-1}\left[e^{-s\tau}F(s)\right] = f(t-\tau)u(t-\tau).$$

证 根据式(8-1)，有

$$\mathscr{L}[f(t-\tau)u(t-\tau)] = \int_0^{+\infty} f(t-\tau)u(t-\tau)e^{-st}\,dt$$

$$= \int_\tau^{+\infty} f(t-\tau)e^{-st}\,dt,$$

作变量代换 $t-\tau = u$，可得

$$\mathscr{L}[f(t-\tau)u(t-\tau)] = \int_\tau^{+\infty} f(t-\tau)e^{-st}\,dt = \int_0^{+\infty} f(u)e^{-s(u+\tau)}\,du$$

$$= e^{-s\tau}\int_0^{+\infty} f(u)e^{-su}\,du = e^{-s\tau}F(s).$$

证毕

这个性质在工程技术中也称时移性，它表示时间函数延迟 τ 的拉氏变换等于它的像函数乘以指数因子 $e^{-s\tau}$.

值得指出的是：函数 $f(t-\tau)u(t-\tau)$ 与 $f(t)$ 相比，$f(t)$ 是从 $t=0$ 开始有非零数值，而 $f(t-\tau)u(t-\tau)$ 是从 $t=\tau$ 开始才有非零数值，即延迟了一个时间 τ，从它们的图像来看，$f(t-\tau)u(t-\tau)$ 的图像是由 $f(t)$ 的图像沿 t 轴向右平移距离 τ 而得，如图 8-3 所示.

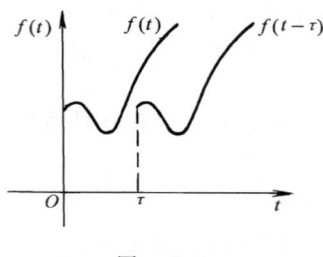

图 8-3

在运用延迟性时，特别要注意像原函数的写法，这时 $f(t-\tau)$ 的后面不能省略因子 $u(t-\tau)$.

【例 8-15】 求函数 $u(t-\tau) = \begin{cases} 0, & t < \tau, \\ 1, & t > \tau \end{cases}$ 的拉氏变换.

解 我们已经知道 $\mathscr{L}[u(t)] = \dfrac{1}{s}$，根据延迟性质，有

$$\mathscr{L}[u(t-\tau)] = \dfrac{1}{s}\mathrm{e}^{-s\tau}.$$

【例 8-16】 求 $\mathscr{L}[u(\omega t + \alpha)\sin(\omega t + \alpha)]\quad (\omega > 0)$.

解 因 $u(\omega t + \alpha) = u\left[\omega\left(t + \dfrac{\alpha}{\omega}\right)\right] = u\left(t + \dfrac{\alpha}{\omega}\right)$，所以

$$\mathscr{L}[u(\omega t + \alpha)\sin(\omega t + \alpha)] = \mathscr{L}\left[\sin\omega\left(t + \dfrac{\alpha}{\omega}\right)u\left(t + \dfrac{\alpha}{\omega}\right)\right]$$

$$= \mathrm{e}^{\frac{\alpha}{\omega}s}\mathscr{L}[\sin\omega t] = \mathrm{e}^{\frac{\alpha}{\omega}s}\dfrac{\omega}{s^2 + \omega^2}.$$

【例 8-17】 求函数 $f(t) = \begin{cases} \sin t, & 0 \leqslant t \leqslant 2\pi, \\ 0, & t < 0 \text{ 或 } t > 2\pi \end{cases}$ 的拉氏变换.

解 事实上，$f(t) = \sin t\, u(t) - \sin(t - 2\pi)u(t - 2\pi)$，如图 8-4 所示，根据线性性质和延迟性质可得：

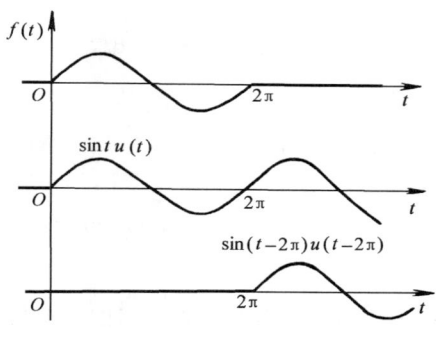

图 8-4

$$\mathscr{L}[f(t)] = \mathscr{L}[\sin t u(t) - \sin(t-2\pi)u(t-2\pi)]$$
$$= \frac{1}{s^2+1} - \frac{e^{-2\pi s}}{s^2+1} = \frac{1-e^{-2\pi s}}{s^2+1}.$$

【例 8-18】 求如图 8-5 所示的阶梯函数 $f(t)$ 的拉氏变换.

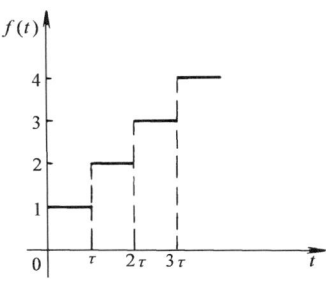

图 8-5

解 利用单位阶跃函数,可将这个阶梯函数表示为

$$f(t) = u(t) + u(t-\tau) + u(t-2\tau) + \cdots = \sum_{n=0}^{\infty} u(t-k\tau),$$

再由线性性质和延迟性质可得[⊖]

$$\mathscr{L}[f(t)] = \frac{1}{s} + \frac{1}{s}e^{-s\tau} + \frac{1}{s}e^{-2s\tau} + \cdots = \frac{1}{s}(1 + e^{-s\tau} + e^{-2s\tau} + \cdots).$$

当 $\mathrm{Re}\, s > 0$ 时,有 $|e^{-s\tau}| < 1$,所以,上式右端圆括号内是一个公比的模小于 1 的几何级数,易知其和为 $\dfrac{1}{1-e^{-s\tau}}$,因而

$$\mathscr{L}[f(t)] = \frac{1}{s} \cdot \frac{1}{1-e^{-s\tau}} \qquad (\mathrm{Re}\, s > 0).$$

8.2.6 相似性质

性质 8-8 若 $\mathscr{L}[f(t)] = F(s)$,a 为正实数,则

$$\mathscr{L}[f(at)] = \frac{1}{a} F\left(\frac{s}{a}\right). \qquad (8-19)$$

证 由式(8-1) 作变量代换 $at = u$,可得

⊖ 可以证明,满足拉氏变换存在定理条件的函数,对任何 $\tau > 0$,有

$$\mathscr{L}\left[\sum_{k=0}^{\infty} f(t-k\tau)\right] = \sum_{n=0}^{\infty} \mathscr{L}[f(t-k\tau)].$$

$$\mathscr{L}[f(at)] = \int_0^{+\infty} f(at)e^{-st}dt = \frac{1}{a}\int_0^{+\infty} f(u)e^{-\frac{s}{a}u}du = \frac{1}{a}F\left(\frac{s}{a}\right).$$

证毕

因为函数 $f(at)$ 的图形可由 $f(t)$ 的图形沿 t 轴作相似变换而得,所以把这个性质称为相似性. 在工程技术中,常希望改变时间的比例尺,或者将一个给定的时间函数标准化后,再求它的拉氏变换,这时就要用到这个性质,因此这个性质在工程技术中也称为尺度变换性.

【例 8-19】 求 $\mathscr{L}[\cos kt], (k>0)$.

解 我们知道 $\mathscr{L}[\cos t] = \dfrac{s}{s^2+1}$,由相似性质得

$$\mathscr{L}[\cos kt] = \frac{1}{k}\frac{\frac{s}{k}}{\left(\frac{s}{k}\right)^2+1} = \frac{s}{s^2+k^2}.$$

*8.2.7 初值定理

定理 8-2 若 $f(t)$ 在 $t \geqslant 0$ 时可微,$f'(t)$ 满足拉氏变换存在定理的条件,又 $\mathscr{L}[f(t)] = F(s)$,$\lim\limits_{s\to\infty}sF(s)$ 存在,则

$$f(0^+) = \lim_{s\to\infty}sF(s). \tag{8-20}$$

这里 $f(0^+) = \lim\limits_{t\to 0^+}f(t)$ 是指 $f(t)$ 在 $t=0$ 的初值.

证 根据像函数的微分性质,有

$$\mathscr{L}[f'(t)] = sF(s) - f(0^+),$$

另外,由于 $f'(t)$ 的拉氏变换存在,则根据 8.1 节中的推论可知,$\lim\limits_{s\to\infty}\mathscr{L}[f'(t)] = 0$,从而

$$\lim_{s\to\infty}[sF(s) - f(0^+)] = 0$$

于是

$$f(0^+) = \lim_{s\to\infty}sF(s).$$

证毕

这个定理说明函数 $f(t)$ 在 $t=0$ 时的函数值可以通过 $f(t)$ 的拉氏变换 $F(s)$ 乘以 s 取 $s\to\infty$ 时的极限值而得到,它建立了函数 $f(t)$ 在坐标原点的值与函数 $sF(s)$ 的无限远点的值之间的关系.

*8.2.8 终值定理

定理 8-3 设 $f(t)$ 在 $t \geqslant 0$ 时可微,$f'(t)$ 满足拉氏变换存在定理的条件,

又 $\mathscr{L}[f(t)] = F(s)$，$sF(s)$ 在包含虚轴的右半平面内解析，且 $\lim\limits_{s\to 0} sF(s)$ 存在，则

$$f(+\infty) = \lim_{t\to +\infty} f(t) = \lim_{s\to 0} sF(s). \qquad (8\text{-}21)$$

证 由微分性质，有 $\mathscr{L}[f'(t)] = sF(s) - f(0^+)$ 两边取 $s\to 0$ 的极限，得

$$\lim_{s\to 0}\mathscr{L}[f'(t)] = \lim_{s\to 0}[sF(s) - f(0^+)] = \lim_{s\to 0}sF(s) - f(0^+).$$

而

$$\lim_{s\to 0}\mathscr{L}[f'(t)] = \lim_{s\to 0}\int_0^{+\infty} f'(t)\mathrm{e}^{-st}\,\mathrm{d}t = \int_0^{+\infty} \lim_{s\to 0} f'(t)\mathrm{e}^{-st}\,\mathrm{d}t$$
$$= \int_0^{+\infty} f'(t)\,\mathrm{d}t = f(t)\Big|_0^{+\infty} = \lim_{t\to +\infty} f(t) - f(0^+),$$

所以 $\lim\limits_{t\to\infty} f(t) - f(0^+) = \lim\limits_{s\to 0} sF(s) - f(0^+)$，即

$$\lim_{t\to\infty} f(t) = f(+\infty) = \lim_{s\to 0} sF(s).$$

证毕

这个性质说明函数 $f(t)$ 当 $t\to +\infty$ 时的极限值（即稳定值），可以通过 $f(t)$ 的拉氏变换乘以 s 取 $s\to 0$ 时的极限值而得到，它建立了函数 $f(t)$ 在无限远的值与函数 $sF(s)$ 在原点的值之间的关系．

【**例 8-20**】 已知 $\mathscr{L}[f(t)] = \dfrac{1}{s+a} (a>0)$，求 $f(0)$ 和 $f(+\infty)$．

解 由式(8-20)和式(8-21)两式，有

$$f(0) = \lim_{s\to\infty} sF(s) = \lim_{s\to\infty} \frac{s}{s+a} = 1;$$

$$f(+\infty) = \lim_{s\to 0} sF(s) = \lim_{s\to 0} \frac{s}{s+a} = 0.$$

这个结果是不难验证的，因为 $\mathscr{L}[\mathrm{e}^{-at}] = \dfrac{1}{s+a}$，所以，$f(t) = \mathrm{e}^{-at}$，显然有 $f(0) = 1$，$f(+\infty) = 0$．

注意，在运用终值定理之前，必须先判定终值定理中的条件是否满足．例如，$F(s) = \dfrac{1}{s^2+1}$，这时 $sF(s) = \dfrac{s}{s^2+1}$ 在虚轴上有奇点 $s = \pm\mathrm{i}$，因此对这个函数就不能用终值定理，尽管 $\lim\limits_{s\to 0} sF(s) = \lim\limits_{s\to 0} \dfrac{s}{s^2+1} = 0$，但不能说 $f(+\infty) = 0$，实际上，$\mathscr{L}^{-1}\left[\dfrac{1}{s^2+1}\right] = \sin t$，而 $\lim\limits_{t\to +\infty} \sin t$ 是不存在的．

由上例可见，初值定理和终值定理使我们只要根据已知的像函数 $F(s)$ 就可以求出像原函数的初值和终值（即稳定状态的数值），而不必去求像原函数 $f(t)$ 本身．在工程技术的某些问题中，像函数往往较为复杂，计算像原函数很麻烦，

但有时并不需要知道像原函数到底具有什么样的表达式，而只要知道它的初值和终值即可，这时，这两个性质就给我们带来了方便．

习　题

8-5 求下列函数的拉氏变换：

(1) $f(t) = t^3 - 2t + 1$；
(2) $f(t) = 1 - te^t$；
(3) $f(t) = (t-1)^2 e^t$；
(4) $f(t) = \sin^2 \beta t$；
(5) $f(t) = \sin(t-2)$；
(6) $f(t) = \sin(t-2)u(t-2)$；
(7) $f(t) = \sin t u(t-2)$；
(8) $f(t) = e^{2t} u(t-2)$；
(9) $f(t) = e^{(t-2)}[u(t-2) - u(t-3)]$；
(10) $f(t) = e^{-(t-2)}$；
(11) $f(t) = t\cos at$；
(12) $f(t) = e^{-2t} \sin 6t$；
(13) $f(t) = t^n e^{at}$；（n 为正整数）
(14) $f(t) = u(3t - \delta)$；
(15) $f(t) = u(1 - e^{-t})$；
(16) $f(t) = (t-1)[u(t-1) - u(t-2)]$．

8-6 设 $\mathscr{L}[f(t)] = F(s)$，证明：

$$\mathscr{L}[f(at-b)u(at-b)] = \frac{1}{a} F\left(\frac{s}{a}\right) e^{-\frac{b}{a}s} \quad (a > 0, b > 0)$$

8-7 求下列函数的拉氏变换：

(1) $f(t) = e^{-(t+a)} \cos \beta t$；
(2) $f(t) = te^{-at} \sin \beta t$；
(3) $f(t) = t^2 \sin \beta t$；
(4) $f(t) = t \int_0^t e^{-3t} \sin 2t \, dt$；
(5) $f(t) = \int_0^t te^{-3t} \sin 2t \, dt$；
(6) $f(t) = \dfrac{1 - e^{-at}}{t}$；
(7) $f(t) = \dfrac{\sin at}{t}$；
(8) $f(t) = \dfrac{e^{-3t} \sin 2t}{t}$；
(9) $f(t) = \dfrac{1 - \cos t}{t^2}$；
(10) $f(t) = \int_0^t \dfrac{e^{-3t} \sin 2t}{t} dt$．

8-8 求下列函数的拉氏逆变换：

(1) $F(s) = \dfrac{e^{-5s+1}}{s}$；
(2) $F(s) = \dfrac{s^2 + s + 2}{s^3} e^{-s}$；
(3) $F(s) = \dfrac{e^{-2s}}{s^2 + 4}$；
(4) $F(s) = \dfrac{1}{s^2 + 1} + 1$；
(5) $F(s) = \dfrac{2s + 3}{s^2 + 9}$；
(6) $F(s) = \dfrac{4s}{(s^2 + 4)^2}$；
(7) $F(s) = \ln \dfrac{s+1}{s-1}$；
(8) $F(s) = \dfrac{2s + s}{s^2 + 4s + 13}$；
(9) $F(s) = \ln \dfrac{s^2 + 1}{s^2}$；
(10) $F(s) = \dfrac{s}{(s^2 - 1)^2}$．

8-9 计算下列积分：

(1) $\int_0^{+\infty} \dfrac{e^{-t} - e^{-2t}}{t} dt$；

(2) $\int_0^{+\infty} \dfrac{1 - \cos t}{t} e^{-t} dt$；

(3) $\int_0^{+\infty} \dfrac{e^{-at}\cos bt - e^{-mt}\cos nt}{t} dt$；

(4) $\int_0^{+\infty} e^{-3t}\cos 2t\, dt$；

(5) $\int_0^{+\infty} t e^{-2t} dt$；

(6) $\int_0^{+\infty} t e^{-3t}\sin 2t\, dt$；

(7) $\int_0^{+\infty} \dfrac{e^{-t}\sin^2 t}{t} dt$；

(8) $\int_0^{+\infty} t^3 e^{-t}\sin t\, dt$.

8-10 求图 8-6 各图所示函数 $f(t)$ 的拉氏变换：

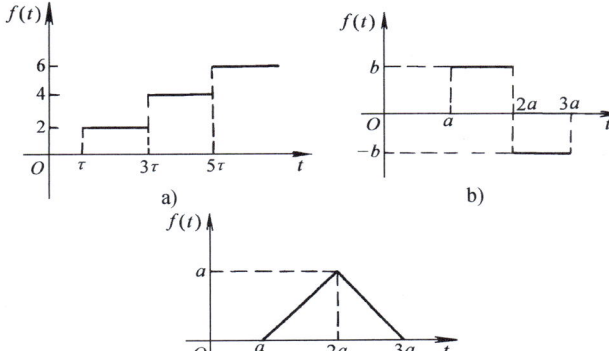

图 8-6

8-11 若 $f(t)$ 是周期为 T 的函数，即 $f(t+T) = f(t)(t > 0)$，则

$$\mathscr{L}[f(t)] = \dfrac{\int_0^T f(t) e^{-st} dt}{1 - e^{-sT}} \quad (\mathrm{Re}\, s > 0).$$

并求如图 8-7 所示的半波正弦函数 $f_T(t)$ 的拉氏变换.

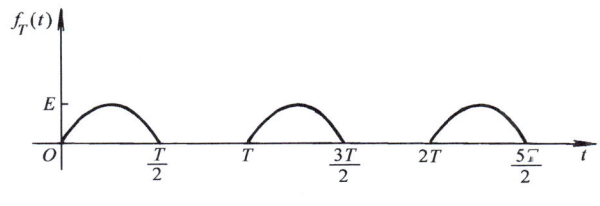

图 8-7

*8-12 求下列各函数拉氏逆变换的初值和终值.

(1) $F(s) = \dfrac{s+6}{(s+2)(s+5)}$；

(2) $F(s) = \dfrac{10(s+2)}{s(s+5)}$；

(3) $F(s) = \dfrac{1}{(s+3)^2}$; (4) $F(s) = \dfrac{s+3}{(s+1)^2(s+2)}$;

(5) $F(s) = \dfrac{1}{s} + \dfrac{1}{s+1}$.

8.3 拉普拉斯逆变换

前面我们主要讨论了由已知函数 $f(t)$ 求它的像函数 $F(s)$，但在实际应用中经常会碰到与此相反的问题，即已知像函数 $F(s)$ 求它的像原函数 $f(t)$，这就是本节所要讨论的问题.

在 8-1 节中我们已经知道，从 $F(s)$ 到 $f(t)$ 的对应关系称为拉氏逆变换，现在来建立这个对应关系式.

8.3.1 复反演积分公式

定理 8-4 若函数 $f(t)$ 满足拉氏变换存在定理的条件，$\mathscr{L}[f(t)] = F(s)$，c 为其增长指数，则 $\mathscr{L}^{-1}[F(s)]$ 由下式给出

$$f(t) = \frac{1}{2\pi \mathrm{i}} \int_{\beta-\mathrm{i}\infty}^{\beta+\mathrm{i}\infty} F(s) \mathrm{e}^{st} \mathrm{d}s \quad (s = \beta + \mathrm{i}\omega, \, t > 0). \tag{8-22}$$

其中 t 为 $f(t)$ 的连续点.

如果 t 为 $f(t)$ 的间断点，则有

$$\frac{1}{2}[f(t+0) + f(t-0)] = \frac{1}{2\pi \mathrm{i}} \int_{\beta-\mathrm{i}\infty}^{\beta+\mathrm{i}\infty} F(s) \mathrm{e}^{st} \mathrm{d}s,$$

这里的积分路线是平行于虚轴的任一直线 $\mathrm{Re}\, s = \beta(c)$.

我们称式(8-22)为**复反演积分公式**，其中的积分应理解为

$$\int_{\beta-\mathrm{i}\infty}^{\beta+\mathrm{i}\infty} F(s) \mathrm{e}^{st} \mathrm{d}s = \lim_{\omega \to \infty} \int_{\beta-\mathrm{i}\omega}^{\beta+\mathrm{i}\omega} F(s) \mathrm{e}^{st} \mathrm{d}s.$$

证 由拉氏变换存在定理，当 $\beta > c$ 时，$f(t)\mathrm{e}^{-\beta t}$ 在 $0 \leqslant t < +\infty$ 上绝对可积；又当 $t < 0$ 时，$f(t) \equiv 0$，因此，函数 $f(t)\mathrm{e}^{-\beta t}$ 在 $-\infty < t < +\infty$ 上也绝对可积，它满足傅氏积分存在定理的全部条件，所以在 $f(t)$ 的连续点处有

$$f(t)\mathrm{e}^{-\beta t} = \frac{1}{2\pi} \int_{-\infty}^{+\infty} \left[\int_{-\infty}^{+\infty} f(\tau) u(\tau) \mathrm{e}^{-\beta \tau} \mathrm{e}^{-\mathrm{i}\omega \tau} \mathrm{d}\tau \right] \mathrm{e}^{\mathrm{i}\omega t} \mathrm{d}\omega$$

$$= \frac{1}{2\pi} \int_{-\infty}^{+\infty} \mathrm{e}^{\mathrm{i}\omega t} \mathrm{d}\omega \left[\int_{0}^{+\infty} f(\tau) \mathrm{e}^{-(\beta+\mathrm{i}\omega)\tau} \mathrm{d}\tau \right]$$

$$= \frac{1}{2\pi} \int_{-\infty}^{+\infty} F(\beta + \mathrm{i}\omega) \mathrm{e}^{\mathrm{i}\omega t} \mathrm{d}\omega \quad (t > 0).$$

将上式两边同乘以 $e^{\beta t}$，并考虑到它与积分变量 ω 无关，所以

$$f(t) = \frac{1}{2\pi} \int_{-\infty}^{+\infty} F(\beta + i\omega) e^{(\beta+i\omega)t} d\omega.$$

令 $\beta + i\omega = s$，则 $ds = id\omega$，对 ω 的积分限 $\pm\infty$ 变为对 s 的积分限 $\beta \pm i\infty$，于是

$$f(t) = \frac{1}{2\pi i} \int_{\beta-i\infty}^{\beta+i\infty} F(s) e^{st} ds \quad (t > 0).$$

其中积分路线 $(\beta - i\infty, \beta + i\infty)$ 是半平面 $\text{Re} s > c$ 内任一条平行于虚轴的直线．证毕

拉氏逆变换在形式上显得与拉氏变换不那么对称，而且是一个复变函数的积分．尽管我们在前面利用拉氏变换的一些性质推出了某些像原函数和像函数之间的对应关系，但对一些比较复杂的像函数，要实际求出其像原函数，就不得不借助于复反演积分公式．计算复变函数的积分通常比较困难，但由于 $F(s)$ 是 s 的解析函数，因此可利用解析函数求积分的一些方法来求出像原函数 $f(t)$．

8.3.2 像原函数的求法

1. 利用留数求像原函数

我们已经知道，像函数 $F(s)$ 在直线 $\text{Re} s = \beta(> c)$ 及其右侧半平面内是解析的，那么在 $\text{Re} s = \beta$ 左侧的半平面内，一般说来它是会有奇点的，这时我们可以利用复变函数的留数定理通过适当取围道的方式来计算复反演积分．

定理 8-5 若 $F(s)$ 在全平面上只有有限个奇点 $s_1, s_2, \cdots, s_n$，它们全部位于直线 $\text{Re} s = \beta(> c)$ 的左侧，且当 $s \to \infty$ 时，$F(s) \to 0$，则有

$$\frac{1}{2\pi i} \int_{\beta-i\infty}^{\beta+i\infty} F(s) e^{st} ds = \sum_{k=1}^{n} \operatorname*{Res}_{s=s_k} [F(s) e^{st}],$$

即

$$f(t) = \sum_{k=1}^{n} \operatorname*{Res}_{s=s_k} [F(s) e^{st}] \quad t > 0. \tag{8-23}$$

证 作如图 8-8 所示的闭曲线 $C = L + C_R$，C_R 为 $\text{Re} s < \beta$ 的区域内半径为 R 的圆弧，当 R 充分大后，可以使 $F(s)$ 的所有奇点包含在闭曲线 C 围成的区域内．同时，e^{st} 在全平面上解析，所以，$F(s) e^{st}$ 的奇点就是 $F(s)$ 的奇点．由留数定理可得

$$\oint_C F(s) e^{st} ds = 2\pi i \sum_{k=1}^{n} \operatorname*{Res}_{s=s_k} [F(s) e^{st}],$$

即

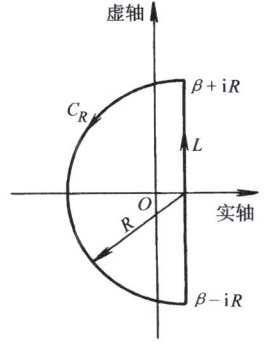

图 8-8

$$\frac{1}{2\pi\mathrm{i}}\left[\int_{\beta-\mathrm{i}R}^{\beta+\mathrm{i}R}F(s)\mathrm{e}^{st}\mathrm{d}s+\int_{C_R}F(s)\mathrm{e}^{st}\mathrm{d}s\right]=\sum_{k=1}^{n}\operatorname*{Res}_{s=s_k}[F(s)\mathrm{e}^{st}].$$

在上式左方，取 $R \to +\infty$ 时的极限，并根据复变函数论中的若尔当(Jordan)引理㊀. 当 $t>0$ 时，有

$$\lim_{R \to +\infty}\int_{C_R}F(s)\mathrm{e}^{st}\mathrm{d}s=0.$$

从而，

$$\frac{1}{2\pi\mathrm{i}}\int_{\beta-\mathrm{i}\infty}^{\beta+\mathrm{i}\infty}F(s)\mathrm{e}^{st}\mathrm{d}s=\sum_{k=1}^{n}\operatorname*{Res}_{s=s_k}[F(s)\mathrm{e}^{st}],\ t>0.$$

即使 $F(s)$ 在 $\operatorname{Re} s = c$ 左侧的半平面内有无穷多个奇点，式(8-23)在一定条件下也是成立的，即 n 可以是有限数也可以是 ∞.

2. 有理分式的像原函数

若函数 $F(s)$ 是有理分式函数，$F(s) = \dfrac{A(s)}{B(s)}$，其中 $A(s)$，$B(s)$ 是不可约的多项式，$B(s)$ 的次数是 n，而且 $A(s)$ 的次数小于 $B(s)$ 的次数，在这种情况下它满足定理对 $F(s)$ 所要求的条件，因此，式(8-23)成立，现分下面两种情况来讨论.

(1) 若 $B(s)$ 有 n 个单零点 $s_1, s_2, \cdots, s_n$，即这些点都是 $\dfrac{A(s)}{B(s)}$ 的单极点，则由留数的计算方法，有

$$\operatorname*{Res}_{s=s_k}\left[\frac{A(s)}{B(s)}\mathrm{e}^{st}\right]=\frac{A(s_k)}{B'(s_k)}\mathrm{e}^{s_k t},$$

从而根据式(8-23)，有

$$f(t)=\sum_{k=1}^{n}\frac{A(s_k)}{B'(s_k)}\mathrm{e}^{s_k t},\ t>0. \tag{8-24}$$

(2) 若 s_1 是 $B(s)$ 的一个 m 阶零点，而其余 $s_{m+1}, s_{m+2}, \cdots, s_n$ 是 $B(s)$ 的单零点，即 s_1 是 $\dfrac{A(s)}{B(s)}$ 的 m 阶极点，$s_i(i=m+1, m+2, \cdots, n)$ 是它的单极点，由留数的计算方法，有

$$\operatorname*{Res}_{s=s_1}\left[\frac{A(s)}{B(s)}\mathrm{e}^{st}\right]=\frac{1}{(m-1)!}\lim_{s \to s_1}\frac{\mathrm{d}^{m-1}}{\mathrm{d}s^{m-1}}\left[(s-s_1)^m\frac{A(s)}{B(s)}\mathrm{e}^{st}\right],$$

㊀ 若尔当引理有几种形式，这里指出的是其中一种，称为推广的若尔当引理：设复变数 s 的一个函数 $F(s)$ 满足下列条件：
  (1) 它在左半平面内($\operatorname{Re} s < \beta$)除有限个奇点外是解析的；
  (2) 对于 $\operatorname{Re} s < \beta$ 的 s，当 $|s| = R \to +\infty$ 时，$F(s)$ 一致地趋于零，则当 $t>0$ 时，有
  $$\lim_{R \to +\infty}\int_{C_R}F(s)\mathrm{e}^{st}\mathrm{d}s=0$$
  其中 $C_R: |s|=R$，$\operatorname{Re} s < \beta$，它是一个以点 $\beta+\mathrm{i}0$ 为圆心，R 为半径的圆弧.

所以有
$$f(t) = \sum_{i=m+1}^{n} \frac{A(s_i)}{B'(s_i)} e^{st} + \frac{1}{(m-1)!} \lim_{s \to s_1} \frac{d^{m-1}}{ds^{m-1}} \left[(s-s_1)^m \frac{A(s)}{B(s)} e^{st} \right], \quad t > 0 \tag{8-25}$$

如果 $B(s)$ 有几个多重零点，有关公式可类似推得.

上述两种情况的两个公式通常称为**赫维赛德**（Heaviside）**展开式**，在用拉氏变换解常微分方程时经常碰到.

【**例 8-21**】 求 $F(s) = \dfrac{1}{s^2+1}$ 的拉氏逆变换.

解 这里 $B(s) = s^2 + 1$，它有两个单零点 $s_1 = i, s_2 = -i$，即 i 与 $-i$ 是 $F(s)$ 的两个单极点，因此由式(8-24)得

$$\begin{aligned} f(t) &= \mathscr{L}^{-1}\left[\frac{1}{s^2+1}\right] = \frac{1}{2s} e^{st}\Big|_{s=i} + \frac{1}{2s} e^{st}\Big|_{s=-i} \\ &= \frac{1}{2i}(e^{it} - e^{-it}) = \sin t, \quad t > 0. \end{aligned}$$

【**例 8-22**】 求 $F(s) = \dfrac{1}{s(s+1)^2}$ 的拉氏逆变换.

解 这里 $B(s) = s(s+1)^2$，$s = 0$ 为单零点，$s = -1$ 为二阶零点，即 0 与 -1 分别为 $F(s)$ 的一阶极点和二阶极点，由式(8-25)可得

$$\begin{aligned} f(t) &= \frac{1}{3s^2+4s+1} e^{st}\Big|_{s=0} + \lim_{s \to -1} \frac{d}{ds}\left[(s+1)^2 \frac{1}{s(s+1)^2} e^{st}\right] \\ &= 1 + \lim_{s \to -1}\left(\frac{t}{s} - \frac{1}{s^2}\right) e^{st} = 1 - e^{-t} - t e^{-t} \quad (t > 0). \end{aligned}$$

对于有理分式函数的像原函数除了用赫维赛德展开式来求外，还可采用像实有理分式的部分分式那样，把它分解为若干简单分式之和，然后逐个求出像原函数，下面举例说明.

【**例 8-23**】 求 $F(s) = \dfrac{1}{s(s-1)^2}$ 的拉氏逆变换.

解 因为 $F(s)$ 为一有理分式，可以利用部分分式的方法将 $F(s)$ 化成

$$F(s) = \frac{1}{s(s-1)^2} = \frac{1}{s} - \frac{1}{s-1} + \frac{1}{(s-1)^2},$$

所以 $f(t) = \mathscr{L}^{-1}\left[\dfrac{1}{s(s-1)^2}\right] = 1 - e^t + t e^t \quad (t > 0)$.

【**例 8-24**】 求 $F(s) = \dfrac{3s+7}{(s+1)(s^2+2s+5)}$ 的拉氏逆变换.

解 因为 $F(s)$ 可化成

$$F(s) = \frac{3s+7}{(s+1)(s^2+2s+5)} = \frac{1}{s+1} - \frac{s-2}{s^2+2s+5}$$

$$= \frac{1}{s+1} - \frac{s+1}{(s+1)^2+4} + \frac{3}{2} \frac{2}{(s+1)^2+4},$$

所以 $f(t) = \mathscr{L}^{-1}\left[\dfrac{3s+7}{(s+1)(s^2+2s+5)}\right] = \mathrm{e}^{-t}\left(1 - \cos 2t + \dfrac{3}{2}\sin 2t\right).$

【例 8-25】 求 $F(s) = \dfrac{a}{s^2(s^2+a^2)}$ 的拉氏逆变换.

解 方法一：因 $s=0$ 为 $F(s)$ 的二阶极点，$s = \pm a\mathrm{i}$ 为 $F(s)$ 的一阶极点，故由式 (8-25) 可得

$$f(t) = \mathscr{L}^{-1}\left[\frac{a}{s^2(s^2+a^2)}\right] = \lim_{s\to 0}\frac{\mathrm{d}}{\mathrm{d}s}\left[s^2 \frac{a}{s^2(s^2+a^2)} \mathrm{e}^{st}\right] +$$

$$\left.\frac{a}{4s^3+2a^2 s}\mathrm{e}^{st}\right|_{s=a\mathrm{i}} + \left.\frac{a}{4s^3+2a^2 s}\mathrm{e}^{st}\right|_{s=-a\mathrm{i}}$$

$$= \frac{t}{a} - \frac{\mathrm{e}^{\mathrm{i}at}}{2\mathrm{i}a^2} + \frac{\mathrm{e}^{-\mathrm{i}at}}{2\mathrm{i}a^2} = \frac{t}{a} - \frac{1}{a^2}\sin at;$$

方法二：由于 $F(s) = \dfrac{a}{s^2(s^2+a^2)} = \dfrac{1}{a}\left(\dfrac{1}{s^2} - \dfrac{1}{s^2+a^2}\right)$，所以

$$f(t) = \mathscr{L}^{-1}\left[\frac{a}{s^2(s^2+a^2)}\right] = \frac{t}{a} - \frac{1}{a^2}\sin at;$$

方法三：由于 $F(s) = \dfrac{a}{s^2(s^2+a^2)} = \dfrac{1}{s}\dfrac{a}{s(s^2+a^2)}$，而

$$\mathscr{L}^{-1}\left[\frac{a}{s(s^2+a^2)}\right] = \mathscr{L}^{-1}\left[\frac{1}{a}\left(\frac{1}{s} - \frac{s}{s^2+a^2}\right)\right] = \frac{1}{a}(1-\cos at).$$

由像函数的积分性质得

$$f(t) = \mathscr{L}^{-1}\left[\frac{1}{s}\frac{a}{s(s^2+a^2)}\right] = \int_0^t \frac{1}{a}(1-\cos at)\mathrm{d}t$$

$$= \frac{1}{a}\left(t - \frac{1}{a}\sin at\right) = \frac{t}{a} - \frac{1}{a^2}\sin at.$$

对有理分式函数求像原函数，究竟采用哪一种方法较为简便，这要根据具体问题而决定，一般来说，当有理分式的分母 $B(s)$ 的次数较高或多项式较复杂时，用部分分式法求像原函数就显得较麻烦.

习 题

8-13 设 $f_1(t), f_2(t)$ 均满足拉氏变换存在定理的条件(若它们的增长指数均为 c),且 $\mathscr{L}[f_1(t)] = F_1(s), \mathscr{L}[f_2(t)] = F_2(s)$,证明乘积 $f_1(t) \cdot f_2(t)$ 的拉氏变换一定存在,且
$$\mathscr{L}[f_1(t) \cdot f_2(t)] = \frac{1}{2\pi i}\int_{\beta-i\infty}^{\beta+i\infty} F_1(q)F_2(s-q)dq.$$
其中 $\beta > c$,$\text{Re}\, s > \beta + c$.

8-14 利用留数求下列函数的拉氏逆变换:

(1) $F(s) = \dfrac{1}{s(s-a)}$; (2) $F(s) = \dfrac{1}{s^3(s-a)}$;

(3) $F(s) = \dfrac{s+1}{s^2+s-6}$; (4) $F(s) = \dfrac{2s+3}{s^3+9}$;

(5) $F(s) = \dfrac{1}{s(s^2+a^2)}$; (6) $F(s) = \dfrac{1}{s^2(s^2-1)}$;

(7) $F(s) = \dfrac{3s+1}{5s^3(s-2)^2}$; (8) $F(s) = \dfrac{s^2+2s-1}{s(s-1)^2}$;

(9) $F(s) = \dfrac{1}{s^4-a^4}$; (10) $F(s) = \dfrac{s}{(s^2+1)(s^2-4)}$.

8-15 求下列函数的拉氏逆变换:

(1) $F(s) = \dfrac{4}{s(2s+3)}$; (2) $F(s) = \dfrac{3}{(s+4)(s+2)}$;

(3) $F(s) = \dfrac{1}{s(s^2+5)}$; (4) $F(s) = \dfrac{3s}{(s+4)(s+2)}$;

(5) $F(s) = \dfrac{s^2+2}{s(s+1)(s+2)}$; (6) $F(s) = \dfrac{s+2}{s^3(s-1)^2}$;

(7) $F(s) = \dfrac{4s+5}{s^2+5s+6}$; (8) $F(s) = \dfrac{s+2}{(s^2+4s+5)^2}$;

(9) $F(s) = \dfrac{1}{(s^2+2s+2)^2}$; (10) $F(s) = \dfrac{s^2+4s+4}{(s^2+4s+13)^2}$;

(11) $F(s) = \dfrac{2s^2+s+5}{s^3+6s^2+11s+6}$; (12) $F(s) = \dfrac{2s^2+3s+3}{(s+1)(s+3)^3}$.

8.4 卷积

本节我们介绍拉氏变换的卷积性质,由它不仅可求出某些函数的拉氏逆变换以及一些函数的积分值,而且在线性系统的分析中起着重要的作用.

8.4.1 卷积的概念

定义 8-3 设 $f_1(t)$ 和 $f_2(t)$ 都满足当 $t<0$ 时 $f_1(t)=f_2(t)=0$，则含参变量 t 的积分

$$\int_0^t f_1(\tau)f_2(t-\tau)\mathrm{d}\tau$$

是 t 的函数，我们称它为 $f_1(t)$ 和 $f_2(t)$ 的**卷积函数**（简称**卷积**），记为 $f_1(t)*f_2(t)$，即

$$f_1(t)*f_2(t)=\int_0^t f_1(\tau)f_2(t-\tau)\mathrm{d}\tau \qquad (8-26)$$

实际上，这个卷积定义与第 7 章傅里叶变换中定义 7-2 是一致的，因为这里的函数当 $t<0$ 时 $f_1(t)=f_2(t)=0$，所以有

$$f_1(t)*f_2(t)=\int_{-\infty}^{+\infty}f_1(\tau)f_2(t-\tau)\mathrm{d}\tau=\int_0^{+\infty}f_1(\tau)f_2(t-\tau)\mathrm{d}\tau$$

$$=\int_0^t f_1(\tau)f_2(t-\tau)\mathrm{d}\tau+\int_t^{+\infty}f_1(\tau)f_2(t-\tau)\mathrm{d}\tau.$$

在上式第二个积分中，由于 $\tau>t$，即 $t-\tau<0$，所以 $f_2(t-\tau)=0$，从而 $\int_t^{+\infty}f_1(\tau)f_2(t-\tau)\mathrm{d}\tau=0.$

【例 8-26】 求函数 $f_1(t)=t$ 和 $f_2(t)=\mathrm{e}^t$ 的卷积，即求 $t*\mathrm{e}^t$.

解 根据定义 $t*\mathrm{e}^t=\int_0^t \tau\mathrm{e}^{t-\tau}\mathrm{d}\tau$

分部积分一次，可得

$$t*\mathrm{e}^t=\int_0^t \tau\mathrm{e}^{t-\tau}\mathrm{d}\tau=-\tau\mathrm{e}^{t-\tau}\Big|_0^t+\int_0^t \mathrm{e}^{t-\tau}\mathrm{d}\tau$$

$$=-t-\mathrm{e}^{t-\tau}\Big|_0^t=-t-1+\mathrm{e}^t.$$

卷积具有如下性质：
(1) 交换律　$f_1(t)*f_2(t)=f_2(t)*f_1(t)$；
(2) 结合律　$f_1(t)*[f_2(t)*f_3(t)]=[f_1(t)*f_2(t)]*f_3(t)$；
(3) 分配律　$f_1(t)*[f_2(t)+f_3(t)]=f_1(t)*f_2(t)+f_1(t)*f_3(t)$；
(4) $|f_1(t)*f_2(t)|\leqslant|f_1(t)|*|f_2(t)|.$

8.4.2 卷积定理（乘积反演定理）

定理 8-6 设 $f_1(t),f_2(t)$ 满足拉氏变换存在定理中的条件，且

$\mathscr{L}[f_1(t)] = F_1(s)$, $\mathscr{L}[f_2(t)] = F_2(s)$, 则 $f_1(t) * f(t)$ 的拉氏变换一定存在, 且
$$\mathscr{L}[f_1(t) * f_2(t)] = F_1(s) \cdot F_2(s) \tag{8-27}$$
或
$$\mathscr{L}^{-1}[F_1(s) \cdot F_2(s)] = f_1(t) * f_2(t).$$

证 易验证 $f_1(t) * f_2(t)$ 满足拉氏变换存在定理的条件, 它的拉氏变换式为
$$\mathscr{L}[f_1(t) * f_2(t)] = \int_0^{+\infty} [f_1(t) * f_2(t)] e^{-st} dt$$
$$= \int_0^{+\infty} \left[\int_0^t f_1(\tau) f_2(t-\tau) d\tau\right] e^{-st} dt.$$

这个累次积分可看成是在 (t, τ) 平面上如图 8-9 所示区域(斜线部分)上的二重积分, 由于二重积分绝对可积, 所以可以交换积分次序, 即

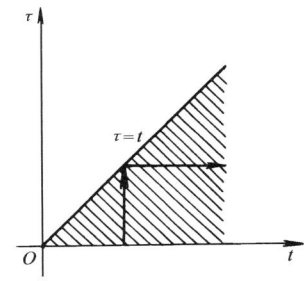

图 8-9

$$\mathscr{L}[f_1(t) * f_2(t)] = \int_0^{+\infty} f_1(\tau) d\tau \int_\tau^{+\infty} f_2(t-\tau) e^{-st} dt.$$

在后一积分中, 令 $t - \tau = u$, 则有
$$\int_\tau^{+\infty} f_2(t-\tau) e^{-st} dt = \int_0^{+\infty} f_2(u) e^{-s(u+\tau)} du = e^{-s\tau} \int_0^{+\infty} f_2(u) e^{-su} du,$$

所以
$$\mathscr{L}[f_1(t) * f_2(t)] = \int_0^{+\infty} f_1(\tau) e^{-s\tau} d\tau \int_0^{+\infty} f_2(u) e^{-su} du$$
$$= F_1(s) \cdot F_2(s).$$

证毕

这个定理表明两个函数卷积的拉氏变换等于这两个函数拉氏变换的乘积.

上述卷积定理也可推广到 n 个函数的情况, 即若 $f_k(t)(k = 1, 2, \cdots, n)$ 满足拉氏变换存在定理中的条件, 且 $\mathscr{L}[f_k(t)] = F_k(s)(k = 1, 2, \cdots, n)$, 则有
$$\mathscr{L}[f_1(t) * f_2(t) * \cdots * f_n(t)] = F_1(s) \cdot F_2(s) \cdots F_n(s).$$

在拉氏变换的应用中, 卷积定理起着十分重要的作用, 下面我们利用它来求一些函数的像原函数.

【例 8-27】 若 $F(s) = \dfrac{s^2}{(s^2+1)^2}$，求 $f(t)$.

解 因为 $F(s) = \dfrac{s^2}{(s^2+1)^2} = \dfrac{s}{s^2+1} \cdot \dfrac{s}{s^2+1}$，所以

$$f(t) = \mathscr{L}^{-1}[F(s)] = \mathscr{L}^{-1}\left[\dfrac{s}{s^2+1} \cdot \dfrac{s}{s^2+1}\right] = \cos t * \cos t$$

$$= \int_0^t \cos\tau \cos(t-\tau) \mathrm{d}\tau = \dfrac{1}{2}\int_0^t [\cos t + \cos(2\tau - t)] \mathrm{d}\tau$$

$$= \dfrac{1}{2}(t\cos t + \sin t).$$

由此例可看出，对这种有理分式求像原函数，用卷积定理比用赫维赛德展开式方便.

【例 8-28】 求 $\mathscr{L}^{-1}\left[\dfrac{\mathrm{e}^{-bs}}{s(s+a)}\right]$，$(b > 0)$.

解 方法一：由于 $\dfrac{\mathrm{e}^{-bs}}{s(s+a)} = \dfrac{\mathrm{e}^{-bs}}{s} \cdot \dfrac{1}{s+a}$，所以

$$\mathscr{L}^{-1}\left[\dfrac{\mathrm{e}^{-bs}}{s(s+a)}\right] = u(t-b) * \mathrm{e}^{at} = \int_0^t u(\tau-b) \mathrm{e}^{-a(t-\tau)} \mathrm{d}\tau$$

$$= \int_b^t \mathrm{e}^{-a(t-\tau)} \mathrm{d}\tau = \dfrac{1}{a}[1 - \mathrm{e}^{-a(t-b)}]u(t-b);$$

方法二：由 $\dfrac{1}{s(s+a)} = \dfrac{1}{a}\left(\dfrac{1}{s} - \dfrac{1}{s+a}\right)$，所以

$$\mathscr{L}^{-1}\left[\dfrac{1}{s(s+a)}\right] = \dfrac{1}{a}(1 - \mathrm{e}^{-at}) \quad (t > 0),$$

由延迟性，可得

$$\mathscr{L}^{-1}\left[\dfrac{\mathrm{e}^{-sb}}{s(s+a)}\right] = \dfrac{1}{a}[1 - \mathrm{e}^{-a(t-b)}]u(t-b).$$

【例 8-29】 求 $\mathscr{L}^{-1}\left[\dfrac{1}{(s^2+4s+13)^2}\right]$.

解 因为

$$\dfrac{1}{(s^2+4s+13)^2} = \dfrac{1}{[(s+2)^2+3^2]^2}$$

$$= \dfrac{1}{9} \dfrac{3}{(s+2)^2+3^2} \dfrac{3}{(s+2)^2+3^2},$$

根据位移性质 $\mathscr{L}^{-1}\left[\dfrac{3}{(s+2)^2+3^2}\right]=\mathrm{e}^{-2t}\sin 3t$，所以

$$\mathscr{L}^{-1}\left[\dfrac{1}{(s^2+4s+13)^2}\right]=\dfrac{1}{9}(\mathrm{e}^{-2t}\sin 3t)*(\mathrm{e}^{-2t}\sin 3t)$$

$$=\dfrac{1}{9}\int_0^t \mathrm{e}^{-2\tau}\sin 3\tau\, \mathrm{e}^{-2(t-\tau)}\sin 3(t-\tau)\,\mathrm{d}\tau$$

$$=\dfrac{1}{9}\mathrm{e}^{-2t}\int_0^t \sin 3\tau \sin 3(t-\tau)\,\mathrm{d}\tau$$

$$=\dfrac{1}{9}\mathrm{e}^{-2t}\int_0^t \dfrac{1}{2}[\cos(6\tau-3t)-\cos 3t]\,\mathrm{d}\tau$$

$$=\dfrac{1}{18}\mathrm{e}^{-2t}\left[\dfrac{\sin(6\tau-3t)}{6}-\tau\cos 3t\right]\Big|_0^t$$

$$=\dfrac{1}{54}\mathrm{e}^{-2t}(\sin 3t-3t\cos 3t).$$

在工程技术中，有时会遇到较复杂的函数，这时直接求它们的卷积就较为麻烦，如果根据卷积定理先分别求出函数的拉氏变换乘积，再求其逆变换，就可求出函数的卷积了．

【例 8-30】 已知

$$f(t)=\begin{cases}0,\ t<0,\\ 1,\ 0\leqslant t\leqslant 1,\\ 0,\ t>1;\end{cases}\qquad g(t)=\begin{cases}0,\ t<0,\\ 1,\ 0\leqslant t\leqslant 2,\\ 0,\ t>2.\end{cases}$$

求 $f(t)*g(t)$．

解 $f(t)$ 和 $g(t)$ 的图形如图 8-10 所示，它们分别可用单位阶跃函数来表示．

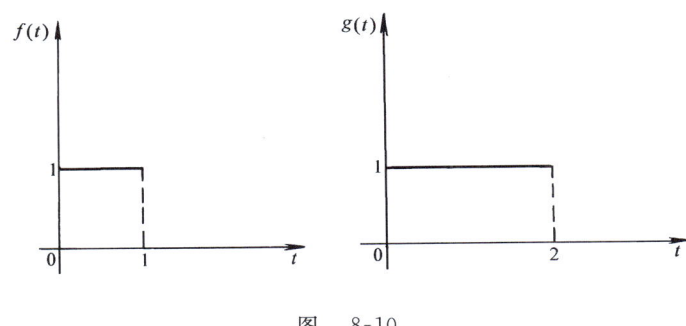

图 8-10

即

$$f(t)=u(t)-u(t-1),\ g(t)=u(t)-u(t-2).$$

从而

$$F(s) = \mathscr{L}[f(t)] = \mathscr{L}[u(t) - u(t-1)] = \frac{1}{s} - \frac{1}{s}e^{-s};$$

$$G(s) = \mathscr{L}[g(t)] = \mathscr{L}[u(t) - u(t-2)] = \frac{1}{s} - \frac{1}{s}e^{-2s};$$

$$F(s)G(s) = \frac{1}{s}(1 - e^{-s})\frac{1}{s}(1 - e^{-2s}) = \frac{1}{s^2}(1 - e^{-s} - e^{-2s} + e^{-3s}).$$

由卷积定理，可得

$$\begin{aligned} f(t) * g(t) &= \int_0^t f(\tau)g(t-\tau)\,d\tau = \mathscr{L}^{-1}[F(s)G(s)] \\ &= \mathscr{L}^{-1}\left[\frac{1}{s^2}(1 - e^{-s} - e^{-2s} + e^{-3s})\right] \\ &= tu(t) - (t-1)u(t-1) - (t-2)u(t-2) + \\ &\quad (t-3)u(t-3) \\ &= \begin{cases} 0, & t < 0, \\ t, & 0 \leqslant t < 1, \\ 1, & 1 \leqslant t < 2, \\ -t+3, & 2 \leqslant t < 3, \\ 0, & t \geqslant 3. \end{cases} \end{aligned}$$

$f(t) * g(t)$ 的图形如图 8-11 所示.

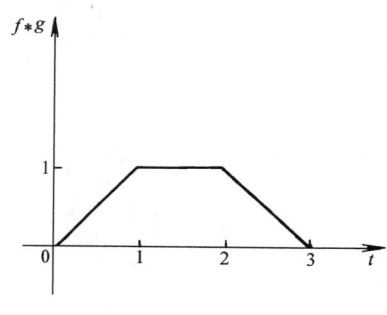

图 8-11

习 题

8-16 求下列卷积：

(1) $1 * 1$； (2) $t * \sin t$；

(3) $t^m * t^n$ (m, n 为正整数)； (4) $\sin t * \cos t$；

(5) $\sin kt * \cos kt$； (6) $t * \sh t$；

(7) $u(t-a) * f(t)$； (8) $\delta(t-a) * f(t)$.

8-17 利用卷积定理，求下列各函数的拉氏逆变换：

(1) $F(s) = \dfrac{a}{s(s^2+a^2)}$；

(2) $F(s) = \dfrac{s}{(s-a)^2(s-b)}$；

(3) $F(s) = \dfrac{1}{s(s-1)(s-2)}$；

(4) $F(s) = \dfrac{s}{s^4-1}$；

(5) $F(s) = \dfrac{s+1}{s(s^2+4)}$；

(6) $F(s) = \dfrac{s}{(s^2+a^2)(s^2+b^2)}$.

8-18 证明卷积满足对加法的分配律：
$$f_1(t) * [f_2(t) + f_3(t)] = f_1(t) * f_2(t) + f_1(t) * f_3(t).$$

8-19 证明卷积满足结合律：
$$f_1(t) * [f_2(t) + f_3(t)] = [f_1(t) * f_2(t)] * f_3(t).$$

8-20 利用卷积定理，证明 $\mathscr{L}\left[\int_0^t f(t)\mathrm{d}t\right] = \dfrac{F(s)}{s}.$

8.5 拉普拉斯变换的应用

对一个系统进行分析和研究，首先要知道该系统的数学模型，也就是要建立该系统特性的数学表达式．所谓线性系统，在许多场合，它的数学模型可以用一个线性微分方程来描述，或者说是满足叠加原理的一类系统，这一类系统无论是在电路理论还是在自动控制理论的研究中，都占有很重要的地位．这里我们仅限于讨论解线性常微分方程，至于用拉氏变换解偏微分方程将在数学物理方程中专门讨论．

用拉氏变换解线性常微分方程大致包括以下三个基本步骤：

(1) 对关于 y 的微分方程(连同初始条件在一起)进行拉氏变换，得到一个关于像函数 $Y(s)$ 的代数方程，常称为像方程；

(2) 解像方程，得像函数 $Y(s)$；

(3) 对 $Y(s)$ 作逆变换，得微分方程的解 $y(t)$. 它的基本思想可用一个方框图(见图 8-12)简明地表示如下：

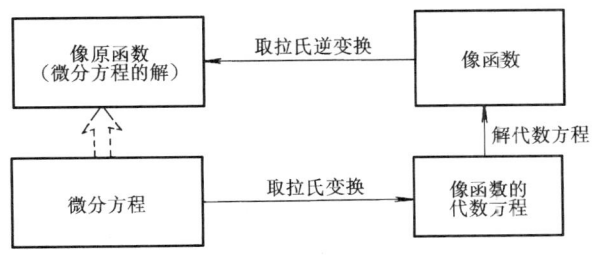

图 8-12

这种简化计算的方程，可与初等数学中用对数简化计算的方法类比．

8.5.1 解常系数线性微分方程

1. 初值问题

【例 8-31】 求方程 $y''(t) + 4y(t) = 0$ 满足初始条件

$$y\big|_{t=0} = -2, \quad y'\big|_{t=0} = 4$$

的特解．

解 设 $\mathscr{L}[y(t)] = Y(s)$，对方程两边取拉氏变换，则得

$$s^2 Y(s) - sy(0) - y'(0) + 4Y(s) = 0.$$

利用初始条件，可得像方程

$$s^2 Y(s) - 2s - 4 + 4Y(s) = 0,$$

解得

$$Y(s) = \frac{-2s+4}{s^2+4} = \frac{-2s}{s^2+4} + \frac{4}{s^2+4}.$$

取拉氏逆变换，最后可得

$$y(t) = \mathscr{L}^{-1}[Y(s)] = -2\cos 2t + 2\sin 2t$$

这就是所求微分方程的解．

【例 8-32】 求方程 $y'' - 3y' + 2y = 2\mathrm{e}^{-t}$ 满足初始条件

$$y\big|_{t=0} = 2, \quad y'\big|_{t=0} = -1$$

的特解．

解 设 $\mathscr{L}[y(t)] = Y(s)$，对方程两边取拉氏变换并考虑到初始条件，可得像方程

$$(s^2 - 3s + 2)Y(s) = \frac{2}{s+1} + 2s - 7,$$

解得

$$Y(s) = \frac{2s^2 - 5s - 5}{(s+1)(s-1)(s-2)}.$$

为了求 $Y(s)$ 的逆变换，将它写成部分分式的形式

$$Y(s) = \frac{2s^2 - 5s - 5}{(s+1)(s-1)(s-2)} = \frac{1}{3}\frac{1}{s+1} + 4\frac{1}{s-1} - \frac{7}{3}\frac{1}{s-2},$$

取拉氏逆变换，最后得

$$y(t) = \frac{1}{3}\mathrm{e}^{-t} + 4\mathrm{e}^t - \frac{7}{3}\mathrm{e}^{2t}.$$

这就是所求微分方程的解．

第 8 章 拉普拉斯变换

【例 8-33】 在如图 8-13 所示的电路中，当 $t=0$ 时，开关 s 闭合，接入信号源 $e(t)=E_0\sin\omega_0 t$，电感起始电流等于零，求电流 $i(t)$.

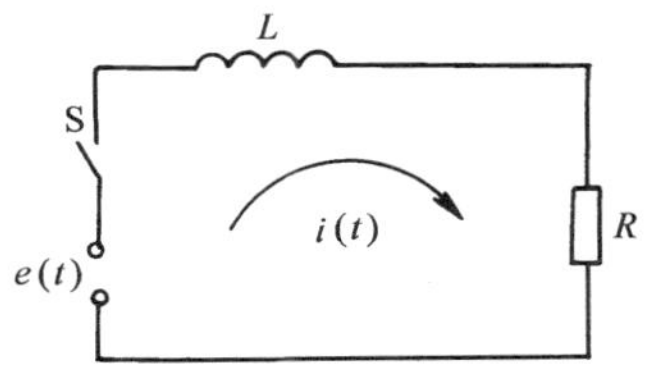

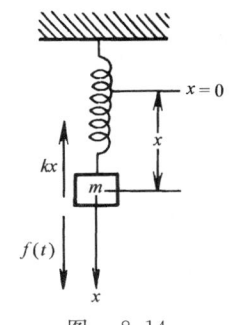

图 8-13

解 由基尔霍夫(Kirchhoff)定律，得 $i(t)$ 所满足的微分方程为

$$L\frac{\mathrm{d}i}{\mathrm{d}t}+Ri=E_0\sin\omega t$$

初始条件为 $i\bigg|_{t=0}=0$.

设 $\mathscr{L}[i(t)]=I(s)$，对方程两边取拉氏变换，得像方程为

$$LsI(s)+RI(s)=E_0\frac{\omega}{s^2+\omega^2},$$

于是

$$I(s)=\frac{E_0\omega}{(Ls+R)(s^2+\omega^2)}=\frac{E_0}{L}\frac{1}{s+\dfrac{R}{L}}\frac{\omega}{s^2+\omega^2}.$$

取逆变换，并根据卷积定理，可得

$$\begin{aligned}i(t)&=\frac{E_0}{L}(\mathrm{e}^{-\frac{R}{L}t}*\sin\omega t)=\frac{E_0}{L}\int_0^t\sin\omega\tau\,\mathrm{e}^{-\frac{R}{L}(t-\tau)}\mathrm{d}\tau\\&=\frac{E_0}{R^2+L^2\omega^2}(R\sin\omega t-\omega L\cos\omega t)+\frac{E_0\omega L}{R^2+L^2\omega^2}\mathrm{e}^{-\frac{R}{L}t}.\end{aligned}$$

所得结果的第一部分代表一个稳定的(幅度不变的)振荡，第二部分则随时间而衰减.

【例 8-34】 质量为 m 的物体挂在弹性系数为 k 的弹簧一端(见图 8-14)，作用在物体上的外力为 $f(t)$，若物体自静止平衡位置 $x=0$ 处开始运动，求该物体的运动规律 $x(t)$.

解 由胡克(Hooke)定律，使物体回到平衡位置的弹簧的恢复力为 $-kx$，根据牛顿(Newton)第二定律，有

$$mx''=f(t)-kx$$

所以，物体运动的微分方程为

$$mx''+kx=f(x)$$

初始条件为 $x\bigg|_{t=0}=0,\quad x'\bigg|_{t=0}=0$.

图 8-14

这是二阶常系数非齐次微分方程，现对方程两边取拉氏变换，设 $\mathscr{L}[x(t)]=X(s),\mathscr{L}[f(t)]=F(s)$，并考虑到初始条件，则得像方程

$$ms^2 X(s) + kX(s) = F(s),$$

解得

$$X(s) = \frac{1}{m}\frac{F(s)}{s^2 + \omega_0^2} = \frac{1}{m}\frac{1}{s^2+\omega_0^2}F(s) \quad \left(\omega_0^2 = \frac{k}{m}\right).$$

因为 $\mathscr{L}\left[\dfrac{\sin\omega_0 t}{\omega_0}\right] = \dfrac{1}{s^2+\omega_0^2}$，应用卷积定理，有

$$x(t) = \frac{1}{m}\frac{\sin\omega_0 t}{\omega_0} * f(t) = \frac{1}{m\omega_0}\int_0^t f(\tau)\sin\omega_0(t-\tau)\mathrm{d}\tau.$$

如 $f(t)$ 具体给出时，可以直接从解的像函数 $X(s)$ 的关系式中解出 $x(t)$ 来. 例如：当物体在 $t=0$ 时受到冲击力 $f(t) = A\delta(t)$，其中 A 为常数，此时 $\mathscr{L}[f(t)] = \mathscr{L}[A\delta(t)] = A$，所以

$$X(s) = \frac{A}{m}\frac{1}{s^2+\omega_0^2},$$

从而 $x(t) = \dfrac{A}{m\omega_0}\sin\omega_0 t.$

可见，在冲击力作用下，运动为一正弦振动，振幅是 $\dfrac{A}{m\omega_0}$，角频率是 ω_0，称 ω_0 为该系统的自然频率(或称固有频率).

当物体所受作用力为 $f(t) = A\sin\omega t$(A 为常数)时，此时，$\mathscr{L}[f(t)] = A\dfrac{\omega}{s^2+\omega^2}$，所以

$$X(s) = \frac{1}{m}\frac{1}{s^2+\omega_0^2}\frac{A\omega}{s^2+\omega^2} = \frac{A\omega}{m}\frac{1}{(\omega^2+s^2)(\omega_0^2+s^2)}$$

$$= \frac{A\omega}{m}\frac{1}{\omega^2-\omega_0^2}\left(\frac{1}{s^2+\omega_0^2} - \frac{1}{s^2+\omega^2}\right),$$

从而
$$x(t) = \frac{A\omega}{m(\omega^2-\omega_0^2)}\left(\frac{\sin\omega_0 t}{\omega_0} - \frac{\sin\omega t}{\omega}\right)$$

$$= \frac{A}{m\omega_0(\omega^2-\omega_0^2)}(\omega\sin\omega_0 t - \omega_0\sin\omega t).$$

这里 ω 为作用力的频率(或称扰动频率)，若 $\omega \neq \omega_0$，运动是由两种不同频率的振动复合而成. 若 $\omega = \omega_0$(即扰动频率等于自然频率)，便产生共振，此时振幅将随时间无限增大，这是理论上的情形. 实际上，在振幅相当大时，或者系统已被破坏，或者系统已不再满足原来的微分方程.

从以上这些例子可以看出，运用拉氏变换解常系数线性微分方程的初值问题，具有下述优点：

(1) 求解过程规范化，便于在工程技术中应用；

(2) 初始条件也同时用上，因此它省去了经典法（指高等数学中常微分方程的解法）中为使解适合于给定的初始条件而进行的运算；

(3) 当初始条件全部为零时（这在工程中是常见的），用拉氏变换求解就显得特别简便，而用经典法求解却不会因此而带来任何简化；

(4) 当方程中非齐次项（工程中称为输入函数）因具有跳跃点而不可微时（这在工程中也是常见的），用经典法求解是很困难的，而用拉氏变换求解却不会因此带来任何困难；

(5) 由于已编有现成可用的拉氏变换表，因此在工程实际计算中对有些函数就可直接查拉氏变换表得出其像原函数，这就更显出用拉氏变换法求解的优点.

2. 边值问题

拉氏变换也可用于解线性微分方程的边值问题. 这时，可先设想初值已知，而将边值问题当作初值问题来解. 显然，所得微分方程的解内含有未知的初值，但它可由已给的边值，通过解线性代数方程或方程组求解，从而完全确定微分方程的解. 下面我们举一例来说明.

【例 8-35】 求方程 $y'' - 2y' + y = 0$ 满足初始条件

$$y\Big|_{t=0} = 0, \quad y\Big|_{t=1} = 2$$

的特解.

解 设 $\mathscr{L}[y(t)] = Y(s)$，对方程两边取拉氏变换得

$$s^2 Y(s) - sy(0) - y'(0) - 2sY(s) + 2y(0) + Y(s) = 0,$$

于是 $Y(s) = \dfrac{y'(0)}{(s-1)^2}$，取逆变换，可得

$$y(t) = \mathscr{L}^{-1}\left[\dfrac{y'(0)}{(s-1)^2}\right] = y'(0)te^t.$$

因 $t = 1$ 代入上式，得 $2 = y(1) = y'(0)e$. 所以 $y'(0) = 2e^{-1}$，从而得原方程的解为

$$y(t) = 2te^{t-1}.$$

8.5.2 解常系数线性微分方程组

【例 8-36】 求方程组 $\begin{cases} x'' - 2y' - x = 0, \\ x' - y = 0 \end{cases}$ 满足初始条件

$$x\Big|_{t=0} = 0, \quad x'\Big|_{t=0} = 1, \quad y\Big|_{t=0} = 1$$

的特解.

解 设 $\mathscr{L}[x(t)] = X(s)$，$\mathscr{L}[y(t)] = Y(s)$，对方程组两个方程两边取拉氏变换，并考虑到初始条件，得

$$\begin{cases} s^2 X(s) - sx(0) - x'(0) + 2[sY(s) - y(0)] - X(s) = 0, \\ sX(s) - x(0) - Y(s) = 0. \end{cases}$$

整理化简后得 $\begin{cases} (s^2 - 1)X(s) - 2sY(s) + 1 = 0, \\ sX(s) - Y(s) = 0. \end{cases}$

解这个代数方程组，即得 $\begin{cases} X(s) = \dfrac{1}{s^2 + 1}, \\ Y(s) = \dfrac{s}{s^2 + 1}. \end{cases}$

对每一像函数取逆变换，可得

$$\begin{cases} x(t) = \sin t, \\ y(t) = \cos t. \end{cases}$$

这便是所求方程组的解.

【**例 8-37**】 求方程组 $\begin{cases} x' + y + z' = 1, \\ x + y' + z = 0, \\ y + 4z' = 0 \end{cases}$ 满足初始条件

$$x\Big|_{t=0} = 0, \quad y\Big|_{t=0} = 0, \quad z\Big|_{t=0} = 0$$

的特解.

解 对方程组的每个方程两边取拉氏变换，设 $\mathscr{L}[x(t)] = X(s)$，$\mathscr{L}[y(t)] = Y(s)$，$\mathscr{L}[z(t)] = Z(s)$，并考虑到初始条件，可得像方程组

$$\begin{cases} sX(s) + Y(s) + sZ(s) = \dfrac{1}{s}, \\ X(s) + sY(s) + Z(s) = 0, \\ Y(s) + 4sZ(s) = 0. \end{cases}$$

解此方程组，得 $\begin{cases} X(s) = \dfrac{4s^2 - 1}{4s^2(s^2 - 1)}, \\ Y(s) = -\dfrac{1}{s(s^2 - 1)}, \\ Z(s) = \dfrac{1}{4s^2(s^2 - 1)}. \end{cases}$

对每一像函数取逆变换，可得

$$x(t) = \mathscr{L}^{-1}\left[\frac{4s^2-1}{4s^2(s^2-1)}\right] = \frac{1}{4}\mathscr{L}^{-1}\left[\frac{3}{s^2-1}+\frac{1}{s^2}\right]$$
$$= \frac{1}{4}\mathscr{L}^{-1}\left[\frac{3}{2}\left(\frac{1}{s-1}-\frac{1}{s+1}\right)+\frac{1}{s^2}\right] = \frac{1}{4}\left[\frac{3}{2}(e^t-e^{-t})+t\right]$$
$$= \frac{1}{4}(3\mathrm{sh}t + t).$$

同理可得 $y(t) = 1 - \mathrm{ch}t$, $z(t) = \frac{1}{4}(\mathrm{sh}t - t)$. 这就是原方程组的解.

【例 8-38】 在如图 8-15 所示的电路中,已知输入电压 $u_0 = u_0(t)$,求当开关 S 闭合后自感中的电流 $i_1(t)$,(设 $i(0) = 0$, $u_0(0) = 0$).

解 按基尔霍夫定律,分别列出两个回路中的电流 i_1 与 i_2 所满足的方程组:

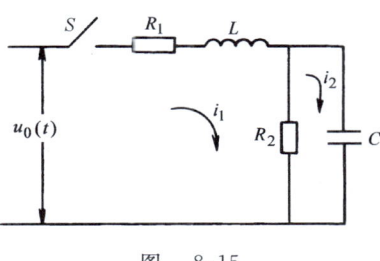

图 8-15

$$\begin{cases}(R_1+R_2)i_1 + L\dfrac{\mathrm{d}i_1}{\mathrm{d}t} - R_2 i_2 = u_0(t),\\ -R_2 i_1 + R_2 i_2 + \dfrac{1}{C}\displaystyle\int_0^t i_2(t)\mathrm{d}t = 0.\end{cases}$$

对方程组两个方程两边取拉氏变换,设 $\mathscr{L}[i_1(t)] = I_1(s)$, $\mathscr{L}[i_2(t)] = I_2(s)$, $\mathscr{L}[u_0(t)] = U_0(s)$,并考虑初始条件,得像方程组为

$$\begin{cases}(R_1+R_2)I_1(s) + LsI_1(s) - R_2 I_2(s) = U_0(s),\\ -R_2 I_1(s) + R_2 I_2(s) + \dfrac{1}{sc}I_2(s) = 0.\end{cases}$$

由此解得

$$I_1(s) = \frac{\left(R_2 + \dfrac{1}{sc}\right)U_0(s)}{(Ls+R_1+R_2)\left(R_2+\dfrac{1}{sc}\right) - R_1^2}$$
$$= \frac{(R_2 sc + 1)U_0(s)}{(Ls+R_1+R_2)(R_2 sc + 1) - R_2^2 sc}$$

在上式中,当 $R_1, R_2, L, c, u_0(t)$ 为已知时,经逆变换可求得 $i_1(t)$.

若令

$$\omega(s) = \frac{(R_2 sc + 1)}{(Ls+R_1+R_2)(R_2 sc + 1) - R_2^2 sc}$$

则 $I_1(s) = \omega(s)U_0(s)$ 反映了输入电压的像函数与输出电流之间有一个线性关系,

在工程问题中将 $\omega(s)$ 称为网络的经输函数.

由前面的例题可看出,在解线性微分方程组时,用拉氏变换来解要比用经典法解简便得多,除了上面已提到的一些优点外,还需要特别指出以下两点:

(1) 运用拉氏变换法只要解一个代数方程组,即像方程组. 这相当于经典法中为得到某未知函数的高阶微分方程而消去其余未知函数这一步骤. 然而,在运用经典法求解时,为使解适合于给定的初始条件,还需要解一个 $m \times n$ 的线性代数方程组(假定微分方程组由 m 个 n 阶微分方程构成).

(2) 运用拉氏变换法可以单独求出每一个未知函数. 而不必知道其余的未知函数,但一般说来经典法都不能. 因而,如果只要求一个未知函数(这在工程中经常会遇到),则用拉氏变换求解将会显得格外优越.

8.5.3 解某些积分微分方程

【例 8-39】 求方程 $y' - 4y + 4\int_0^t y \mathrm{d}t = \dfrac{1}{3}t^3$ 满足初始条件 $y\Big|_{t=0} = 0$ 的特解.

解 设 $\mathscr{L}[y(t)] = Y(s)$,对方程两边取拉氏变换并考虑到初始条件,得像方程

$$sY(s) - 4Y(s) + \frac{4Y(s)}{s} = \frac{2}{s^4},$$

解得

$$Y(s) = \frac{2}{s^3(s-2)^2}.$$

将 $Y(s)$ 表示成部分分式之和为

$$Y(s) = \frac{3}{8}\frac{1}{s} + \frac{1}{2}\frac{1}{s^2} + \frac{1}{2}\frac{1}{s^3} - \frac{3}{8}\frac{1}{s-2} + \frac{1}{4}\frac{1}{(s-2)^2},$$

取逆变换,即得原方程的解:

$$y(t) = \frac{3}{8} + \frac{1}{2}t + \frac{1}{4}t^2 - \frac{3}{8}\mathrm{e}^{2t} + \frac{1}{4}t\mathrm{e}^{2t}.$$

【例 8-40】 在 RLC 电路中串接直流电源 E(见图 8-16),求回路中电流 $i(t)$.

解 根据基尔霍夫定律,列出 $i(t)$ 所满足的关系式为

$$\begin{cases} \dfrac{1}{C}\int_0^t i(t)\mathrm{d}t + Ri(t) + L\dfrac{\mathrm{d}i(t)}{\mathrm{d}t} = E \\ i(0) = i'(0) = 0 \end{cases}$$

对该方程两边取拉氏变换,且设 $\mathscr{L}[i(t)] = I(s)$,则有

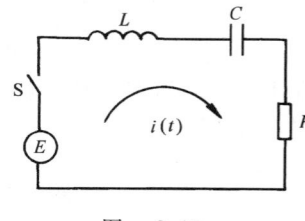

图 8-16

$$\frac{1}{CS}I(s) + RI(s) + LsI(s) = \frac{E}{s},$$

解得

$$I(s) = \frac{\dfrac{E}{s}}{Ls + R + \dfrac{1}{CS}}.$$

若用 r_1, r_2 表示方程 $s^2 + \dfrac{R}{L}s + \dfrac{1}{LC} = 0$ 的根，则有

$$r_1 = -\frac{R}{2L} + \sqrt{\frac{R^2}{4L^2} - \frac{1}{LC}}, \quad r_2 = -\frac{R}{2L} - \sqrt{\frac{R^2}{4L^2} - \frac{1}{LC}}.$$

记 $\alpha = \dfrac{R}{2L}, \beta = \sqrt{\alpha^2 - \dfrac{1}{LC}}$，则 r_1, r_2 可写成

$$r_1 = -\alpha + \beta, \quad r_2 = -\alpha - \beta,$$

所以 $s^2 + \dfrac{R}{L}s + \dfrac{1}{LC} = (s - r_1)(s - r_2)$，故

$$I(s) = \frac{E}{L(s - r_1)(s - r_2)} = \frac{E}{L} \frac{1}{r_1 - r_2}\left[\frac{1}{s - r_1} - \frac{1}{s - r_2}\right].$$

取逆变换，可求得电流为

$$i(t) = \frac{E}{L}\frac{1}{r_1 - r_2}(e^{r_1 t} - e^{r_2 t}),$$

将 r_1, r_2 的数值代入得

$$i(t) = \frac{E}{L}\frac{e^{-\alpha t}(e^{\beta t} - e^{-\beta t})}{2\beta} = \frac{E}{\beta L}e^{-\alpha t}\mathrm{sh}\beta t.$$

当 $\alpha^2 > \dfrac{1}{LC}$，即 $R > 2\sqrt{\dfrac{L}{C}}$ 时，β 为一实数，此时可直接由上式计算 $i(t)$.

当 $R < 2\sqrt{\dfrac{L}{C}}$ 时，β 为一虚数，上式可作如下变换，令 $\omega = \sqrt{\dfrac{1}{LC} - \alpha^2}$，此时 $\beta = \sqrt{\alpha^2 - \dfrac{1}{LC}} = \mathrm{i}\omega$.

考虑到 $\mathrm{sh}\,\mathrm{i}z = \mathrm{i}\sin z$，此时，$i(t)$ 可写成

$$i(t) = \frac{E}{\omega L}e^{-\alpha t}\sin\omega t,$$

该式表明在回路中出现了角频率为 ω 的衰减正弦振荡.

当 $R = 2\sqrt{\dfrac{L}{C}}$ 时，即在临界情况下，此时 $\beta = 0$，$r_1 = r_2 = -\alpha$，有

$$I(s) = \frac{E}{L(s-r_1)(s-r_2)} = \frac{E}{L(s+\alpha)^2},$$

易得 $i(t) = \dfrac{E}{L} t \mathrm{e}^{-\alpha t}$.

习　题

8-21　求下列常微分方程的解：

(1) $y' - y = \mathrm{e}^{2t}$，$y(0) = 0$；

(2) $y'' + 4y' + 3y = \mathrm{e}^{-t}$，$y(0) = y'(0) = 1$；

(3) $y''' + 3y'' + 3y' + y = 1$，$y(0) = y'(0) = y''(0) = 0$；

(4) $y'' - y = 4\sin t + 5\cos 2t$，$y(0) = -1$，$y'(0) = -2$；

(5) $y'' + 3y' + 2y = u(t-1)$，$y(0) = 0$，$y'(0) = 1$；

(6) $y'' - 2y' + 2y = 2\mathrm{e}^t \cos t$，$y(0) = 0$，$y'(0) = 0$；

(7) $y'' + 2y' - 3y = \mathrm{e}^{-t}$，$y(0) = 0$，$y'(0) = 1$；

(8) $y^{(4)} + 2y^{(3)} - 2y' - y = \delta(t)$，$y(0) = y'(0) = y''(0) = y'''(0) = 0$；

(9) $y^{(4)} + 2y'' + y = 0$，$y(0) = y'(0) = 0$，$y''(0) = 1$，$y'''(0) = 0$；

(10) $y'' - y = 0$，$y(0) = 0$，$y(2\pi) = 1$.

8-22　求下列常微分方程组的解：

(1) $\begin{cases} x' + y' = 1, \\ x' - y' = t, \end{cases}$ $(x(0) = a, y(0) = b)$；

(2) $\begin{cases} x' + x - y = \mathrm{e}^t, \\ y' + 3x - 2y = 2\mathrm{e}^t, \end{cases}$ $(x(0) = y(0) = 1)$；

(3) $\begin{cases} y'' - x'' + x' - y = \mathrm{e}^t - 2, & (x(0) = x'(0) = 0), \\ 2y'' - x'' - 2y' + x = -t, & (y(0) = y'(0) = 0); \end{cases}$

(4) $\begin{cases} x'' - x - 2y' = \mathrm{e}^t, & \left(x(0) = \dfrac{-3}{2},\ x'(0) = \dfrac{1}{2}\right), \\ x' - y'' - 2y = t^2, & \left(y(0) = 1,\ y'(0) = -\dfrac{1}{2}\right); \end{cases}$

(5) $\begin{cases} x'' - x + y + z = 0, & (x(0) = 1,\ x'(0) = 0), \\ x + y'' - y + z = 0, & (y(0) = y'(0) = 0), \\ x + y + z'' - z = 0, & (z(0) = z'(0) = 0). \end{cases}$

8-23　解下列微分积分方程：

(1) $y(t) = \displaystyle\int_0^t y(t)\,\mathrm{d}t + 1$；

(2) $y'(t) + \displaystyle\int_0^t y(t)\,\mathrm{d}t = 1$；

(3) $y(t) = at + \int_0^t \sin(t-\tau)y(\tau)d\tau$;

(4) $y(t) = \sin t - 2\int_0^t y(\tau)\cos(t-\tau)d\tau$;

(5) $y(t) - e^t = \int_0^t y(\tau)e^{t-\tau}d\tau$.

8-24 设在原点处质量为 m 的一质点，在 $t=0$ 时在 x 方向上受到冲击力 $k\delta(t)$ 的作用，其中 k 为常数，假定质点的初速度为零，求其运动规律.

8-25 在如图 8-17 所示的 RC 串联电路中，其外加电动势为正弦交流电压 $e(t) = u_m\sin(\omega t + \varphi)$，求开关闭合后，回路中电流 $i(t)$ 及电容器两端的电压 $u_C(t)$.

8-26 如图 8-18 所示的电路，在 $t=0$ 时接入直流电源 E，求回路中电流 $i_1(t)$.

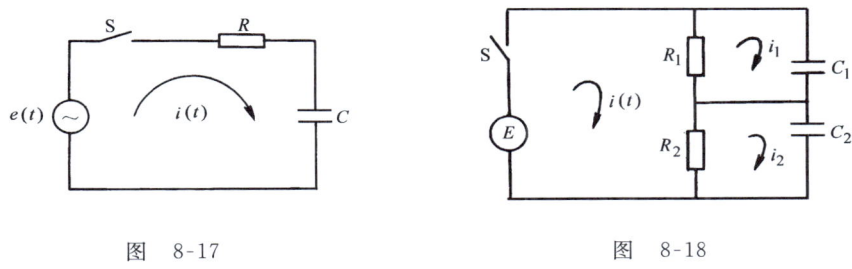

图 8-17　　　　　　　　　　图 8-18

本 章 小 结

1. 拉氏变换的概念

(1) 设函数 $f(t)$ 当 $t \geq 0$ 时有定义，而且积分 $\int_0^{+\infty} f(t)e^{-st}dt$ (s 是一个复参量) 在 s 的某一域内收敛，则将函数

$$F(s) = \int_0^{+\infty} f(t)e^{-st}dt$$

称为 $f(t)$ 的拉氏变换(像函数)，$f(t)$ 称为 $F(s)$ 的拉氏逆变换(像原函数).

拉氏变换对函数的要求要比傅氏变换低，工程技术中所遇到的函数大部分都存在拉氏变换，因而拉氏变换的应用范围更为广泛.

(2) 一些常用函数的拉氏变换.

$\mathscr{L}[u(t)] = \dfrac{1}{s}$;　　　　$\mathscr{L}[\delta(t)] = 1$;

$\mathscr{L}[e^{kt}] = \dfrac{1}{s-k}$;　　$\mathscr{L}[t^m] = m!/s^{m+1}$ (m 为正整数);

$\mathscr{L}[\sin kt] = \dfrac{k}{s^2+k^2}$;　　$\mathscr{L}[\cos kt] = \dfrac{s}{s^2+k^2}$.

2. 拉氏变换的性质

(1) 线性性质　设 $\mathscr{L}[f_1(t)] = F_1(s)$，$\mathscr{L}[f_2(t)] = F_2(s)$，则
$$\mathscr{L}[\alpha f_1(t) + \beta f_2(t)] = \alpha F_1(s) + \beta F_2(s) \quad (\alpha 、\beta \text{为常数});$$

(2) 微分性质　设 $\mathscr{L}[f(t)] = F(s)$，则
$$\mathscr{L}[f'(t)] = sF(s) - f(0);$$

(3) 像函数的微分性质，设 $\mathscr{L}[f(t)] = F(s)$，则
$$F'(s) = \mathscr{L}[-tf(t)];$$

(4) 积分性质　设 $\mathscr{L}[f(t)] = F(s)$，则
$$\mathscr{L}\left[\int_0^t f(t)dt\right] = \frac{1}{s}F(s);$$

(5) 像函数的积分性质，设 $\mathscr{L}[f(t)] = F(s)$，则
$$\mathscr{L}\left[\frac{f(t)}{t}\right] = \int_s^\infty F(s)ds$$

若令 $s=0$，则有 $\int_0^{+\infty} \frac{f(t)}{t} dt = \int_0^\infty F(s)ds$；

(6) 位移性质　设 $\mathscr{L}[f(t)] = F(s)$，则
$$\mathscr{L}[e^{at}f(t)] = F(s-a);$$

(7) 延滞性质　设 $\mathscr{L}[f(t)] = F(s)$，则
$$\mathscr{L}[f(t-\tau)u(t-\tau)] = e^{-s\tau}F(s);$$

(8) 相似性质设 $\mathscr{L}[f(t)] = F(s)$，则
$$\mathscr{L}[f(at)] = \frac{1}{a}F\left(\frac{s}{a}\right) \quad (a \text{为正实数}).$$

3. 拉氏逆变换

(1) 复反演积分公式

若函数 $f(t)$ 满足拉氏变换存在定理中的条件，$\mathscr{L}[f(t)] = F(s)$，c 为其增长指数

1) 如果 t 为 $f(t)$ 的连续点，则
$$f(t) = \frac{1}{2\pi i}\int_{\beta-i\infty}^{\beta+i\infty} F(s)e^{st}ds \quad (s=\beta+i\omega, t>0).$$

2) 如果 t 为 $f(t)$ 的间断点，则
$$\frac{1}{2}[f(t+0) + f(t-0)] = \frac{1}{2\pi i}\int_{\beta-i\infty}^{\beta+i\infty} F(s)e^{st}ds.$$

这里的积分路线是平行于虚轴的任一直线 $\mathrm{Re}\,s=\beta(>c)$

(2) 像原函数的求法

若 $s_1, s_2, \cdots, s_n$ 是函数 $F(s)$ 的所有奇点(适当选取 β 使这些奇点全在 $\mathrm{Re}\,s<\beta$

的范围内），且当 $s \to \infty$ 时，$F(s) \to 0$，则有

$$f(t) = \sum_{k=1}^{\infty} \operatorname{Res}_{s=s_k}[F(s)e^{st}] \quad (t>0).$$

（3）有理函数的像原函数

1) 利用赫维赛德展开式

若函数 $F(s)$ 是有理函数，$F(s) = \dfrac{A(s)}{B(s)}$，其中 $A(s)$，$B(s)$ 是不可约多项式，$B(s)$ 的次数是 n，且 $A(s)$ 的次数小于 $B(s)$ 的次数，即 $F(s)$ 是真分式

(i) 若 $B(s)$ 有几个单零点 $s_1, s_2, \cdots, s_n$，则

$$f(t) = \sum_{k=1}^{n} \frac{A(s_k)}{B'(s_k)} e^{s_k t}, \quad (t>0).$$

(ii) 若 s_1 是 $B(s)$ 的一个 m 阶零点，而其余 $s_{m+1}, s_{m+2}, \cdots, s_n$ 是 $B(s)$ 的单零点，则

$$f(t) = \sum_{i=m+1}^{n} \frac{A(s_i)}{B'(s_i)} e^{s_i t} + \frac{1}{(m-1)!} \lim_{s \to s_1} \frac{d^{m-1}}{ds^{m-1}} \left[(s-s_1)^m \frac{A(s)}{B(s)} e^{st}\right] \quad (t>0).$$

如果 $B(s)$ 有几个多重零点，有关公式可类似推得

2) 利用部分分式法，即将 $F(s)$ 展开成若干个简单分式之和，然后利用拉氏变换的性质逐个求出像原函数.

4. 卷积

（1）卷积的概念 $f_1(t) * f_2(t) = \displaystyle\int_0^t f_1(\tau) f_2(t-\tau) d\tau$

其中当 $t<0$ 时，$f_1(t) = f_2(t) = 0$.

（2）卷积定理

设 $f_1(t)$，$f_2(t)$ 满足拉氏变换存在定理中的条件且 $\mathscr{L}[f_1(t)] = F_1(s)$，$\mathscr{L}[f_2(t)] = F_2(s)$，则

$$\mathscr{L}[f_1(t) * f_2(t)] = F_1(s) \cdot F_2(s).$$

在拉氏变换的应用中，卷积定理起着十分重要的作用. 利用它不仅可以求一些函数的像原函数，而且还可以求函数的卷积.

5. 拉氏变换的应用

拉氏变换的应用非常广泛，本章仅限于讨论解线性常微分方程，其大致步骤为

（1）对关于 y 的微分方程（连同初始条件在一起）进行拉氏变换，得到像方程；

（2）解像方程，得像函数 $Y(s)$；

（3）对 $Y(s)$ 作逆变换，得微分方程的解 $y(t)$.

本章自测题

1. 单项选择题

(1) 设 $F(s)=\dfrac{e^{-s}}{s(s+2)}$，则 $\mathscr{L}^{-1}[F(s)]$ 为 （　　）

(A) $e^{-2(t-1)}u(t-1)$；　　　　(B) $u(t-1)-e^{-2(t-1)}u(t-1)$；

(C) $\dfrac{1}{2}[1-e^{-2(t-1)}]u(t-1)$；　　(D) $\dfrac{1}{2}[u(t)-e^{-(t-2)}u(t-1)]$.

(2) 设 $f(t)=e^{-2t}\cos 3t$，则 $\mathscr{L}[f(t)]$ 为 （　　）

(A) $\dfrac{3}{(s+2)^2+9}$；　　　　(B) $\dfrac{s+2}{(s+2)^2+9}$；

(C) $\dfrac{3s}{(s+2)^2+9}$；　　　　(D) $\dfrac{3(s+2)}{(s+2)^2+9}$.

(3) 设 $\mathscr{L}^{-1}(1)=\delta(t)$，则 $\mathscr{L}^{-1}\left[\dfrac{s^2}{s^2+1}\right]$ 等于 （　　）

(A) $\delta(t)\cos t$；　　　　(B) $\delta(t)-\cos t$；

(C) $\delta(t)(1-\sin t)$；　　(D) $\delta(t)-\sin t$.

(4) 在拉氏变换中，函数 $f_1(t)$ 与 $f_2(t)$ 的卷积，$f_1(t)*f_2(t)$ 为 （　　）

(A) $\displaystyle\int_{-\infty}^{t} f_1(t)f_2(t)\mathrm{d}t$；　　(B) $\displaystyle\int_{0}^{t} f_1(\tau)f_2(\tau)\mathrm{d}\tau$；

(C) $\displaystyle\int_{0}^{t} f_1(\tau)f_2(\tau-t)\mathrm{d}\tau$；　　(D) $\displaystyle\int_{0}^{t} f_1(\tau)f_2(t-\tau)\mathrm{d}\tau$.

(5) 若 $\mathscr{L}[f(t)]=\dfrac{1}{(s-1)^3}$，则 $\mathscr{L}\left[\displaystyle\int_0^t f(u)\mathrm{d}u\right]$ 为 （　　）

(A) $\dfrac{1}{(s-1)^3}$；　　　　(B) $\dfrac{1}{s(s-1)^3}$；

(C) $\dfrac{s}{(s-1)^3}$；　　　　(D) $\dfrac{1}{(s-1)^4}$.

2. 填空题

(1) 设 $f(t)=u(3t-6)$，则 $\mathscr{L}[f(t)]=$ _____；

(2) 设 $\mathscr{L}[f(t)]=\dfrac{2}{s^2+4}$，则 $\mathscr{L}[e^{-3t}f(t)]=$ _____；

(3) 设 $f(t)=(t-1)^2 e^t$，则 $\mathscr{L}[f(t)]=$ _____；

(4) 设 $F(s)=\dfrac{s+1}{s^2+16}$，则 $\mathscr{L}^{-1}[F(s)]=$ _____；

(5) 设 $F(s)=\dfrac{1}{(s^2+1)^2}$，则 $\mathscr{L}^{-1}[F(s)]=$ _____.

3. 计算下列各题

(1) 设 $f(t)=\begin{cases}t, & t\geqslant\pi,\\ e^t, & 0\leqslant t<\pi.\end{cases}$ 求 $\mathscr{L}[f(t)]$；

(2) 设 $f_1(t)=\sin t$，$f_2(t)=\operatorname{ch}t$，求 $f_1(t)*f_2(t)$；

(3) 计算 $\displaystyle\int_0^{+\infty}\dfrac{1-\cos 2t}{t}e^{-2t}dt$.

4. 用拉氏变换解下列方程

(1) $y'''+y'=e^{2t}$，$y(0)=y'(0)=y''(0)=0$；

(2) $\begin{cases}2x-y-y'=4(1-e^{-t}),\\ 2x'+y=2(1+3e^{-2t}).\end{cases}$ $(x(0)=y(0)=0)$；

(3) $y'(t)-2\displaystyle\int_0^t y(\tau)u(t-\tau)d\tau+3\int_0^t y(\tau)d\tau=t^2$，$y(0)=0$.

附 录

附录一 傅氏变换表

	函数	$f(t)$		$F(\omega)$	
			图像	频谱	图像
1	矩形单脉冲 $f(t)=\begin{cases}E, & \|t\|\leq \dfrac{\tau}{2},\\ 0, & \text{其他}\end{cases}$		矩形脉冲图	$2E\dfrac{\sin\dfrac{\omega\tau}{2}}{\omega}$	sinc型频谱图
2	指数衰减函数 $f(t)=\begin{cases}0, & t<0,\\ e^{-\beta t}, & t\geq 0.\end{cases}$ $(\beta>0)$		指数衰减图	$\dfrac{1}{\beta+i\omega}$	钟形频谱图

载人航天精神

（续）

序号	函数 $f(t)$	图像 $f(t)$	频谱 $F(\omega)$	图像 $F(\omega)$
3	三角形脉冲 $f(t)=\begin{cases}\dfrac{2A}{\tau}\left(\dfrac{\tau}{2}+t\right), & -\dfrac{\tau}{2}\leqslant t<0 \\ \dfrac{2A}{\tau}\left(\dfrac{\tau}{2}-t\right), & 0\leqslant t<\dfrac{\tau}{2}\end{cases}$		$\dfrac{4A}{\tau\omega^2}\left(1-\cos\dfrac{\omega\tau}{2}\right)$	
4	钟形脉冲 $f(t)=Ae^{-\beta t^2}\quad(\beta>0)$		$\sqrt{\dfrac{\pi}{\beta}}Ae^{-\dfrac{\omega^2}{4\beta}}$	
5	傅里叶核 $f(t)=\dfrac{\sin\omega_0 t}{\pi t}$		$F(\omega)=\begin{cases}1, & |\omega|\leqslant\omega_0 \\ 0, & \text{其他}\end{cases}$	

(续)

	函数	$f(t)$ 图像	频谱	$F(\omega)$ 图像
6	高斯分布函数 $f(t)=\dfrac{1}{\sqrt{2\pi}\sigma}\mathrm{e}^{-\frac{t^2}{2\sigma^2}}$		$\mathrm{e}^{-\frac{\sigma^2\omega^2}{2}}$	
7	矩形射频脉冲 $f(t)=\begin{cases}E\cos\omega_0 t,& \lvert t\rvert\leqslant\dfrac{\tau}{2}\\0,&\text{其他}\end{cases}$		$\dfrac{E\tau}{2}\left[\dfrac{\sin(\omega-\omega_0)\dfrac{\tau}{2}}{(\omega-\omega_0)\dfrac{\tau}{2}}+\dfrac{\sin(\omega+\omega_0)\dfrac{\tau}{2}}{(\omega+\omega_0)\dfrac{\tau}{2}}\right]$	
8	单位脉冲函数 $f(t)=\delta(t)$		1	

(续)

序号	函数 $f(t)$	图像	频谱 $F(\omega)$	图像
9	周期性脉冲函数 $f(t)=\sum_{n=-\infty}^{+\infty}\delta(t-nT)$ （T 为脉冲函数的周期）		$\dfrac{2\pi}{T}\sum_{n=-\infty}^{+\infty}\delta\left(\omega-\dfrac{2\pi}{T}\right)$	
10	$f(t)=\cos\omega_0 t$		$\pi[\delta(\omega+\omega_0)+\delta(\omega-\omega_0)]$	
11	$f(t)=\sin\omega_0 t$		$\mathrm{i}\pi[\delta(\omega+\omega_0)-\delta(\omega-\omega_0)]$	

（续）

	函数	$f(t)$		$F(\omega)$	
		图像	频谱	图像	
12	单位函数 $f(t)=u(t)$	![f(t) step]	$\dfrac{1}{i\omega}+\pi\delta(\omega)$	![|F(ω)|]	
13	$u(t-c)$		$\dfrac{1}{i\omega}e^{-i\omega c}+\pi\delta(\omega)$		
14	$u(t)\cdot t$		$-\dfrac{1}{\omega^2}+\pi i\delta'(\omega)$		
15	$u(t)\cdot t^n$		$\dfrac{n!}{(i\omega)^{n+1}}+\pi i^n\delta^{(n)}(\omega)$		
16	$u(t)\sin at$		$\dfrac{a}{a^2-\omega^2}+\dfrac{\pi}{2i}[\delta(\omega-\omega_0)-\delta(\omega+\omega_0)]$		
17	$u(t)\cos at$		$\dfrac{i\omega}{a^2-\omega^2}+\dfrac{\pi}{2}[\delta(\omega-\omega_0)+\delta(\omega+\omega_0)]$		
18	$u(t)e^{iat}$		$\dfrac{1}{i(\omega-a)}+\pi\delta(\omega-a)$		
19	$u(t-c)e^{iat}$		$\dfrac{1}{i(\omega-a)}e^{-i(\omega-a)c}+\pi\delta(\omega-a)$		
20	$u(t)e^{iat}t^n$		$\dfrac{n!}{[i(\omega-a)]^{n+1}}+\pi i^n\delta^{(n)}(\omega-a)$		

（续）

	$f(t)$	$F(\omega)$
21	$e^{a|t|}, \text{Re}(a)<0$	$\dfrac{-2a}{\omega^2+a^2}$
22	$\delta(t-c)$	$e^{-i\omega c}$
23	$\delta'(t)$	$i\omega$
24	$\delta^{(n)}(t)$	$(i\omega)^n$
25	$\delta^{(n)}(t-c)$	$(i\omega)^n e^{-i\omega c}$
26	1	$2\pi\delta(\omega)$
27	t	$2\pi i\delta'(\omega)$
28	t^n	$2\pi i^n \delta^{(n)}(\omega)$
29	e^{iat}	$2\pi\delta(\omega-a)$
30	$t^n e^{iat}$	$2\pi i^n \delta^{(n)}(\omega-a)$
31	$\dfrac{1}{a^2+t^2}, \text{Re}(a)<0$	$-\dfrac{\pi}{a}e^{a|\omega|}$
32	$\dfrac{t}{(a^2+t^2)^2}, \text{Re}(a)<0$	$\dfrac{i\omega\pi}{2a}e^{a|\omega|}$
33	$\dfrac{e^{ibt}}{a^2+t^2}, \text{Re}(a)<0, b\text{ 为实数}$	$-\dfrac{\pi}{a}e^{a|\omega-b|}$
34	$\dfrac{\cos bt}{a^2+t^2}, \text{Re}(a)<0, b\text{ 为实数}$	$-\dfrac{\pi}{2a}\left[e^{a|\omega-b|}+e^{a|\omega+b|}\right]$
35	$\dfrac{\sin bt}{a^2+t^2}, \text{Re}(a)<0, b\text{ 为实数}$	$\dfrac{\pi}{2ai}\left[e^{a|\omega-b|}-e^{a|\omega+b|}\right]$
36	$\dfrac{\sinh at}{\sinh \pi t}, -\pi<a<\pi$	$\dfrac{\sin a}{\cosh\omega+\cos a}$
37	$\dfrac{\sinh at}{\cosh \pi t}, -\pi<a<\pi$	$-2i\dfrac{\sin\dfrac{a}{2}\sinh\dfrac{\omega}{2}}{\cosh\omega+\cos a}$
38	$\dfrac{\cosh at}{\cosh \pi t}, -\pi<a<\pi$	$2\dfrac{\cos\dfrac{a}{2}\cosh\dfrac{\omega}{2}}{\cosh\omega+\cos a}$

	$f(t)$	$F(\omega)$
39	$\dfrac{1}{\cosh at}$	$\dfrac{\pi}{a}\dfrac{1}{\cosh\dfrac{\pi\omega}{2a}}$
40	$\sin at^2$	$\sqrt{\dfrac{\pi}{a}}\cos\left(\dfrac{\omega^2}{4a}+\dfrac{\pi}{4}\right)$
41	$\cos at^2$	$\sqrt{\dfrac{\pi}{a}}\cos\left(\dfrac{\omega^2}{4a}-\dfrac{\pi}{4}\right)$
42	$\dfrac{1}{t}\sin at$	$\begin{cases}\pi,&|\omega|\leqslant a\\0,&|\omega|>a\end{cases}$
43	$\dfrac{1}{t^2}\sin^2 at$	$\begin{cases}\pi\left(a-\dfrac{|\omega|}{2}\right),&|\omega|\leqslant 2a\\0,&|\omega|>2a\end{cases}$
44	$\dfrac{\sin at}{\sqrt{|t|}}$	$\mathrm{i}\sqrt{\dfrac{\pi}{2}}\left(\dfrac{1}{\sqrt{|\omega+a|}}-\dfrac{1}{\sqrt{|\omega-a|}}\right)$
45	$\dfrac{\cos at}{\sqrt{|t|}}$	$\sqrt{\dfrac{\pi}{2}}\left(\dfrac{1}{\sqrt{|\omega+a|}}+\dfrac{1}{\sqrt{|\omega-a|}}\right)$
46	$\dfrac{1}{\sqrt{|t|}}$	$\sqrt{\dfrac{2\pi}{|\omega|}}$
47	$\operatorname{sgn} t$	$\dfrac{2}{\mathrm{i}\omega}$
48	$\mathrm{e}^{-at^2},\ \mathrm{Re}(a)>0$	$\sqrt{\dfrac{\pi}{2}}\mathrm{e}^{-\frac{\omega^2}{4a}}$
49	$|t|$	$-\dfrac{2}{\omega^2}$
50	$\dfrac{1}{|t|}$	$\dfrac{\sqrt{2\pi}}{|\omega|}$

附录二 拉氏变换表

	$f(t)$	$F(s)$
1	1	$\dfrac{1}{s}$
2	e^{at}	$\dfrac{1}{s-a}$
3	$t^m\ (m>-1)$	$\dfrac{\Gamma(m+1)}{s^{m+1}}$
4	$t^m e^{at}\ (m>-1)$	$\dfrac{\Gamma(m+1)}{(s-a)^{m+1}}$
5	$\sin at$	$\dfrac{a}{s^2+a^2}$
6	$\cos at$	$\dfrac{s}{s^2+a^2}$
7	$\sinh at$	$\dfrac{a}{s^2-a^2}$
8	$\cosh at$	$\dfrac{s}{s^2-a^2}$
9	$t\sin at$	$\dfrac{2as}{(s^2+a^2)^2}$
10	$t\cos at$	$\dfrac{s^2-a^2}{(s^2+a^2)^2}$
11	$t\sinh at$	$\dfrac{2as}{(s^2-a^2)^2}$
12	$t\cosh at$	$\dfrac{s^2+a^2}{(s^2-a^2)^2}$
13	$t^m\sin at\ (m>-1)$	$\dfrac{\Gamma(m+1)}{2i(s^2+a^2)^{m+1}}\cdot[(s+ia)^{m+1}-(s-ia)^{m+1}]$
14	$t^m\cos at\ (m>-1)$	$\dfrac{\Gamma(m+1)}{2(s^2+a^2)^{m+1}}\cdot[(s+ia)^{m+1}+(s-ia)^{m+1}]$
15	$e^{-bt}\sin at$	$\dfrac{a}{(s+b)^2+a^2}$
16	$e^{-bt}\cos at$	$\dfrac{s+b}{(s+b)^2+a^2}$
17	$e^{-bt}\sin(at+c)$	$\dfrac{(s+b)\sin c+a\cos c}{(s+b)^2+a^2}$
18	$\sin^2 t$	$\dfrac{1}{2}\left(\dfrac{1}{s}-\dfrac{s}{s^2+4}\right)$
19	$\cos^2 t$	$\dfrac{1}{2}\left(\dfrac{1}{s}+\dfrac{s}{s^2+4}\right)$

(续)

	$f(t)$	$F(s)$
20	$\sin at \sin bt$	$\dfrac{2abs}{[s^2+(a+b)^2][s^2+(a-b)^2]}$
21	$e^{at}-e^{bt}$	$\dfrac{a-b}{(s-a)(s-b)}$
22	$ae^{at}-be^{bt}$	$\dfrac{(a-b)s}{(s-a)(s-b)}$
23	$\dfrac{1}{a}\sin at-\dfrac{1}{b}\sin bt$	$\dfrac{b^2-a^2}{(s^2+a^2)(s^2+b^2)}$
24	$\cos at-\cos bt$	$\dfrac{(b^2-a^2)s}{(s^2+a^2)(s^2+b^2)}$
25	$\dfrac{1}{a^2}(1-\cos at)$	$\dfrac{1}{s(s^2+a^2)}$
26	$\dfrac{1}{a^3}(at-\sin at)$	$\dfrac{1}{s^2(s^2+a^2)}$
27	$\dfrac{1}{a^4}(\cos at-1)+\dfrac{1}{2a^2}t^2$	$\dfrac{1}{s^3(s^2+a^2)}$
28	$\dfrac{1}{a^4}(\cosh at-1)-\dfrac{1}{2a^2}t^2$	$\dfrac{1}{s^3(s^2-a^2)}$
29	$\dfrac{1}{2a^3}(\sin at-at\cos at)$	$\dfrac{1}{(s^2+a^2)^2}$
30	$\dfrac{1}{2a}(\sin at+at\cos at)$	$\dfrac{s^2}{(s^2+a^2)^2}$
31	$\dfrac{1}{a^4}(1-\cos at)-\dfrac{1}{2a^3}t\sin at$	$\dfrac{1}{s(s^2+a^2)^2}$
32	$(1-at)e^{-at}$	$\dfrac{s}{(s+a)^2}$
33	$t\left(1-\dfrac{a}{2}t\right)e^{-at}$	$\dfrac{s}{(s+a)^3}$
34	$\dfrac{1}{a}(1-e^{-at})$	$\dfrac{1}{s(s+a)}$
35①	$\dfrac{1}{ab}+\dfrac{1}{b-a}\left(\dfrac{e^{-bt}}{b}-\dfrac{e^{-at}}{a}\right)$	$\dfrac{1}{s(s+a)(s+b)}$
36①	$\dfrac{e^{-at}}{(b-a)(c-a)}+\dfrac{e^{-bt}}{(a-b)(c-b)}+\dfrac{e^{-ct}}{(a-c)(b-c)}$	$\dfrac{1}{(s+a)(s+b)(s+c)}$
37①	$\dfrac{ae^{-at}}{(c-a)(a-b)}+\dfrac{be^{-bt}}{(a-b)(b-c)}+\dfrac{ce^{-ct}}{(b-c)(c-a)}$	$\dfrac{s}{(s+a)(s+b)(s+c)}$
38①	$\dfrac{a^2e^{-at}}{(c-a)(b-a)}+\dfrac{b^2e^{-bt}}{(a-b)(c-b)}+\dfrac{c^2e^{-ct}}{(b-c)(a-c)}$	$\dfrac{s^2}{(s+a)(s+b)(s+c)}$
39①	$\dfrac{e^{-at}-e^{-bt}[1-(a-b)t]}{(a-b)^2}$	$\dfrac{1}{(s+a)(s+b)^2}$
40①	$\dfrac{[a-b(a-b)t]e^{-bt}-ae^{-at}}{(a-b)^2}$	$\dfrac{s}{(s+a)(s+b)^2}$

(续)

	$f(t)$	$F(s)$
41	$e^{-at} - e^{\frac{at}{2}}\left(\cos\frac{\sqrt{3}at}{2} - \sqrt{3}\sin\frac{\sqrt{3}at}{2}\right)$	$\dfrac{3a^2}{s^3+a^3}$
42	$\sin at \cosh at - \cos at \sinh at$	$\dfrac{4a^3}{s^4+4a^4}$
43	$\dfrac{1}{2a^2}\sin at \sinh at$	$\dfrac{s}{s^4+4a^4}$
44	$\dfrac{1}{2a^3}(\sinh at - \sin at)$	$\dfrac{1}{s^4-a^4}$
45	$\dfrac{1}{2a^2}(\cosh at - \cos at)$	$\dfrac{s}{s^4-a^4}$
46	$\dfrac{1}{\sqrt{\pi t}}$	$\dfrac{1}{\sqrt{s}}$
47	$2\sqrt{\dfrac{t}{\pi}}$	$\dfrac{1}{s\sqrt{s}}$
48	$\dfrac{1}{\sqrt{\pi t}}e^{at}(1+2at)$	$\dfrac{s}{(s-a)\sqrt{s-a}}$
49	$\dfrac{1}{2\sqrt{\pi t^3}}(e^{bt}-e^{at})$	$\sqrt{s-a}-\sqrt{s-b}$
50	$\dfrac{1}{\sqrt{\pi t}}\cos 2\sqrt{at}$	$\dfrac{1}{\sqrt{s}}e^{-\frac{a}{s}}$
51	$\dfrac{1}{\sqrt{\pi t}}\cosh 2\sqrt{at}$	$\dfrac{1}{\sqrt{s}}e^{\frac{a}{s}}$
52	$\dfrac{1}{\sqrt{\pi t}}\sin 2\sqrt{at}$	$\dfrac{1}{s\sqrt{s}}e^{-\frac{a}{s}}$
53	$\dfrac{1}{\sqrt{\pi t}}\sinh 2\sqrt{at}$	$\dfrac{1}{s\sqrt{s}}e^{\frac{a}{s}}$
54	$\dfrac{1}{t}(e^{bt}-e^{at})$	$\ln\dfrac{s-a}{s-b}$
55	$\dfrac{2}{t}\sinh at$	$\ln\dfrac{s+a}{s-a}=2\operatorname{artanh}\dfrac{a}{s}$
56	$\dfrac{2}{t}(1-\cos at)$	$\ln\dfrac{s^2+a^2}{s^2}$
57	$\dfrac{2}{t}(1-\cosh at)$	$\ln\dfrac{s^2-a^2}{s^2}$
58	$\dfrac{1}{t}\sin at$	$\arctan\dfrac{a}{s}$
59	$\dfrac{1}{t}(\cosh at-\cos bt)$	$\ln\sqrt{\dfrac{s^2+b^2}{s^2-a^2}}$
60②	$\dfrac{1}{\pi t}\sin(2a\sqrt{t})$	$\operatorname{erf}\left(\dfrac{a}{\sqrt{s}}\right)$
61②	$\dfrac{1}{\sqrt{\pi t}}e^{-2a\sqrt{t}}$	$\dfrac{1}{\sqrt{s}}e^{\frac{a^2}{s}}\operatorname{erfc}\left(\dfrac{a}{\sqrt{s}}\right)$

(续)

	$f(t)$	$F(s)$
62	$\mathrm{erfc}\left(\dfrac{a}{2\sqrt{t}}\right)$	$\dfrac{1}{s}\mathrm{e}^{-a\sqrt{s}}$
63	$\mathrm{erf}\left(\dfrac{t}{2a}\right)$	$\dfrac{1}{s}\mathrm{e}^{a^2s^2}\mathrm{erfc}(as)$
64	$\dfrac{1}{\sqrt{\pi t}}\mathrm{e}^{-2\sqrt{at}}$	$\dfrac{1}{\sqrt{s}}\mathrm{e}^{\frac{a}{s}}\mathrm{erfc}\left(\sqrt{\dfrac{a}{s}}\right)$
65	$\dfrac{1}{\sqrt{\pi(t+a)}}$	$\dfrac{1}{\sqrt{s}}\mathrm{e}^{as}\mathrm{erfc}(\sqrt{as})$
66	$\dfrac{1}{\sqrt{a}}\mathrm{erf}(\sqrt{at})$	$\dfrac{1}{s\sqrt{s+a}}$
67	$\dfrac{1}{\sqrt{a}}\mathrm{e}^{at}\mathrm{erf}(\sqrt{at})$	$\dfrac{1}{\sqrt{s}(s-a)}$
68	$u(t)$	$\dfrac{1}{s}$
69	$tu(t)$	$\dfrac{1}{s^2}$
70	$t^m u(t)\quad (m>-1)$	$\dfrac{1}{s^{m+1}}\Gamma(m+1)$
71	$\delta(t)$	1
72	$\delta^{(n)}(t)$	s^n
73	$\mathrm{sgn}\,t$	$\dfrac{1}{s}$
74③	$\mathrm{J}_0(at)$	$\dfrac{1}{\sqrt{s^2+a^2}}$
75③	$\mathrm{I}_0(at)$	$\dfrac{1}{\sqrt{s^2-a^2}}$
76	$\mathrm{J}_0(2\sqrt{at})$	$\dfrac{1}{s}\mathrm{e}^{-\frac{a}{s}}$
77	$\mathrm{e}^{-bt}\mathrm{I}_0(at)$	$\dfrac{1}{\sqrt{(s+b)^2-a^2}}$
78	$t\mathrm{J}_0(at)$	$\dfrac{s}{(s^2+a^2)^{3/2}}$
79	$t\mathrm{I}_0(at)$	$\dfrac{s}{(s^2-a^2)^{3/2}}$
80	$\mathrm{J}_0[a\sqrt{t(t+2b)}]$	$\dfrac{1}{\sqrt{s^2+a^2}}\mathrm{e}^{b(s-\sqrt{s^2+a^2})}$

① 式中 a,b,c 为不相等的常数.

② $\mathrm{erf}(x)=\dfrac{2}{\sqrt{\pi}}\displaystyle\int_0^x \mathrm{e}^{-t^2}\,\mathrm{d}t$,称为误差函数.

$\mathrm{erfc}(x)=1-\mathrm{erf}(x)=\dfrac{2}{\sqrt{\pi}}\displaystyle\int_x^{+\infty}\mathrm{e}^{-t^2}\,\mathrm{d}t$,称为余误差函数.

③ $\mathrm{I}_n(x)=\mathrm{i}^{-n}\mathrm{J}_n(\mathrm{i}x)$,$\mathrm{J}_n$ 称为第一类 n 阶贝塞尔(Bessel)函数. I_n 称为第一类 n 阶变形的贝塞尔函数,或称为虚宗量的贝塞尔函数.

部分习题答案

第1章 复数与复变函数

1-1 (1) $\dfrac{3}{5}, \dfrac{6}{5}, \dfrac{3}{5}-\dfrac{6}{5}\mathrm{i}, \arctan 2, \dfrac{3}{5}\sqrt{5}$;

(2) $-\dfrac{3}{2}, -\dfrac{1}{2}, -\dfrac{3}{2}+\dfrac{1}{2}\mathrm{i}, -\pi+\arctan\dfrac{1}{3}, \dfrac{1}{2}\sqrt{10}$;

(3) $2(1-\sqrt{3}), 4+\sqrt{3}, 2(1-\sqrt{3})-(4+\sqrt{3})\mathrm{i},$
$\pi-\arctan\dfrac{7+5\sqrt{3}}{4}, \sqrt{35}$;

(4) $-\dfrac{7}{2}, -13, -\dfrac{7}{2}+13\mathrm{i}, -\pi+\arctan\dfrac{26}{7}, \dfrac{5}{2}\sqrt{29}$;

(5) $1, -3, 1+3\mathrm{i}, \arctan(-3), \sqrt{10}$.

1-2 $x=1, y=11$.

1-3 (1) $2\left[\cos\left(-\dfrac{\pi}{2}\right)+\mathrm{i}\sin\left(-\dfrac{\pi}{2}\right)\right], 2\mathrm{e}^{-\mathrm{i}\frac{\pi}{2}}$;

(2) $\dfrac{3}{5}(\cos\pi+\mathrm{i}\sin\pi), \dfrac{3}{5}\mathrm{e}^{\mathrm{i}\pi}$;

(3) $\sqrt{2}\left(\cos\dfrac{\pi}{4}+\mathrm{i}\sin\dfrac{\pi}{4}\right), \sqrt{2}\mathrm{e}^{\mathrm{i}\frac{\pi}{4}}$;

(4) $4\left(\cos\dfrac{5}{6}\pi+\mathrm{i}\sin\dfrac{5}{6}\pi\right), 4\mathrm{e}^{\mathrm{i}\frac{5}{6}\pi}$;

(5) $2\sin\dfrac{\theta}{2}\left(\cos\dfrac{\pi-\theta}{2}+\mathrm{i}\sin\dfrac{\pi-\theta}{2}\right), 2\sin\dfrac{\theta}{2}\mathrm{e}^{\mathrm{i}\frac{\pi-\theta}{2}}$.

1-4 (1) $\sqrt[4]{2}\,\mathrm{e}^{\mathrm{i}\left(\frac{\pi}{8}+k\pi\right)}, k=0,1$;

(2) $\sqrt{2}\,\mathrm{e}^{\mathrm{i}\left(\frac{\pi}{4}+\frac{2}{3}k\pi\right)}, k=0,1,2$;

(3) $\mathrm{e}^{\mathrm{i}\frac{k\pi}{4}}, k=0,1,2,\cdots,7$;

(4) $\sqrt[4]{12(2-\sqrt{3})}\cdot\mathrm{e}^{\mathrm{i}\left(\frac{\pi}{12}+k\pi\right)}, k=0,1$.

1-5 $\pm\dfrac{3\sqrt{2}}{2}+\left(2\mp\dfrac{3\sqrt{2}}{2}\right)\mathrm{i}$.

1-7 不成立,例如 $z=\mathrm{i}$,但当 z 为实数时,等式成立.

1-9 是 $\sqrt{2+\sqrt{2}}(\cos\theta+\mathrm{i}\sin\theta)=\sqrt{2+\sqrt{2}}\,\mathrm{e}^{\mathrm{i}\theta}, \theta=\arctan(1+\sqrt{2})$;

$\sqrt{2-\sqrt{2}}(\cos\theta+i\sin\theta)=\sqrt{2-\sqrt{2}}e^{i\theta}, \theta=\pi+\arctan(1-\sqrt{2})$.

1-10 (1) 真；(2) 真；(3) 假；(4) 假；(5) 假；(6) 假；(7) 真.

1-14 $z_1=1-i, z_2=i$.

1-16 (1) 以 $Re(z)=1$ 为边界的右半平面，是无界的单连通区域；

(2) 中心在 $-2i$，半径为 1 的圆周及其外部区域，是无界的多连通区域；

(3) 由射线 $\arg z=2, \arg z=2+\pi$ 构成的扇形区域，不包括两射线在内，是无界的单连通区域；

(4) $0<x<2$，是无界的单连通区域；

(5) 直线 $x=-1$ 右边的平面区域，不包括该直线在内，是无界的单连通区域；

(6) 由 $x^2+y^2=4$ 与 $x^2+y^2=9$ 所组成的圆环域，包括圆周在内，是有界的多连通区域；

(7) 双曲线 $4x^2-\dfrac{4}{15}y^2=1$ 的左边分支的内部（即包括焦点 $z=-2$ 的那部分）区域，是无界的单连通区域；

(8) 椭圆 $\dfrac{x^2}{9}+\dfrac{y^2}{5}=1$ 及其围成的区域，是有界的单连通闭区域；

(9) $x<0, x^2+y^2>1, (x+1)^2+y^2>2$，是无界的单连通区域；

(10) 圆 $(x-2)^2+(y+1)^2=9$ 及其内部区域，是有界的单连通闭区域.

1-19 (1) 直线 $y=-\dfrac{x}{2}$ (2) 双曲线 $y=\dfrac{1}{x}$；

(3) 当 $a\neq 0$ 时，它表示等轴双曲线，其方程为 $x^2-y^2=a$. 当 $a=0$ 时，它表示一对直线 $y=\pm x$；

(4) 双曲线：$\dfrac{x^2}{a^2}-\dfrac{y^2}{b^2}=1$；

(5) $\dfrac{x^2}{(a+b)^2}+\dfrac{y^2}{(a-b)^2}=1$；

(6) 双曲线 $\dfrac{x^2}{3^2}-\dfrac{y^2}{5^2}=1$ 的右分支 $(x>3)$；

(7) $x^2+y^2=e^{\frac{2a}{b}\arctan\frac{y}{x}}$.

1-20 (1) $z(t)=2\cos t+i(1+2\sin t), 0\leqslant t\leqslant 2\pi$；

(2) $z(t)=(1+2i)t, -\infty<t<+\infty$；

(3) $z(t)=t+5i, -\infty<t<+\infty$；

(4) $z(t)=3+it, -\infty<t<+\infty$.

1-21 (1) $-i, -2(1-i), 8i$； (2) $0<\arg\omega<\pi$.

1-22 $0 < \arg\omega < \frac{\pi}{2}, |\omega| < 1$.

1-23 $u^2 + v^2 = \frac{1}{4}, \left(u - \frac{1}{2}\right)^2 + v^2 = \frac{1}{4}$.

1-30 (1) 连续；(2) 不连续.

本章自测题

1. (1) $\frac{16}{25} + i\frac{8}{25}, \frac{8\sqrt{5}}{25}, \arctan\frac{1}{2}$；

   (2) $-\frac{1}{2} - \frac{3}{2}i, \frac{\sqrt{10}}{2}, \arctan 3 - \pi$.

3. (1) $\sqrt[3]{2}\left(\cos\frac{5\pi}{18} + i\sin\frac{5\pi}{18}\right), \sqrt[3]{2}\left(\cos\frac{17\pi}{18} + i\sin\frac{17\pi}{18}\right),$
   $\sqrt[3]{2}\left(\cos\frac{29}{18}\pi + i\sin\frac{29}{18}\pi\right)$；

   (2) $\cos-\frac{\pi}{8} + i\sin-\frac{\pi}{8}, \cos\frac{3\pi}{8} + i\sin\frac{3\pi}{8},$
   $\cos\frac{7}{8}\pi + i\sin\frac{7}{8}\pi, \cos\frac{11\pi}{8} + i\sin\frac{11}{8}\pi$；

   (3) $2, 2\left(\cos\frac{\pi}{3} + i\sin\frac{\pi}{3}\right), 2\left(\cos\frac{2\pi}{3} + i\sin\frac{2\pi}{3}\right),$
   $-2, 2\left(\cos\frac{4\pi}{3} + i\sin\frac{4\pi}{3}\right), 2\left(\cos\frac{5\pi}{3} + i\sin\frac{5\pi}{3}\right)$.

6. $\frac{\pi}{2} < \arg\omega < \frac{3}{4}\pi$.

7. $\sqrt{2}, -\arctan(2+\sqrt{3}) + 2k\pi, k = 0, \pm 1, \pm 2, \cdots$.

第 2 章 解析函数

2-1 (1) 只在直线 $x = \frac{1}{2}$ 上可导,在复平面上处处不解析；

   (2) 只在原点 $z = 0$ 处可导,在复平面上处处不解析；

   (3) 只在直线 $y = x$ 上可导,在复平面上处处不解析；

   (4) 在复平面上处处可导,处处解析.

2-3 $m = 1, n = l = -3$.

2-4 (1) $0, \pm i$ (2) $-1, \pm i$.

2-8 $\frac{1}{2}$.

2-13 (1) ~(5) 假；(6) 真.

2-14　是.

2-16　(1) 不是；　　　(2) 是；

2-17　(1) $-\mathrm{i}(z-1)^2$；　　(2) $z\mathrm{e}^z$；

(3) $\mathrm{Ln}z+\mathrm{i}C$；　　(4) $\mathrm{i}(z^2+1)$；

(5) $\dfrac{1}{2}-\dfrac{1}{z}$.

2-18　$\lambda=1,\mathrm{e}^z+c$；$\lambda=-1,-\mathrm{e}^{-z}+c$.

2-19　$\ln 2+\mathrm{i}\left(\dfrac{\pi}{3}+2k\pi\right)$, $k=0,\pm 1,\pm 2,\cdots$.

2-21　(1) $\cos 1\cdot\mathrm{ch}1-\mathrm{i}\sin 1\cdot\mathrm{sh}1$；

(2) $\mathrm{i\,sh}1$；

(3) $\dfrac{1}{2(\mathrm{sh}^2 1+\cos^2 2)}(\sin 4-\mathrm{i\,sh}2)$；

(4) $-\mathrm{i}e$　(5) $\mathrm{i}\mathrm{e}^{-\left(\frac{\pi}{2}+2k\pi\right)}$, k 为整数；

(6) $\mathrm{e}^{-2k\pi}[\cos(\ln 3)+\mathrm{i}\sin(\ln 3)]$, k 为任意整数；

(7) $\ln 5+\mathrm{i}\left[(2k+1)\pi-\arctan\dfrac{4}{3}\right]$, k 为任意整数；

(8) $\mathrm{i}(-\pi/2+2k\pi)$, k 为任意整数；

(9) $\ln 3+\mathrm{i}(2k\pi+\pi)$, $k=0,\pm 1,\pm 2,\cdots$；

(10) $\ln 2\sqrt{3}+\mathrm{i}\left(2k\pi-\dfrac{\pi}{6}\right)$, $k=0,\pm 1,\pm 2,\cdots$.

2-22　$\dfrac{1}{2}\mathrm{e}^{\frac{2}{3}}(1-\sqrt{3}\,\mathrm{i})$, $-\mathrm{ch}5$.

2-23　$\dfrac{2}{5}\pi$, $10\pi\mathrm{i}$.

2-26　(1) $k\pi$, k 为任意整数；

(2) $(2k+1)\pi\mathrm{i}$, k 为任意整数；

(3) $\left(2k\pi+\dfrac{\pi}{4}\right)+\mathrm{i}\ln(\sqrt{2}\pm 1)$, k 为任意整数；

(4) i.

2-28　(1),(2)不正确,(3)~(6)全部正确.

本章自测题

1. (1) $\mathrm{ch}3\cdot\sin 2+\mathrm{i\,sh}3\cdot\cos 2$；

(2) $\cos(2\sqrt{2}k\pi)+\mathrm{i}\sin(2\sqrt{2}k\pi)$, $k=0,\pm 1,\pm 2,\cdots$；

(3) $\ln\sqrt{2}+\mathrm{i}\left(-\dfrac{3}{4}\pi+2k\pi\right)$, $k=0,\pm 1,\pm 2,\cdots$；

(4) $i\pi$;

(5) $\sqrt[3]{2}\left[\cos\left(\dfrac{\pi}{6}+\dfrac{4k\pi}{3}\right)+i\sin\left(\dfrac{\pi}{6}+\dfrac{4k\pi}{3}\right)\right], k=0,1,2$;

(6) $\dfrac{1}{2}\left(\dfrac{1}{e}-e\right)$.

2. (1) e^{-2x}; (2) $(sh^2 y+\sin^2 x)^{\frac{1}{2}}$;

(3) $e^{\frac{x}{x^2+y^2}}\cos\dfrac{y}{x^2+y^2}$.

3. (1) 只在 $z=0$ 可导，处处不解析;

(2) 只在直线 $\sqrt{2}x\pm\sqrt{3}y=0$ 上可导，处处不解析;

(3) 处处不可导;

(4) 处处可导，处处解析.

4. (1) $i(z^3+1)$;

(2) $(1-i)z^3+iC$.

第3章 复变函数的积分

3-1 (1), (2), (3) 都等于 $\dfrac{1}{3}(3+i)^3$.

3-2 (1) $-\dfrac{1}{3}+\dfrac{1}{3}i$; (2) $-\dfrac{1}{6}(3-5i)$; (3) $-\dfrac{1}{6}(3+i)$.

3-3 (1) $1+\dfrac{i}{2}$; (2) $-\dfrac{\pi}{2}$; (3) $-\pi R^2$.

3-4 (1) $4\pi i$; (2) $8\pi i$.

3-5 $e+e^{-1}$.

3-7 (1) $-2+i$; (2) $-2+\dfrac{2}{3}i$.

3-8 (1) 0; (2) 0; (3) 0; (4) $2\pi i$; (5) 0; (6) $\dfrac{4\pi i}{4+i}$.

3-9 (1) $\pi i e^{-1}$; (2) 0; (3) πe^{-1}; (4) $\dfrac{\sqrt{2}}{2}\pi i$; (5) 0;

(6) $-\pi i\cos i$; (7) 0; (8) $-\dfrac{3}{2}\pi i$; (9) $\dfrac{\pi i}{12}$; (10) $-\dfrac{\pi}{8}$.

3-10 (1) 0; (2) $-\dfrac{1}{3}i$; (3) $\left(\pi-\dfrac{1}{2}sh2\pi\right)i$; (4) $\sin 1-\cos 1$;

(5) $-\sin 1-i\cos 1$.

3-11 (1) $2\pi i$; (2) $-\pi i$; (3) πi; (4) 0.

3-12 (1) $14\pi i$; (2) 0; (3) 0; (4) $2\pi i$; (5) 0, 当 $|\alpha|>1$; $\pi e^\alpha i$, 当 $|\alpha|<1$.

3-14 当 α 与 $-\alpha$ 都不在 C 的内部时,积分值为 0;
当 α 与 $-\alpha$ 中有一个在 C 的内部时,积分值为 πi;
当 α 与 $-\alpha$ 都在 C 的内部时,积分值为 $2\pi i$.

3-15 不,例如 $\oint_C \dfrac{1}{z^n} dz = 0, (n \geqslant 2)$.

3-17 $f(i) = \pi(-\sqrt{3}+i), f(-i) = \pi(\sqrt{3}+i)$,
当 $|z|>2$ 时, $f(z) = 0$.

3-18 当 $0<r<1$ 时, $-\dfrac{3}{4}\pi i$;当 $1<r<2$ 时, $-\dfrac{1}{12}\pi i$;当 $r>2$ 时, 0.

3-19 $2\pi(-6+13i)$.

本章自测题

1. (1) 1) $\dfrac{\sqrt{5}}{2}(2-i)$; 2) $2i$.

 (2) $1-\sqrt{2}\left[\cos\left(1-\dfrac{\pi}{4}\right) - i\sin\left(1+\dfrac{\pi}{4}\right)\right]$;

 (3) $\dfrac{\pi i}{4}(8-13e^{-\frac{1}{2}})$.

3. $f(1-2i)=0, f(1)=\sqrt{2}\pi i, f'(1) = i\dfrac{\sqrt{2}}{4}\pi^2$.

5. $\dfrac{1}{2}(2+a)e^a$.

6. $\pi i\left(e + \dfrac{1}{e} - 2\right)$.

7. (1) $-\dfrac{5}{16}\pi i$; (2) $-2\pi i$.

第4章 级 数

4-1 (1) 收敛,极限为 -1; (2) 收敛,极限为 0; (3) 发散.

4-2 (1) 收敛,但非绝对收敛; (2) 绝对收敛; (3) 发散.

4-3 (1) 1; (2) $\dfrac{1}{\sqrt{2}}$; (3) ∞; (4) $\dfrac{1}{2}$; (5) ∞.

4-4 (1) $\sum\limits_{n=0}^{\infty}(-1)^n\dfrac{(z-1)^{n+1}}{2^{n-1}}, |z-1|<2$;

 (2) $e \cdot \sum\limits_{n=0}^{\infty}\dfrac{(z-1)^n}{n!}, |z-1|<+\infty$;

 (3) $\dfrac{1}{9}\sum\limits_{n=0}^{\infty}(-1)^n\dfrac{(z-1)^{2n}}{3^{2n}}, |z-1|<3$;

(4) $\sum_{n=0}^{\infty}(-1)^n \frac{z^{2(2n+1)}}{(2n+1)!}$, $|z|<+\infty$;

(5) $\sum_{n=0}^{\infty} \frac{z^{2n+1}}{(2n+1)n!}$, $|z|<+\infty$;

(6) $\sum_{n=1}^{\infty}(-1)^{n-1}(1-2n)z^{n-1}$, $|z|<1$.

4-6 (1) $-\sum_{n=1}^{\infty}\frac{z^{n-1}}{3^n}-\sum_{n=1}^{\infty}\frac{2^{n-1}}{z^n}$, $2<|z|<3$;

(2) $\sum_{n=1}^{\infty}\frac{(-1)^{n-1}n}{(z-1)^n}$, $|z-1|>1$;

(3) $-\cos 1 \cdot \sum_{n=0}^{\infty}\frac{(-1)^n}{(2n+1)!(z+1)^{2n+1}} + \sin 1 \cdot \sum_{n=0}^{\infty}\frac{(-1)^n}{(2n)!(z+1)^{2n}}$, $0<|z+1|<+\infty$;

(4) $\sum_{n=0}^{\infty}\frac{(-1)^n}{n!}z^n$, $0<|z|<+\infty$;

(5) $\sum_{n=0}^{\infty}(-1)^n z^{2n-1}$, $0<|z|<1$; $\sum_{n=0}^{\infty}(-1)^n z^{-(2n+3)}$, $1<|z|<+\infty$;

(6) $-\sum_{n=0}^{\infty}\frac{(z+2)^{n-3}}{2^{n+1}}$, $0<|z+2|<2$.

本章自测题

1.(1) ×；(2) √；(3) ×；(4) ×.

2.(1) 发散；(2) 绝对收敛.

3.(1) 1；(2) e；(3) 1.

4.(1) $\sum_{n=1}^{\infty} n(z-1)^{n-1}$, $|z-1|<1$;

(2) $\sum_{n=0}^{\infty}\left(1-\frac{1}{2^{n+1}}\right)z^n$, $|z|<1$;

(3) $\sum_{n=1}^{\infty}(-1)^{n-1}\frac{2^{2n-1} \cdot z^{2n}}{(2n)!}$, $|z|<+\infty$.

5.(1) $\frac{1}{5}\left(\cdots+\frac{2}{z^4}+\frac{1}{z^3}-\frac{2}{z^2}-\frac{1}{z}-\frac{1}{2}-\frac{z}{4}-\frac{z^2}{8}-\frac{z^3}{16}-\cdots\right)$, $1<|z|<2$;

(2) $-\sum_{n=-1}^{\infty}(z-1)^n$, $0<|z-1|<1$; $\sum_{n=0}^{\infty}\frac{(-1)^n}{(z-2)^{n+2}}$,

$1 < |z-2| < +\infty$;

(3) $\sum_{n=-1}^{\infty}(n+2)z^n, 0<|z|<1$; $\sum_{n=-2}^{\infty}(-1)^n(z-1)^n$, $0<|z-1|<1$;

(4) $\sum_{n=0}^{\infty}\frac{(-1)^n}{(2n)!}\left(z-\frac{\pi}{2}\right)^{2n-1}, 0<\left|z-\frac{\pi}{2}\right|<+\infty$.

第5章 留　数

5-1 (1) $z=0$,一阶极点；$z=\pm i$,二阶极点；

(2) $z=\pm 1, z=\pm i$,均为一阶极点；

(3) $z=k\pi, k=0,\pm 1,\pm 2,\cdots$,均为一阶极点；

(4) $z=0$,本性奇点；

(5) $z=1$,本性奇点；

(6) $z=0$,二阶极点；

(7) $z=0$,三阶极点；

(8) $z=0$,可去奇点；

(9) $z=1$,二阶极点；$z=-1$,一阶极点.

5-2 (1) 可去奇点； (2) 本性奇点； (3) 可去奇点.

5-3 (1) $\text{Res}[f(z),0]=-\frac{4}{3}$;

(2) $\text{Res}[f(z),i]=-\frac{3}{8}i, \text{Res}[f(z),-i]=\frac{3}{8}i$;

(3) $\text{Res}[f(z),1]=0$;

(4) $\text{Res}[f(z),0]=-\frac{1}{6}$;

(5) $\text{Res}[f(z),1]=\frac{13}{6}$;

(6) $\text{Res}[f(z),0]=0$.

5-4 (1) 0； (2) $4\pi e^2 i$； (3) $-2\pi i$； (4) 0； (5) $10\pi i$； (6) $2\pi i$.

5-5 (1) 0； (2) 0； (3) -2； (4) 0； (5) -1； (6) -8.

5-6 (1) $-2\pi i$； (2) $2\pi i$； (3) $n\neq 1$ 时积分值为 $0, n=0$ 时积分值为 $2\pi i$.

5-7 (1) $\frac{\pi}{2}$； (2) $\frac{2\pi}{b^2}(a-\sqrt{a^2-b^2})$； (3) $\frac{\pi}{2}$； (4) $\frac{\pi}{2\sqrt{2}}$； (5) $\pi e^{-1}\cos 2$；

(6) πe^{-1}.

5-8 (1) -12； (2) $-4\pi i$.

5-9 (1) 3； (2) 1.

5-10 在$|z|<1$内无根；在$1<|z|<3$内有4个根.

本章自测题

1. (1) $z=0$,可去奇点； (2) $z=1$,本性奇点； (3) $z=0$,二阶极点.

2. (1) $\text{Res}[f(z),0]=-\dfrac{1}{2}$, $\text{Res}[f(z),2]=\dfrac{3}{2}$；

   (2) $\text{Res}[f(z),0]=0$； (3) $\text{Res}[f(z),-1]=-\cos 1$.

3. (1) 0； (2) 0； (3) $2\pi\text{i}$.

4. (1) $\dfrac{\pi}{5}(3\sqrt{5}-5)$； (2) $\dfrac{\pi}{2}\text{e}^{-\frac{1}{\sqrt{2}}}\cos\dfrac{1}{\sqrt{2}}$.

第6章 保角映射

6-1 旋转角为$\dfrac{\pi}{4}$,伸缩率为$2\sqrt{2}$.

6-2 (1) 以$w_1=-1, w_2=-1, w_3=\text{i}$为顶点的三角形；
    (2) $\text{Re}(w)<0$.

6-3 $0<\arg w<2\pi$.

6-4 (1) $z=-\dfrac{1}{2}$； (2) $z=0$.

6-6 (1) $\text{Im}(w)>1$； (2) $\text{Im}(w)>\text{Re}(w)$；
    (3) $|w+\text{i}|>1, \text{Im}(w)<0$；
    (4) $\left|w-\dfrac{1}{2}\right|<\dfrac{1}{2}, \text{Im}(w)<0$； (5) $\text{Re}(w)\leqslant\dfrac{1}{2}$.

6-7 (1) $w=-\dfrac{2\text{i}(z+1)}{4z-(1+5\text{i})}$； (2) $w=\dfrac{(1+\text{i})z+(1+3\text{i})}{(1+\text{i})z+(3+\text{i})}$.

6-8 $ad-bc<0$.

6-9 $w=\text{e}^{\text{i}\theta}\dfrac{-\text{i}z-a}{-\text{i}z-\bar{a}}$.

6-10 $w=1+\text{e}^{\text{i}\theta}\dfrac{z-a}{1-\bar{a}z}, |a|<1$.

6-11 $w=\text{e}^{\text{i}\theta}\dfrac{z-Ra}{R-\bar{a}z}, |a|<1$.

6-12 (1) $w=\dfrac{3+z}{3-z}$； (2) $w=-2\dfrac{2z+1}{z-2}$.

6-13 (1) $w=\dfrac{z-\text{i}}{z+\text{i}}$； (2) $w=\text{i}\dfrac{z-2\text{i}}{z+2\text{i}}$； (3) $w=-\text{i}\dfrac{z-\text{i}}{z+\text{i}}$.

6-14 (1) $w=\dfrac{2\text{i}z+1}{2+\text{i}z}$； (2) $w=-\text{i}z$； (3) $w=\dfrac{\text{i}(2z-1)}{2-z}$.

6-15 $w = \dfrac{z^2 - i}{z^2 + i}$.

6-16 $w = \left(\dfrac{z+1}{z-1}\right)^2$.

6-17 $w = e^{2\pi i \left(\frac{z}{z-2}\right)}$.

6-18 (1) 除射线$(-\infty, -1)$及$(1, +\infty)$外的区域；

(2) 除$[-1, 1]$外的区域；

(3) $\mathrm{Im}(w) < 0$.

6-19 $w = \dfrac{1}{9}(z + \sqrt{z^2 - 9})$.

本章自测题

2. 旋转角为$\dfrac{\pi}{2}$, 伸缩率为2.

3. (1) $|w - 1| \leqslant 1$; (2) $|w| < 1, \mathrm{Im}(w) < 0$.

4. $w = \dfrac{z - i}{iz - 1}$, 单位圆内部.

5. $w = e^{i\theta} \dfrac{z - \bar{a}}{z + a}$.

6. $w = i \dfrac{z - i}{z + i}$.

7. $w = \dfrac{2z - 1}{z - 2}$.

8. $w = -\left(\dfrac{z+1}{z-1}\right)^2$.

9. $w_1 = iz$, $w_2 = w_1 + \dfrac{\pi}{4}$, $w_3 = 2w_2$, $w_4 = e^{w_3}$, 复合并代入给定条件得 $w = -i \dfrac{e^{2iz} - 1}{e^{2iz} + 1}$.

第7章 傅里叶变换

7-1 (1) $f(t) = \dfrac{4}{\pi} \displaystyle\int_0^{+\infty} \dfrac{\sin\omega - \omega\cos\omega}{\omega^2} \cos\omega t \, d\omega$;

(2) $f(t) = \dfrac{2}{\pi} \displaystyle\int_0^{+\infty} \dfrac{(5 - \omega^2)\cos\omega t + 2\omega\sin\omega t}{25 - 6\omega^2 + \omega^4} d\omega$;

(3) $f(t) = \dfrac{2}{\pi} \displaystyle\int_0^{+\infty} \dfrac{1 - \cos\omega}{\omega} \sin\omega t \, d\omega$.

7-2 提示 利用$f(t) = e^{-\beta|t|}$的傅氏积分公式.

部分习题答案

7-3 提示 利用 $f(t)=e^{-|t|}\cos t$ 的傅氏积分公式.

7-4 $F(\omega)=\dfrac{-2i\sin\omega\pi}{1-\omega^2}$.

7-5 (1) $F(\omega)=\dfrac{2(1-\cos\omega)}{\omega}$;

   (2) $F(\omega)=\dfrac{2\sin\omega}{\omega}$.

7-6 (1) $F(\omega)=\dfrac{\omega}{1+\omega^2}$.

7-7 $f(t)=\begin{cases}\dfrac{1}{2}[u(1+t)+u(1-t)-1], & |t|\neq 1,\\ \dfrac{1}{4}, & |t|=1.\end{cases}$

7-8 $f(t)=\cos\omega_0 t$.

7-9 $F(\omega)=\dfrac{2}{i\omega}$.

7-10 $F(\omega)=\cos\omega a+\cos\dfrac{\omega a}{2}$.

7-11 $F(\omega)=\dfrac{\pi i}{2}[\delta(\omega+2)-\delta(\omega-2)]$.

7-12 $F(\omega)=\dfrac{\pi i}{4}[\delta(\omega-3)-3\delta(\omega-1)+3\delta(\omega+1)-\delta(\omega+3)]$.

7-13 $F(\omega)=\dfrac{\pi}{2}[(\sqrt{3}+i)\delta(\omega+5)+(\sqrt{3}-i)\delta(\omega-5)]$.

7-14 (1) $g(\omega)=\dfrac{2}{\pi}(1+\cos\omega-2\cos 2\omega)$;

   (2) $g(\omega)=\begin{cases}1, & 0<\omega<1,\\ \dfrac{1}{2}, & \omega=1,\\ 0, & \omega>1.\end{cases}$

7-16 $F(\omega)=\dfrac{4A}{\tau\omega^2}\left(1-\cos\dfrac{\omega\tau}{2}\right)$.

7-17 $A_0=2|C_0|=h, A_n=2|C_n|=\dfrac{h}{n\pi}$.

7-18 $F(\omega)=\dfrac{2h}{\omega}\sin\dfrac{\omega\tau}{2}$.

7-19 $F(\omega)=e^{-\frac{\sigma^2\omega^2}{2}}$.

7-22 (1) $\dfrac{i}{2}\dfrac{d}{d\omega}F\left(\dfrac{\omega}{2}\right)$;   (2) $iF'(\omega)-2F(\omega)$;

(3) $\dfrac{i}{2}\dfrac{d}{d\omega}F\left(-\dfrac{\omega}{2}\right)-F\left(-\dfrac{\omega}{2}\right)$;   (4) $-F(\omega)-\omega F'(\omega)$;

(5) $-ie^{-i\omega}\dfrac{d}{d\omega}F(-\omega)$;   (6) $\dfrac{1}{2}e^{-\frac{5}{2}i\omega}F\left(\dfrac{\omega}{2}\right)$.

7-23   (1) $F(\omega)=\dfrac{1}{(a+i\omega)^2}$.

7-24   (1) π;   (2) $\dfrac{\pi}{2}$;   (3) $\dfrac{\pi}{2}$;   (4) $\dfrac{\pi}{2}$.

7-27 $f_1(t)*f_2(t)=\begin{cases}0, & t\leqslant 0,\\ \dfrac{1}{2}(\sin t-\cos t+e^{-t}), & 0<t\leqslant\dfrac{\pi}{2},\\ \dfrac{1}{2}e^{-t}(1+e^{\frac{\pi}{2}}), & t>\dfrac{\pi}{2}.\end{cases}$

7-29 $\dfrac{\pi}{2i}[\delta(\omega-\omega_0)-\delta(\omega+\omega_0)]+\dfrac{\omega_0}{\omega_0^2-\omega^2}$.

7-30   (1) $-\dfrac{1}{\omega^2}+i\pi\delta'(\omega)$;

(2) $\dfrac{\omega_0}{(\beta+i\omega)^2+\omega_0^2}$;

(3) $\dfrac{\beta+i\omega}{(\beta+i\omega)^2+\omega_0^2}$.

7-32 $S(\omega)=\dfrac{a}{4a^2+\omega^2}$.

7-33 $S(\omega)=\dfrac{\pi}{2}[\delta(\omega-\omega_0)+\delta(\omega+\omega_0)]$.

7-34 $R_{12}(\tau)=\begin{cases}\dfrac{b}{2a}(a^2-\tau^2), & -a\leqslant\tau\leqslant 0,\\ \dfrac{b}{2a}(a-\tau)^2, & 0<\tau\leqslant a,\\ 0, & |\tau|>a.\end{cases}$

本章自测题

1. (1) B;   (2) C;   (3) A;   (4) D;   (5) C.

2. (1) $\dfrac{5-i\omega}{25+\omega^2}$;

(2) $(i\omega+1)^2+4$;

(3) $e^{-i\omega}F(-\omega)$;

(4) $f(t)=e^{-at}u(t)$, $(a>0)$;

(5) $\frac{1}{2}[F(\omega-\omega_0)+F(\omega+\omega_0)]$.

3. $\frac{\pi}{2}[\delta(\omega-\omega_0)+\delta(\omega+\omega_0)]+\frac{i\omega}{\omega_0^2-\omega^2}$.

4. $g(\omega)=\frac{\omega(1+\cos\omega\pi)}{\omega^2-1}$.

第8章 拉普拉斯变换

8-1 (1) $F(s)=\frac{4s}{4s^2+1}$;   (2) $F(s)=\frac{1}{s-3}$;

(3) $F(s)=\frac{1}{s^2+4}$;   (4) $F(s)=\frac{s^2+2}{s(s^2+4)}$;

(5) $F(s)=\frac{k}{s^2-k^2},(s>k)$;   (6) $F(s)=\frac{s}{s^2-k^2},(s>k)$.

8-2 (1) $F(s)=\frac{1}{s}(3-4e^{-2s}+e^{-4s})$;   (2) $F(s)=\frac{1}{s^2+1}(1+e^{-\pi s})$;

(3) $F(s)=\frac{5s-9}{s-2}$;   (4) $F(s)=\frac{s^2}{s^2+1}$.

8-4 1) $F(s)=\frac{1}{s^2}\frac{1-e^{-bs}}{1+e^{-bs}}=\frac{1}{s^2}\text{th}\frac{bs}{2}$;

2) $F(s)=\frac{1+bs}{s^2}-\frac{b}{s(1-e^{-bs})}$;

3) $F(s)=\frac{1}{1+s^2}\text{ch}\frac{\pi}{2}s$;

4) $F(s)=\frac{1}{s}\text{th}\frac{a}{2}s$.

8-5 (1) $F(s)=\frac{6-2s^2+s^3}{s^4}$;   (2) $F(s)=\frac{1}{s}-\frac{1}{(s-1)^2}$;

(3) $F(s)=\frac{s^2-4s+5}{(s-1)^3}$;   (4) $F(s)=\frac{1}{2}\left(\frac{1}{s}-\frac{s}{s^2+4\beta^2}\right)$;

(5) $F(s)=\frac{\cos 2-s\sin 2}{s^2+1}$;   (6) $F(s)=\frac{e^{-2s}}{s^2+1}$;

(7) $F(s)=\frac{\cos 2+s\sin 2}{s^2+1}e^{-2s}$;   (8) $F(s)=e^4\frac{1}{s-2}e^{-2s}$;

(9) $F(s)=\frac{1}{s-1}(e^{-2s}-e^{1-3s})$;   (10) $F(s)=\frac{e^2}{s+1}$;

(11) $F(s)=\frac{s^2-a^2}{(s^2+a^2)^2}$;   (12) $F(s)=\frac{6}{(s+2)^2+36}$;

(13) $F(s)=\frac{n!}{(s-a)^{n+1}}$;   (14) $F(s)=\frac{1}{s}e^{-\frac{5}{3}}$;

(15) $F(s) = \dfrac{1}{s}$；

(16) $F(s) = \dfrac{1}{s^2}e^{-s} - \dfrac{1}{s}e^{-20}\left(\dfrac{1}{s}+1\right)$.

8-7 (1) $F(s) = \dfrac{e^{-a}(s+1)}{(s+1)^2+\beta^2}$； (2) $F(s) = \dfrac{2(s+a)\beta}{[(s+a)^2+\beta^2]^2}$；

(3) $F(s) = \dfrac{2\beta(3s^2-\beta^2)}{(s^2+\beta^2)^2}$； (4) $F(s) = \dfrac{2(3s^2+12s+13)}{s^2[(s+3)^2+4]^2}$；

(5) $F(s) = \dfrac{4(s+3)}{s[(s+3)^2+4]^2}$； (6) $F(s) = \ln\dfrac{s+a}{s}$；

(7) $F(s) = \dfrac{\pi}{2} - \arctan\dfrac{s}{a}$； (8) $F(s) = \text{arccot}\dfrac{s+3}{2}$；

(9) $F(s) = s\ln\dfrac{s}{\sqrt{s^2+1}} + \arctan\dfrac{1}{s}$；

(10) $F(s) = \dfrac{1}{s}\arccos\dfrac{s+3}{2}$.

8-8 (1) $f(t) = e \cdot u(t-5)$；
(2) $f(t) = (1+t+t^2)u(t-1)$；
(3) $f(t) = \sin 2(t-2)u(t-2)$；
(4) $f(t) = \sin t + \delta_1 t$；
(5) $f(t) = 2\cos 3t + \sin 3t$；
(6) $f(t) = t\sin 2t$；
(7) $f(t) = \dfrac{2}{t}\text{sh}t$；
(8) $f(t) = 2e^{-2t}\cos 3t + \dfrac{1}{3}e^{-2t}\sin 3t$；
(9) $f(t) = \dfrac{2}{t}(1-\cos t)$；
(10) $f(t) = \dfrac{t}{2}\text{sh}t$.

8-9 (1) $\ln 2$； (2) $\dfrac{1}{2}\ln 2$； (3) $\dfrac{1}{2}\ln\dfrac{m^2+n^2}{a^2+b^2}$；

(4) $\dfrac{3}{13}$； (5) $\dfrac{1}{4}$； (6) $\dfrac{12}{169}$；

(7) $\dfrac{1}{4}\ln 5$； (8) 0.

8-10 a) $F(s) = \dfrac{1}{s\,\text{sh}\,s\tau}$； b) $F(s) = \dfrac{b}{s}(e^{-as} - 2e^{-2as} + e^{-3as})$；

c) $\dfrac{1}{s^2}(e^{-as}-2e^{2as}+e^{-3as})$.

8-11 $\mathscr{L}[f_T(t_1)]=\dfrac{E\omega}{s^2+\omega^2}(1+e^{-\frac{T}{2}s})$, $\omega=\dfrac{2\pi}{T}$.

8-12 (1) $f(0^+)=1, f(+\infty)=0$;   (2) $f(0^+)=10, f(+\infty)=4$;
     (3) $f(0^+)=0, f(+\infty)=0$;   (4) $f(0^+)=0, f(+\infty)=0$;
     (5) $f(0^+)=2, f(+\infty)=1$.

8-14 (1) $f(t)=\dfrac{1}{a}(e^{at}-1)$;

     (2) $f(t)=\dfrac{1}{a^3}\left(e^{at}-\dfrac{1}{2}a^2t^2-at-1\right)$;

     (3) $f(t)=\dfrac{1}{5}(3e^{2t}+2e^{-3t})$;

     (4) $f(t)=2\cos 3t+\sin 3t$;

     (5) $f(t)=\dfrac{1}{a^2}(1-\cos at)$;

     (6) $f(t)=\text{sh}\,t-t$;

     (7) $f(t)=\dfrac{1}{40}\left[(t^2+8t+15)+\left(7t-\dfrac{15}{2}\right)e^{2t}\right]$;

     (8) $f(t)=-u(t)+2e^t-te^t$;

     (9) $f(t)=\dfrac{1}{2a^3}(\text{sh}\,at-\sin at)$;

     (10) $f(t)=\dfrac{1}{3}\cos t-\dfrac{1}{3}\cos 2t$.

8-15 (1) $f(t)=\dfrac{4}{3}(1-e^{-\frac{3}{2}t})$;   (2) $f(t)=\dfrac{3}{2}(e^{-2t}-e^{-4t})$;

     (3) $f(t)=\dfrac{1}{5}(1-\cos\sqrt{5}\,t)$;   (4) $f(t)=6e^{-4t}-3e^{-2t}$;

     (5) $f(t)=1-3e^{-t}+3e^{-2t}$;   (6) $f(t)=8+st+t^2-(8-3t)e^t$;

     (7) $f(t)=7e^{-3t}-3e^{-2t}$;   (8) $f(t)=\dfrac{1}{2}te^{-2t}\sin t$;

     (9) $f(t)=\dfrac{1}{2}e^{-t}(\sin t-t\cos t)$;

     (10) $f(t)=\left(\dfrac{1}{2}t\cos 3t+\dfrac{1}{6}\sin 3t\right)e^{-2t}$;

     (11) $f(t)=3e^{-t}-11e^{2-t}+10e^{-3t}$;

     (12) $f(t)=\dfrac{1}{4}e^{-t}-\dfrac{1}{4}e^{-3t}+\dfrac{3}{2}te^{-3t}-3t^2e^{-3t}$.

8-16 (1) t;   (2) $t-\sin t$;

(3) $\dfrac{m!\,n!}{(m+n+1)!}t^{m+n+1}$; (4) $\dfrac{1}{2}t\sin t$;

(5) $\dfrac{1}{2k}\sin kt-\dfrac{t}{2}\cos kt$; (6) $\operatorname{sh}t-t$;

(7) $\begin{cases}0, & t<a, \\ \int_a^t f(t-2)\mathrm{d}\tau, & 0\leqslant a\leqslant t;\end{cases}$ (8) $\begin{cases}0, & t<a, \\ f(t-a), & 0\leqslant a\leqslant t.\end{cases}$

8-17 (1) $f(t)=\dfrac{1}{a}(1-\cos at)$;

(2) $f(t)=\dfrac{at(a-b)-b}{(a-b)^2}e^{at}+\dfrac{b}{(a-b)^2}e^{bt}$;

(3) $f(t)=\dfrac{1}{2}e^{2t}-e^t+\dfrac{1}{2}$;

(4) $f(t)=\dfrac{1}{2}(\operatorname{ch}t-\cos t)$;

(5) $f(t)=\dfrac{1}{4}(1-\cos 2t+2\sin 2t)$;

(6) $f(t)=\dfrac{\cos at-\cos bt}{b^2-a^2}$.

8-21 (1) $y(t)=e^{2t}-e^t$;

(2) $y(t)=\dfrac{1}{4}[(7+2t)e^{-t}-3e^{-3t}]$;

(3) $y(t)=1-\left(\dfrac{t^2}{2}+t+1\right)e^{-t}$;

(4) $y(t)=-2\sin t-\cos 2t$;

(5) $y(t)=e^{-t}-e^{-2t}+\left[-e^{-(t-1)}+\dfrac{1}{2}e^{-2(t-1)}+\dfrac{1}{2}\right]u(t-1)$;

(6) $y(t)=te^t\sin t$;

(7) $y(t)=\dfrac{1}{8}(3e^t-2e^{-t}-e^{-3t})$;

(8) $y(t)=\dfrac{1}{8}e^t-\dfrac{1}{8}e^{-t}(2t^2+2t+1)$;

(9) $y(t)=\dfrac{1}{2}t\sin t$;

(10) $y(t)=\dfrac{\operatorname{sh}t}{\operatorname{sh}2\pi}$.

8-22 (1) $\begin{cases}x(t)=\dfrac{1}{4}t^2+\dfrac{1}{2}t+a, \\ y(t)=-\dfrac{1}{4}t^2+\dfrac{1}{2}t+b;\end{cases}$ (2) $\begin{cases}x(t)=e^t, \\ y(t)=e^t;\end{cases}$

(3) $\begin{cases} x(t) = -t + te^t, \\ y(t) = 1 - e^t + te^t; \end{cases}$ (4) $\begin{cases} x(t) = -\dfrac{3}{2}e^t + 2t, \\ y(t) = -\dfrac{1}{2}e^t - \dfrac{1}{2}t^2 + \dfrac{3}{2}; \end{cases}$

(5) $\begin{cases} x(t) = \dfrac{2}{3}\text{ch}(\sqrt{2}\,t) + \dfrac{1}{3}\cos t, \\ y(t) = z(t) = -\dfrac{1}{3}\text{ch}(\sqrt{2}\,t) + \dfrac{1}{3}\cos t. \end{cases}$

8-23 (1) $y(t) = e^t$; (2) $y(t) = \sin t$;

(3) $y(t) = a\left(t + \dfrac{t^3}{6}\right)$; (4) $y(t) = te^{-t}$;

(5) $y(t) = 1$.

8-24 $x(t) = \dfrac{k}{m}t$.

8-25 $i(t) = -\dfrac{I_m}{R\omega c}\cos(\varphi - \psi)e^{-\frac{t}{Rc}} + I_m \sin(\omega t + \varphi - \psi)$ (ψ 为 $R - i\dfrac{1}{\omega c}$ 的幅角),

$u_c(t) = \left(\dfrac{I_m}{\omega c}\cos(\varphi - \psi)e^{-\frac{t}{Rc}} - \dfrac{I_m}{\omega c}\cos(\omega t + \varphi - \psi)\right)$

本章自测题

1. (1) C; (2) B; (3) D; (4) D; (5) B.

2. (1) $\dfrac{1}{s}e^{-2s}$; (2) $\dfrac{2}{(s+3)^2 + 4}$; (3) $\dfrac{s^2 - 4s + s}{(s-1)^3}$;

(4) $\cos 4t + \dfrac{1}{4}\sin 4t$; (5) $-\dfrac{1}{2}t\cos t + \dfrac{1}{2}\sin t$.

3. (1) $F(s) = \dfrac{1}{s-1}e^{-\pi s}\left(\dfrac{e^\pi}{s-1} - \dfrac{1}{s^2} - \dfrac{\pi}{s}\right)$;

(2) $\dfrac{1}{2}(\text{ch}\,t - \cos t)$; (3) $\dfrac{1}{2}\ln 2$.

4. (1) $y(t) = -\dfrac{1}{2} + \dfrac{1}{10}e^{2t} + \dfrac{2}{5}\cos t - \dfrac{1}{5}\sin t$;

(2) $\begin{cases} x(t) = 3 - 2e^{-t} - e^{-2t}, \\ y(t) = 2 - 4e^{-t} + 2e^{2t}; \end{cases}$

(3) $y(t) = 2(t - \sin t)$.

参考文献

[1] 西安交通大学高等数学教研室.复变函数[M].4版.北京:高等教育出版社,1996.
[2] 孙清华,等.复变函数[M].武汉:湖北科学技术出版社,1998.
[3] 田根宝.复变函数与积分变换[M].上海:上海交通大学出版社,1997.
[4] 西北工业大学.复变函数与积分变换[M].西安:西北工业大学出版社,2001.
[5] 李红,等.复变函数与积分变换[M].北京:高等教育出版社,1999.
[6] 林柯,等.复变函数与积分变换[M].武汉:华中理工大学出版社,1992.
[7] 史济怀,等.复变函数[M].长沙:中国科技大学出版社,1998.
[8] 南京工学院数学教研组.积分变换[M].3版.北京:高等教育出版社,1989.
[9] 上海交通大学应用数学系.积分变换[M].上海:上海交通大学出版社,1988.